T0222127

Studienbücher Wirtschaftsmathematik

Herausgegeben von
Prof. Dr. Bernd Luderer, Technische Universität Chemnitz

Die Studienbücher Wirtschaftsmathematik behandeln anschaulich, systematisch und fachlich fundiert Themen aus der Wirtschafts-, Finanz- und Versicherungsmathematik entsprechend dem aktuellen Stand der Wissenschaft.
Die Bände der Reihe wenden sich sowohl an Studierende der Wirtschaftsmathematik, der Wirtschaftswissenschaften, der Wirtschaftsinformatik und des Wirtschaftsingenieurwesens an Universitäten, Fachhochschulen und Berufsakademien als auch an Lehrende und Praktiker in den Bereichen Wirtschaft, Finanz- und Versicherungswesen.

Bernd Luderer

Starthilfe Finanzmathematik

Zinsen – Kurse – Renditen

4., erweiterte Auflage

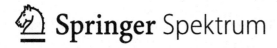 Springer Spektrum

Bernd Luderer
Fakultät für Mathematik
TU Chemnitz
Chemnitz, Deutschland

ISBN 978-3-658-08424-0   ISBN 978-3-658-08425-7 (eBook)
DOI 10.1007/978-3-658-08425-7

Die Deutsche Nationalbibliothek verzeichnet diese Publikation in der Deutschen Nationalbibliografie;
detaillierte bibliografische Daten sind im Internet über http://dnb.d-nb.de abrufbar.

Springer Spektrum
© Springer Fachmedien Wiesbaden 2002, 2003, 2011, 2015

Gedruckt auf säurefreiem und chlorfrei gebleichtem Papier.

Springer Fachmedien Wiesbaden GmbH ist Teil der Fachverlagsgruppe Springer Science+Business Media
(www.springer.com)

Vorwort

Dieses Buch wendet sich an Schüler der oberen Klassenstufen, insbesondere der Wirtschaftsgymnasien, ferner an alle, die sich auf ein Studium vorbereiten oder ein solches gerade begonnen haben, wobei vor allem wirtschaftswissenschaftliche und benachbarte Studienrichtungen angesprochen sind. Studenten der Wirtschafts- bzw. Finanzmathematik werden ebenfalls von diesem Text profitieren, legt er doch die Grundlagen für ihr Studium. Außerdem wird es Hörern an Weiterbildungseinrichtungen, Berufsakademien und Praktikern wie beispielsweise Finanzberatern, Mitarbeitern von Geldinstituten sowie nicht zuletzt allen an finanzmathematischen Fragestellungen Interessierten von Nutzen sein.

Vom Inhalt und vom Schwierigkeitsgrad her ist der Text so gestaltet, dass jede Leserin und jeder Leser mit durchschnittlichen mathematischen Schulkenntnissen dem Anliegen des Buches folgen kann und dem Leser die grundlegenden Formeln, Methoden und Ideen der klassischen Finanzmathematik nahegebracht werden, ohne dabei allzusehr ins Detail zu gehen. Vielmehr soll der Appetit auf die weitere Beschäftigung mit finanzmathematischen Fragestellungen geweckt werden. Dabei wird aber niemals der Bezug zur Praxis vernachlässigt, im Gegenteil, durch die Betrachtung und Analyse einer Vielzahl konkreter Finanzprodukte werden die Leserinnen und Leser behutsam an die Praxis herangeführt.

Die Finanzmathematik befindet sich in den letzten Jahrzehnten in einer Phase stürmischer Entwicklung. Ausgehend von den klassischen Gebieten der Finanzmathematik, der Zins- und Zinseszinsrechnung sowie der Renten-, Tilgungs- und Kursrechnung, die vorwiegend im Zusammenhang mit festverzinslichen Wertpapieren von Interesse sind, haben sich zahlreiche eigenständige und mathematisch anspruchsvolle Gebiete entwickelt. So gibt es vielfältige Methoden zur Bewertung von Aktien und zur Prognose von Aktienkursen. Weiterhin ergeben sich sehr interessante, oftmals aber komplizierte Fragestellungen in Verbindung mit der Preisbestimmung sogenannter Derivate (Optionen, Futures, Aktienanleihen etc.), die vor allem im Investment Banking eine wichtige Rolle spielen. Nicht zuletzt bildet die klassische Finanzmathematik die Grundlage für das weite Feld der Versicherungsmathematik und für das Bausparen. Selbstverständlich kann das vorliegende Buch nur eine Grundlage für all die aufgezählten Gebiete liefern; die wichtigsten Zugänge, Methoden und Ideen werden jedoch anschaulich dargestellt, wobei durchgängig versucht wird, möglichst nahe an der Praxis zu bleiben.

Einführende Ausführungen werden gern überlesen, denn viele Leser wollen gleich „zur Sache" kommen. Trotzdem würde ich jeder Leserin und jedem Leser dringend raten, die nächsten drei Seiten aufmerksam durchzulesen, da ich all diejenigen **Leitgedanken**, die mir wesentlich für die Finanzmathematik erscheinen, hier in thesenhafter Form darlegen möchte. Es ist durchaus empfehlenswert, im Verlaufe des Studiums des vorliegenden Buches von Zeit zu Zeit auf diese Thesen zurückzukommen.

These 1: Der Wert einer Zahlung ist abhängig vom Zeitpunkt, zu dem diese zu leisten ist.

Dies wird im täglichen Leben bei weitem nicht immer beachtet bzw. als nicht so wesentlich eingeschätzt, ist aber sofort einsichtig, vergleicht man beispielsweise eine Zahlung in Höhe von, sagen wir, 10 000 €, die man entweder heute erhält oder erst in 15 Jahren erwarten kann. Wohl jeder würde bevorzugen, diese Zahlung heute in Empfang zu nehmen. Als Konsequenz ergibt sich, dass sich alle Berechnungen in der Finanzmathematik auf den **Faktor Zeit** gründen. Unter diesem Aspekt sagen Angaben über Gesamtzahlungen (etwa bei der Tilgung eines Darlehens) nicht viel aus, da hierbei der Faktor Zeit völlig außer Acht gelassen wird. Auch zu unterschiedlichen Zeitpunkten fällige Zahlungen lassen sich nur dann miteinander vergleichen, wenn sie auf einen einheitlichen Zeitpunkt bezogen werden.

These 2: Es gilt stets das Äquivalenzprinzip

Dieses kann beispielsweise lauten „Die Leistungen des Schuldners sind gleich den Leistungen des Gläubigers" oder „Der Wert aller Einzahlungen ist gleich dem aller Auszahlungen" oder – etwas abgewandelt – „Verschiedene Zahlungsarten (z. B. Barzahlung und Finanzierung beim Autokauf) sind gleich günstig". Hierbei wird natürlich ein bestimmter vereinbarter Zinssatz zugrunde gelegt, der entweder bekannt oder zu bestimmen ist.

Unter Berücksichtigung von These 1 lässt sich das Äquivalenzprinzip auf den **Barwertvergleich** aller Zahlungen von Schuldner bzw. Gläubiger zurückführen, indem als Vergleichszeitpunkt $t = 0$ gewählt wird. Freilich kann auch ein beliebiger anderer Zeitpunkt als Bezugspunkt für den Vergleich verwendet werden. Das Äquivalenzprinzip ist eines der wichtigsten Hilfsmittel zur Ausführung von Berechnungen und stellt den Schlüssel zur Bestimmung von Renditen bzw. Effektivzinssätzen dar. Es führt jeweils auf eine Bestimmungsgleichung, aus der – in Abhängigkeit davon, welche Werte gegeben sind – die restlichen Größen ermittelt werden können.

These 3: Das Gerüst der klassischen Finanzmathematik wird aus ganz wenigen Formeln gebildet.

Diese Aussage mag sich angesichts vieler und mitunter recht unübersichtlicher Formeln, die in Lehrbüchern der Finanzmathematik (auch im vorliegenden Buch) zu finden sind, seltsam ausnehmen. Bei näherer Betrachtung wird man jedoch schnell entdecken, dass sich die gesamte klassische Finanzmathematik in der Tat aus einer Hand voll Formeln bausteinartig zusammensetzen lässt. Zu diesen Grundformeln, die sich aus mathematischer

Sicht hauptsächlich auf arithmetische und geometrische Zahlenfolgen und Zahlenreihen gründen, sind all die zu rechnen, die in Abschn. 1.2 zusammengestellt sind.

Selbstverständlich setzt These 3 voraus, dass man in der Lage ist, eine Formel oder Gleichung nach einer beliebigen darin vorkommenden Größe aufzulösen.

These 4: In der klassischen Finanzmathematik gibt es einfache, mittelschwere und relativ kompliziert zu lösende Probleme.
Als leicht sollen Aufgaben bezeichnet werden, deren Lösung einfach dadurch erfolgt, dass gegebene Größen in eine Formel eingesetzt werden, was der Berechnung eines Funktionswertes entspricht. Als mittelschwer werden Probleme angesehen, die eine – mehr oder weniger komplizierte – Formelumstellung erfordern oder die durch die Kombination bekannter Formeln gelöst werden können.

Als relativ kompliziert sind schließlich all jene Fragestellungen einzustufen, die nicht explizit, sondern nur näherungsweise mit geeigneten numerischen Verfahren gelöst werden können; dabei handelt es sich in der Regel um die Nullstellenbestimmung von Polynomgleichungen. Gerade letztere Probleme schrecken einen mathematischen Anfänger meist ab, sollten aber im Zeitalter der (programmierbaren) Taschenrechner sowie Computer mit hervorragender mathematischer Software keine prinzipielle Hürde darstellen.

Am schwersten jedoch fällt vielen das **Modellieren**, d. h. das Umsetzen einer verbal formulierten Fragestellung in die „Sprache" der Mathematik, also das Aufstellen geeigneter Gleichungen oder Funktionen, die den Sachverhalt beschreiben und es gestatten, mathematische Berechnungen vornehmen zu können. Hier kann man nur Schritt für Schritt vorgehen, indem immer wieder neue Situationen – mit einfachen beginnend und dann im Schwierigkeitsgrad steigend – beispielhaft betrachtet werden. Außerordentlich hilfreich beim Modellieren ist das Beachten der nachstehenden These, deren Verinnerlichung ich jedem an der Finanzmathematik Interessierten nur nachdrücklich empfehlen kann.

These 5: Ein grafisches Schema bringt Klarheit.
In Übereinstimmung mit These 1 ist es in jedem Fall wichtig, sich eine Übersicht über alle Ein- und Auszahlungen zu verschaffen, zusammen mit den Zeitpunkten, zu denen diese erfolgen; gegebenenfalls sind auch davon abweichende Zeitpunkte ihrer Verrechnung zu vermerken. Dazu kann das folgende allgemeine Schema von Zahlungen dienen, das in jedem konkreten Einzelfall zu präzisieren ist. In diesem einfachen Schema sind alle Zahlungen gemeinsam mit den Zeitpunkten, zu denen sie erfolgen, aufgeführt:

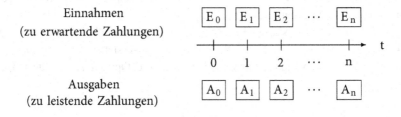

These 6: Das Salz in der Suppe ist die Rendite.

Die Rendite (Effektiv- oder Realzinssatz) ist die einer Vereinbarung bzw. Geldanlage oder -aufnahme zugrunde liegende tatsächliche, einheitliche, durchschnittliche und – wenn nicht ausdrücklich anders vereinbart – auf den Zeitraum von einem Jahr bezogene Verzinsung. Vor allem diese Größe dient dem Vergleich verschiedener Zahlungspläne, Angebote usw. und ist deshalb überaus wichtig. Nicht umsonst besteht die gesetzliche Pflicht, bei finanziellen Vereinbarungen stets den Effektivzinssatz auszuweisen.

Gründe, warum die Rendite bzw. der Effektivzins vom nominal angegebenen Zinssatz abweicht, können u. a. in Folgendem liegen: Gebühren, Boni, Abschläge bei der Auszahlung eines Darlehens, zeitliche Verschiebungen von Zahlungen oder deren Gutschriften, nichtkorrekte Verzinsung (insbesondere bei unterjähriger Zahlungsweise).

In der Praxis weisen Geldgeschäfte wie Darlehensverträge, Zahlungspläne oder Finanzierungen in der Regel eine Vielzahl der genannten Sonderbedingungen auf, wodurch ein direkter Vergleich meist nicht möglich ist. Der einzige Weg besteht in der Berechnung der Rendite bzw. des Effektivzinssatzes. Freilich gehören Renditeberechnungen bis auf Sonderfälle zu dem Typ von Aufgaben, der in These 4 als relativ kompliziert bezeichnet wurde, denn es sind jeweils aus dem Äquivalenzprinzip resultierende Polynomgleichungen zu lösen, was im Allgemeinen nur näherungsweise, aber stets beliebig genau möglich ist. Die Ermittlung von Renditen zieht sich praktisch quer durch alle Teile der Finanzmathematik.

These 7: Die klassische Finanzmathematik lässt sich klar umreißen.

Von den Teilgebieten her umfasst die Finanzmathematik traditionell die Zins- und Zinseszinsrechnung, die Renten-, Tilgungs- und Kursrechnung; zu Abschreibungen und Investitionsmethoden bestehen enge Beziehungen.

Im **Zinssatz** konzentriert sich alles, was relevant ist. Nicht oder nur indirekt erfasst werden dagegen solche Aspekte wie Risiko (nicht jeder Kredit wird pünktlich oder überhaupt zurückgezahlt), Emotionen („lieber weniger Bares sofort als eine höhere Zahlung in etlichen Jahren"), Inflation (eine bestimmte Geldmenge hat heute einen anderen, höheren Wert als in mehreren Jahren). All diese Aspekte finden letztlich ihren Ausdruck im Zinssatz.

Ferner spielt die Liquidität (Zahlungsfähigkeit) keine Rolle in der klassischen Finanzmathematik: Beim Vergleich verschiedener Anlage- oder Zahlungsvarianten wird stets davon ausgegangen, dass die entsprechenden Zahlungen tatsächlich auch jederzeit möglich sind. Auch auf „banktechnische" Details oder steuerliche Aspekte wird im vorliegenden Buch praktisch nicht eingegangen.

Über den Rahmen der klassischen Finanzmathematik hinaus gehen schließlich stochastische Aspekte, die ihren Niederschlag vor allem in der Versicherungsmathematik, aber auch bei der Prognose von Kursen für Aktien, Wertpapiere, Optionen und anderer Derivate finden.

These 8: Der Taschenrechner sei der ständige Begleiter.
Eigentlich sind Rechnen und Mathematik verschiedene Dinge. Ja, viele Mathematiker sind sogar stolz darauf, schlechte Rechner zu sein und verstecken dies hinter der Behauptung „Mathematik dient der Vermeidung des Rechnens". In der Finanzmathematik liegen die Dinge jedoch anders. Die behandelten Probleme sind so konkreter Natur, dass ein volles Verständnis ohne aktives Mitrechnen kaum möglich ist. Dazu kann der Computer mit seinen vielfältigen Möglichkeiten genutzt werden, häufig tut es aber auch ein einfacher oder programmierbarer Taschenrechner. Auch spezielle Finanztaschenrechner sind nützliche Hilfsmittel. Bei einfachen Rechnern vermeide man möglichst das Runden von Zwischenergebnissen. Dennoch können bei verschiedenen Rechnern leicht unterschiedliche Ergebnisse entstehen, abhängig von der internen Rechengenauigkeit des jeweiligen Taschenrechners. Das tut der Mathematik jedoch keinen Abbruch. Merke: Ohne Kenntnis von Grundbegriffen und theoretischen Grundlagen ist der Gebrauch von Taschenrechnern wie auch von Formelsammlungen nicht zu empfehlen.

Hinsichtlich der Lösung weiterführender und speziellerer Probleme sei auf den folgenden Titel hingewiesen:

Grundmann, W., Luderer, B.: Finanzmathematik, Versicherungsmathematik, Wertpapieranalyse. Formeln und Begriffe (3. Auflage), Vieweg + Teubner, Wiesbaden (2009).

Die nunmehr vorliegende 4. Auflage dieser Starthilfe unterscheidet sich von der vorhergehenden dadurch, dass die Inhalte stärker auf die einzelnen Kapitel konzentriert wurden. So werden insbesondere zu Beginn eines jeden Kapitels Lernziele formuliert und typische Problemstellungen aufgezeigt (zu denen am Kapitelende auch Lösungen angegeben sind). Außerdem wird am Ende jedes Kapitel die relevante Literatur aufgeführt. Ferner wurden mehr Abbildungen zur besseren Veranschaulichung der mathematischen Zusammenhänge aufgenommen.

Selbstverständlich erfuhr das gesamte Buch wiederum eine gründliche Durchsicht, kleinere Fehler wurden beseitigt und das Layout wurde weiter verbessert. Mein Dank gilt dem Verlag Springer Spektrum für die konstruktive und angenehme Zusammenarbeit.

Hinweise und Bemerkungen zu diesem Buch sind mir jederzeit willkommen.

Chemnitz,   Bernd Luderer
im Januar 2015

Inhaltsverzeichnis

Grundlegende Formeln und Bezeichnungen

1

1.1 Wichtige Bezeichnungen

$\mathbb{N}$	Menge der natürlichen Zahlen
$\mathbb{R}$	Menge der reellen Zahlen
K	Kapital
T	Anzahl der Zinstage
t	Teil bzw. Vielfaches der Zinsperiode; Zeitpunkt, Zeitraum, Laufzeit (nicht notwendig ganzzahlig)
$\lceil t \rceil$	kleinste ganze Zahl größer gleich t
Z_T, Z_t	Zinsen für T Tage bzw. die Zeit t
n	Anzahl der Jahre, Raten bzw. Zinsperioden; Laufzeit
K_0	Anfangskapital
K_n	Endkapital; Kapital nach n Zinsperioden
K_t	Zeitwert zum Zeitpunkt t
p	Zinssatz, Zinsfuß (in Prozent), bezogen auf eine Zinsperiode
$p_m, \widetilde{p}$	Zinssatz für unterjährige Zinsperiode
p_{nom}	Nominalzinssatz (in Prozent)
p_{eff}	Effektivzinssatz (in Prozent)
i	Zinssatz
m	Anzahl gleich langer Teilperioden einer Zinsperiode
i_m	Zinssatz für unterjährige Zinsperiode
i^*	Zinsintensität (bei stetiger Verzinsung)
q	Aufzinsungsfaktor
S_0	Kreditbetrag, Anfangsschuld
S_k	Restschuld am Ende der k-ten Periode
T_k	Tilgung in der k-ten Periode
Z_k	Zinsen in der k-ten Periode

© Springer Fachmedien Wiesbaden 2015
B. Luderer, *Starthilfe Finanzmathematik*, Studienbücher Wirtschaftsmathematik,
DOI 10.1007/978-3-658-08425-7_1

A_k	Annuität in der k-ten Periode
$\ddot{s}_{\overline{n}\rvert}$	vorschüssiger Rentenendwertfaktor
$s_{\overline{n}\rvert}$	nachschüssiger Rentenendwertfaktor
$\ddot{a}_{\overline{n}\rvert}$	vorschüssiger Rentenbarwertfaktor
$a_{\overline{n}\rvert}$	nachschüssiger Rentenbarwertfaktor

1.2   Grundlegende Formeln

Endwertformel bei linearer Verzinsung:

$$K_t = K_0 \cdot (1 + i \cdot t)$$

Barwertformel bei linearer Verzinsung:

$$K_0 = \frac{K_t}{1 + i \cdot t}$$

Jahresersatzrate bei m vorschüssigen Zahlungen:

$$R^{\text{vor}} = r \cdot \left(m + \frac{m+1}{2} \cdot i \right)$$

Jahresersatzrate bei m nachschüssigen Zahlungen:

$$R^{\text{nach}} = r \cdot \left(m + \frac{m-1}{2} \cdot i \right)$$

Endwertformel bei geometrischer Verzinsung:

$$K_t = K_0 \cdot (1 + i)^t = K_0 \cdot q^t$$

Barwertformel bei geometrischer Verzinsung:

$$K_0 = \frac{K_t}{(1 + i)^t} = \frac{K_t}{q^t}$$

Endwertformel der vorschüssigen Rentenrechnung:

$$E_n^{\text{vor}} = R \cdot q \cdot \frac{q^n - 1}{q - 1} = R \cdot \ddot{s}_{\overline{n}\rvert}$$

Barwertformel der vorschüssigen Rentenrechnung:

$$B_n^{\text{vor}} = R \cdot \frac{q^n - 1}{q^{n-1}(q - 1)} = R \cdot \ddot{a}_{\overline{n}|}$$

Endwertformel der nachschüssigen Rentenrechnung:

$$E_n^{\text{nach}} = R \cdot \frac{q^n - 1}{q - 1} = R \cdot s_{\overline{n}|}$$

Barwertformel der nachschüssigen Rentenrechnung:

$$B_n^{\text{nach}} = R \cdot \frac{q^n - 1}{q^n(q - 1)} = R \cdot a_{\overline{n}|}$$

1.3 Umrechnungstabelle der Grundgrößen p, i und q

	p	i	q
p	p	$100\, i$	$100\,(q - 1)$
i	$\dfrac{p}{100}$	i	$q - 1$
q	$1 + \dfrac{p}{100}$	$1 + i$	q

Die drei Größen p, i und q sind als äquivalent anzusehen; ist eine davon bekannt, lassen sich die beiden anderen daraus leicht ermitteln.

Mathematische Grundlagen

2

Der Finanzmathematik liegen – wie fast allen Teilgebieten der Mathematik – eine Reihe von Formeln zugrunde. Wer aber glaubt, jeweils nur die richtige Formel zur Lösung eines Problems herausfinden zu müssen und dann die gegebenen Größen dort einzusetzen, der befindet sich im Irrtum. Aufgrund der Vielfalt und zahlreichen Besonderheiten praktischer Problemstellungen müssen die für „Standardsituationen" geltenden Grundformeln angepasst, kombiniert und in aller Regel umgeformt, d. h., nach einer der vorkommenden Größen aufgelöst werden, sofern dies überhaupt möglich ist. Anderenfalls müssen numerische Verfahren zur Ermittlung von Lösungen eingesetzt werden.

Diese oder ähnliche Probleme werden eine Rolle spielen:

- Wie lässt sich die Potenzgleichung $a^x = b$ nach a bzw. x auflösen?
- Wie kann man die Beziehung $\frac{1{,}05^n - 1}{1{,}05^{n-1} \cdot 0{,}05} = 10$ nach n umformen?
- Wie kann eine bzw. können alle positive(n) Nullstelle(n) der Polynomfunktion $f(x) = x^{11} - x^{10} - 105x + 105$ gefunden werden? Wie viele positive Nullstellen besitzt diese Funktion überhaupt?
- Wodurch sind arithmetische und geometrische Zahlenfolgen gekennzeichnet und wie können deren Glieder bzw. die Summe der ersten n Glieder berechnet werden?

Nachdem Sie dieses Kapitel durchgearbeitet haben, werden Sie in der Lage sein

- in der Finanzmathematik auftretende Gleichungen umzuformen,
- mit Potenzen, Wurzeln und Logarithmen umzugehen,
- Lösungen von Polynomgleichungen höheren Grades mithilfe numerischer Lösungsverfahren zu bestimmen und somit Renditen bzw. Effektivzinssätze von Geldanlagen und Finanzprodukten zu ermitteln,
- die Grundlagen der Zins-, Zinseszins-, Renten- und Tilgungsrechnung zu verstehen, da Sie die Bildungsgesetze arithmetischer und geometrischer Zahlenfolgen und -reihen gut verstehen.

© Springer Fachmedien Wiesbaden 2015
B. Luderer, *Starthilfe Finanzmathematik*, Studienbücher Wirtschaftsmathematik,
DOI 10.1007/978-3-658-08425-7_2

Wer sich bereits jetzt mit den genannten Dingen gut auskennt, kann dieses Kapitel weglassen oder lediglich überfliegen.

2.1 Potenz-, Wurzel- und Logarithmenrechnung

2.1.1 Potenzrechnung

Wird ein und dieselbe Zahl oder Variable mehrfach mit sich selbst multipliziert, nutzt man meist die Potenzschreibweise und schreibt für $a \in \mathbb{R}$

$$a^n = \underbrace{a \cdot a \cdot \ldots \cdot a}_{n\text{-mal}} \quad (\text{gesprochen: } a \text{ hoch } n),$$

wobei a als *Basis*, n als *Exponent* und a^n als *Potenzwert* bezeichnet werden. Die Zahl n, die die Anzahl der Faktoren angibt, wird zunächst als natürliche Zahl vorausgesetzt, kann später aber auch reell sein. Zur Berechnung von Potenzwerten mit einem Taschenrechner benötigt man die Funktionstaste y^x.

Für beliebiges $a \neq 0$ definiert man $a^0 \stackrel{\text{def}}{=} 1$. Dass dies zweckmäßig ist, zeigen die nachstehenden Potenzgesetze. Der Ausdruck 0^0 ist nicht definiert und wird daher *unbestimmter Ausdruck* genannt.

Es gelten die folgenden Rechenregeln (wobei $a, b \in \mathbb{R}$, $a, b \neq 0$, $m, n \in \mathbb{N}$ vorausgesetzt sei):

$$a^m \cdot a^n = a^{m+n}, \quad a^m : a^n = a^{m-n}, \quad a^{-n} = \frac{1}{a^n},$$

$$a^n \cdot b^n = (a \cdot b)^n, \quad \frac{a^n}{b^n} = \left(\frac{a}{b}\right)^n, \quad (a^m)^n = a^{m \cdot n} = \underbrace{a^m \cdot a^m \cdot \ldots \cdot a^m}_{n\text{-mal}}$$

2.1.2 Wurzelrechnung

Oben wurden Potenzen mit ausschließlich ganzzahligen Exponenten betrachtet. Dass auch das Rechnen mit rationalen (oder gar reellen) Exponenten sinnvoll und interpretierbar ist, zeigt der Begriff der *Wurzel*. Das *Wurzelziehen* (oder *Radizieren*) stellt eine erste Umkehroperation zum Potenzieren dar. Hierbei sind der *Potenzwert b* und der *Exponent n* gegeben, während die *Basis a* gesucht ist. Zunächst gelte $a, b \geq 0$, $n \in \mathbb{N}$. Dann ist die *n-te Wurzel*, bezeichnet mit $\sqrt[n]{b}$, folgendermaßen definiert:

$$a = \sqrt[n]{b} \quad \Longleftrightarrow \quad a^n = b$$

Es wird also diejenige Zahl a gesucht, die – in die n-te Potenz erhoben – die Zahl b ergibt. Hierbei werden b als *Radikand* und n als *Wurzelexponent* bezeichnet.

Wir werden nur positive (exakter: nichtnegative) Radikanden zulassen und unter der Wurzel bzw. Hauptwurzel jeweils den nichtnegativen Wert a verstehen, für den $a^n = b$ gilt (obwohl für gerades n auch $a = -\sqrt[n]{b}$ Lösung der Gleichung $a^n = b$ ist). Ist $b < 0$ und n ungerade, bestimmt sich die eindeutige Lösung der Gleichung $a^n = b$ aus der Beziehung $a = -\sqrt[n]{-b}$. Wegen $0^n = 0$ für beliebiges $n \in \mathbb{N}\,(n \neq 0)$, gilt stets $\sqrt[n]{0} = 0$.

Unmittelbar aus der oben angegebenen Definition folgt

$$\left(\sqrt[n]{b}\right)^n = b, \quad \sqrt[n]{b^n} = b$$

Unter Beachtung dieser Gesetze ist es sinnvoll,

$$\sqrt[n]{b} = b^{1/n} \text{ bzw. } \sqrt[n]{b^m} = b^{m/n}$$

zu setzen und damit Wurzeln als Potenzen mit rationalen Exponenten zu schreiben. Für diese gelten die gleichen Rechenregeln wie für Potenzen mit natürlichen Zahlen als Exponenten. Es gilt:

$$\sqrt[n]{a \cdot b} = \sqrt[n]{a} \cdot \sqrt[n]{b}, \quad \sqrt[n]{\frac{a}{b}} = \frac{\sqrt[n]{a}}{\sqrt[n]{b}}, \quad \sqrt[n]{a^k} = \left(\sqrt[n]{a}\right)^k$$

2.1.3 Logarithmenrechnung

Eine zweite Umkehroperation zum Potenzieren ist das *Logarithmieren*. In diesem Fall sind der Potenzwert b sowie die Basis a gegeben und der (reelle, nicht notwendig natürliche) Exponent x gesucht. Man definiert

$$x = \log_a b \quad \Longleftrightarrow \quad a^x = b$$

(gesprochen: x ist Logarithmus von b zur Basis a), wobei a und b als positiv und $a \neq 1$ vorausgesetzt werden. Somit ist der Logarithmus von b zur Basis a derjenige Exponent x, mit dem a potenziert werden muss, um b zu erhalten.

Direkt aus der Definition folgen die Beziehungen

$$\log_a a = 1, \qquad \log_a 1 = 0, \qquad \log_a (a^n) = n$$

Weitere Rechenregeln sind:

$$\log_a(c \cdot d) = \log_a c + \log_a d, \qquad \log_a \frac{c}{d} = \log_a c - \log_a d$$

Die für die Finanzmathematik wichtigste Regel der Logarithmenrechnung (insbesondere bei der exakten Berechnung von Laufzeiten) ist

$$\log_a (b^n) = n \cdot \log_a b$$

Logarithmen mit gleicher Basis bilden jeweils ein Logarithmensystem, von denen die beiden gebräuchlichsten die dekadischen (Basis $a = 10$, bezeichnet mit $\lg b \stackrel{\text{def}}{=} \log_{10} b$, seltener mit $\log b$) und die natürlichen Logarithmen (mit der *Euler'schen Zahl* $e = \lim_{n \to \infty} \left(1 + \frac{1}{n}\right)^n = 2{,}71828182846\ldots$ als Basis; Bezeichnung $\ln b \stackrel{\text{def}}{=} \log_e b$) sind. Wir werden vor allem von letzteren Gebrauch machen.

2.2 Umformung von Formeln

Eine Formel stellt im Allgemeinen eine Gleichung dar, die mehrere variable und konstante Größen enthält und nach einer Variablen aufgelöst ist. In Abhängigkeit davon, welche Größen als gegeben und welche als gesucht anzusehen sind, besteht häufig die Notwendigkeit, die Gleichung umzuformen, d. h. nach einer anderen Variablen aufzulösen, wobei die nachstehenden Regeln beachtet werden müssen:

Regel: Ein beliebiger Ausdruck kann gleichzeitig auf beiden Seiten einer Gleichung addiert oder subtrahiert werden:

$$a = b \implies a \pm c = b \pm c.$$

Hierdurch können Glieder „von einer Seite auf die andere gebracht werden", was natürlich auch schrittweise möglich ist.

Beispiel:

$$
\begin{aligned}
9a^2 - 2a - 4b^2 &= 3a^2 - 7a + 5b - 3 \qquad | -3a^2 + 7a + 4b^2 \\
6a^2 + 5a &= 4b^2 + 5b - 3
\end{aligned}
$$

Jetzt stehen alle Glieder mit a links, die mit b rechts.

Regel: Beide Seiten einer Gleichung können gleichzeitig mit einer beliebigen Konstanten multipliziert oder durch sie dividiert werden:

$$a = b \implies a \cdot c = b \cdot c, \quad a : c = b : c.$$

Mittels dieser Regel können „störende" Faktoren oder Brüche beseitigt werden. Allerdings darf weder mit Null multipliziert werden (was zu der zwar richtigen, aber inhaltsleeren Identität $0 = 0$ führen würde), noch darf durch Null dividiert werden (da dies eine unerlaubte Operation ist).

Beispiele:

a) $\dfrac{a}{3} + \dfrac{b}{6} = 7 \quad \overset{\cdot 6}{\implies} \quad 2a + b = 42$

b) $q^n = \dfrac{a}{b} \quad \overset{\cdot b}{\implies} \quad b \cdot q^n = a \quad \overset{:q^n}{\implies} \quad b = \dfrac{a}{q^n}$

Regel: Beide Seiten einer Gleichung können gleichzeitig als Exponent einer gemeinsamen positiven Basis (ungleich 1) benutzt werden:

$$a = b \implies c^a = c^b.$$

Beispiel:

$$\ln x = a \quad \overset{\text{Basis e}}{\implies} \quad e^{\ln x} = x = e^a$$

Regel: Beide Seiten einer Gleichung können logarithmiert werden (mit einer beliebigen, auf beiden Seiten der Gleichung gleichen Basis des Logarithmus), falls dadurch keine Logarithmen nichtpositiver Zahlen auftreten: $a = b \implies \log_c a = \log_c b$.

Beispiel:

$$q^n = \frac{a}{b} \quad \overset{\text{Logarithmieren}}{\implies} \quad n \cdot \ln q = \ln \frac{a}{b} \quad \overset{:\ln q}{\implies} \quad n = \frac{\ln \frac{a}{b}}{\ln q} = \frac{\ln a - \ln b}{\ln q}$$

Einige Besonderheiten sind zu beachten, wenn man mit unbekannten Größen, z. B. mit einem Faktor, der selbst wieder eine Variable x enthält, multipliziert (hierbei können Scheinlösungen auftreten) oder durch solche Ausdrücke dividiert (dabei können echte Lösungen wegfallen).

Regel: Beide Seiten einer Gleichung können mit einem von x abhängigen Ausdruck als Faktor multipliziert oder durch ihn dividiert werden.

Beispiele:

a) $5x = 15 \quad \overset{\cdot(x-2)}{\implies} \quad 5x^2 - 10x = 15x - 30 \quad \implies \quad 5x^2 - 25x + 30 = 0$
Lösungen der letzten Gleichung sind $x = 2$ und $x = 3$, obwohl $x = 2$ vorher keine Lösung war ($x = 2$ ist eine Scheinlösung).

b) $(x - a)(x - b) = 0 \quad \overset{:(x-a)}{\implies} \quad x - b = 0 \quad \implies \quad x = b$
Hier sollen a und b gegebene Größen sein, während x gesucht ist. Einzige Lösung der nach der Umformung entstandenen Gleichung ist $x = b$, obwohl $x = a$ ebenfalls eine Lösung der ursprünglichen Gleichung darstellt, d. h., durch die (für $x = a$ nicht erlaubte) Division ist eine Lösung „verschwunden".

Regel: Aus beiden Seiten einer Gleichung kann man eine beliebige Wurzel ziehen, wenn dadurch keine Wurzeln aus negativen Zahlen entstehen.
Mittels Fallunterscheidungen ist zu sichern, dass keine Lösung verlorengeht.

Beispiel:

$$(x - 1)^2 = 9 \quad \overset{\text{Wurzelziehen}}{\implies} \quad x - 1 = \pm 3 \quad \implies \quad x = 1 \pm 3$$

Unter Berücksichtigung der Doppeldeutigkeit der Quadratwurzel entstehen also die beiden Lösungen $x = 4$ und $x = -2$.

Generell ist zum Umformen von Gleichungen zu sagen, dass all das, was „stört", mithilfe der jeweiligen Umkehroperation beseitigt werden kann. Außerdem sind die Regeln zum Ausmultiplizieren, Ausklammern sowie der Bruch-, Potenz- und Logarithmenrechnung usw. zu beachten.

Beispiel:

Die folgende Beziehung ist nach n aufzulösen:

$$a = \frac{b^n - 1}{b^n \cdot c} \overset{\cdot c}{\Longrightarrow} a \cdot c = \frac{b^n - 1}{b^n} = 1 - \frac{1}{b^n} \Longrightarrow \frac{1}{b^n} = 1 - a \cdot c$$

$$\overset{\text{Kehrwert}}{\Longrightarrow} b^n = \frac{1}{1 - a \cdot c} \overset{\text{Logarithmieren}}{\Longrightarrow} n \cdot \ln b = \ln \frac{1}{1 - a \cdot c} = \ln 1 - \ln (1 - a \cdot c)$$

$$\overset{:\ln b}{\Longrightarrow} n = -\frac{\ln(1 - a \cdot c)}{\ln b}$$

Nicht jede Beziehung lässt sich nach jeder vorhandenen Größe auflösen. So kann beispielsweise eine Polynomgleichung höheren Grades im Allgemeinen nicht explizit nach der vorkommenden Variablen aufgelöst, sondern nur näherungsweise numerisch gelöst werden (siehe hierzu den nachfolgenden Abschnitt).

2.3 Ermittlung der Nullstellen von Polynomen

Die Nullstellenberechnung spielt in der Finanzmathematik vor allem bei der Ermittlung von Effektivzinssätzen eine wichtige Rolle.

Eine *Polynomfunktion n-ten Grades* ist eine Funktion der Gestalt

$$y = P_n(x) = a_n x^n + a_{n-1} x^{n-1} + \ldots + a_1 x + a_0 = \sum_{i=0}^{n} a_i x^i \,, \tag{2.1}$$

in dem die höchste vorkommende Potenz von x gleich n ist. Dabei sind $a_0, a_1, \ldots, a_{n-1}, a_n$ reelle Zahlen mit $a_n \neq 0$, die *Koeffizienten* genannt werden und gegebene konstante Größen sind. Polynomfunktionen sind für jeden Wert von x definiert und stetig, d. h., sie weisen keine Sprünge oder Lücken auf. Die Anzahl reeller Nullstellen einer Polynomfunktion, d. h. solcher Werte x, für die der Funktionswert von (2.1) null wird, beträgt maximal n. Bezeichnet man diese Nullstellen mit $x_1, x_2, \ldots, x_n$, so kann die Polynomfunktion $P_n(x)$ aus (2.1) wie folgt dargestellt werden:

$$P_n(x) = a_n(x - x_1)(x - x_2) \ldots (x - x_n) \,. \tag{2.2}$$

Die Ermittlung der Nullstellen einer Polynomfunktion ist in der Regel eine komplizierte Aufgabe und nur in Spezialfällen in geschlossener Form realisierbar. Gut bekannt ist z. B. die Lösungsformel für den quadratischen Fall ($n = 2$): Lösungen der Polynomgleichung

$$x^2 + px + q = 0 \tag{2.3}$$

sind

$$x_{1,2} = -\frac{p}{2} \pm \sqrt{\left(\frac{p}{2}\right)^2 - q}\,. \tag{2.4}$$

Je nachdem, ob der unter der Wurzel stehende Ausdruck größer, gleich oder kleiner null ist, gibt es zwei, eine oder keine reelle Nullstelle der Gleichung (2.3). Im allgemeinen Fall muss zur Nullstellenbestimmung von Ausdrücken der Form (2.2) auf numerische Näherungsverfahren zurückgegriffen werden (siehe unten).

Übrigens kann die Darstellung (2.2) genutzt werden, um bei Kenntnis einer Nullstelle den Grad des Polynoms mithilfe der Polynomdivision um eins zu reduzieren (etwa zum Zwecke der Bestimmung weiterer Nullstellen).

Beispiel:
Gesucht sind die Nullstellen der Polynomfunktion $P_3(x) = 12x^3 - 37x^2 + 2x + 3$. Durch gezieltes Probieren ermittelt man die Nullstelle $x_1 = 3$. Nach Partialdivision von $P_3(x)$ durch den Ausdruck $x - x_1 = x - 3$ erhält man

$$P_2(x) = (12x^3 - 37x^2 + 2x + 3) : (x - 3) = 12x^2 - x - 1\,.$$

Dieser Ausdruck stellt eine quadratische Funktion dar, deren Nullstellen (nach Division durch 12) leicht mit der bekannten Lösungsformel für quadratische Gleichungen bestimmt werden können und $x_2 = \frac{1}{3}$ bzw. $x_3 = -\frac{1}{4}$ lauten.

Die folgende Regel liefert eine Aussage über die Anzahl *positiver* Nullstellen eines Polynoms. Dazu hat man die Vorzeichen der Koeffizienten a_i des Polynoms $P_n(x)$ aus (2.1) der Reihe nach (unter Weglassung von Nullen) aufzuschreiben und die Vorzeichenwechsel zu zählen; deren Anzahl betrage w.

Descartes'sche Vorzeichenregel: Die Anzahl positiver Nullstellen des Polynoms $P_n(x)$ ist gleich w oder $w - 2$ oder $w - 4, \ldots$

Beispiel:

Zum Polynom $P_{10}(x) = x^{10} - 8x^9 - 17x - 103$ gehört die Vorzeichenkette $+ - - -$, die einen Wechsel aufweist, sodass es gemäß der Zeichenregel von Descartes eine positive Nullstelle gibt. Im vorliegenden Fall ist deren Bestimmung allerdings nur näherungsweise möglich.

Oftmals lässt sich eine Nullstelle einer Polynomgleichung (2.1) höherer Ordnung nur näherungsweise mit numerischen Methoden ermitteln (beispielsweise dann, wenn der Grad des Polynoms größer als fünf ist und kein irgendwie gearteter Spezialfall vorliegt; aber auch die Nullstellen von Polynomen 3. bzw. 4. Grades werden in der Regel numerisch berechnet). In diesen Fällen, aber auch allgemein bei der Bestimmung von Nullstellen beliebiger Funktionen, sind die nachstehenden Methoden sehr hilfreich.

Grobübersicht mittels Wertetabelle: Zunächst stellt man für geeignete x-Werte eine Wertetabelle auf, um den ungefähren Kurvenverlauf von $f(x)$ und damit auch die ungefähre Lage der gesuchten Nullstellen zu bestimmen. Danach sucht man den betragsmäßig kleinsten in der Tabelle enthaltenen Funktionswert und bestimmt weitere Funktionswerte in der Nähe des zugehörigen Arguments x. Die so gefundenen Näherungswerte für Nullstellen können als Ausgangspunkt für die nachstehend beschriebenen Verfahren dienen. Nützlich für dieses Vorgehen sind programmierbare oder grafikfähige Taschenrechner.

Intervallhalbierung (Bisektion): Gegeben seien eine stetige Funktion $f(x)$ (z. B. die Polynomfunktion $P_n(x)$ aus (2.1)) sowie zwei Argumentwerte x_1 und x_2 mit $f(x_1) < 0$ und $f(x_2) > 0$ (oder umgekehrt). Dann gibt es im Intervall (x_1, x_2) mindestens eine Nullstelle. Da der exakte Verlauf der Funktion $f(x)$ zwischen x_1 und x_2 nicht bekannt ist, kann die gesuchte Nullstelle x^* an jeder beliebigen Stelle innerhalb des Intervalls (x_1, x_2) liegen. Als neue Näherung für x^* wählt man nun

$$x_m = \frac{x_1 + x_2}{2}, \tag{2.5}$$

d. h. den Mittelpunkt des Intervalls, und berechnet den zugehörigen Funktionswert $f(x_m)$ (siehe linke Abbildung). Erhält man dabei $f(x_m) = 0$, so gilt $x_0 = x_m$. Gilt jedoch $f(x_m) < 0$, so liegt x_0 offensichtlich im Intervall (x_m, x_2). Bei $f(x_m) > 0$ (wie in Abb. 2.1) muss x_0 in (x_1, x_m) gesucht werden.

Das neue Intervall ist nur noch halb so lang wie das ursprüngliche, was bedeutet, dass sich die erreichte Genauigkeit hinsichtlich der Lage der Nullstelle verdoppelt hat. Dieser Suchprozess kann nun mit der Halbierung des Intervalls (x_1, x_m) bzw. (x_m, x_2) so lange fortgesetzt werden, bis die gewünschte Genauigkeit in Bezug auf Intervalllänge oder Betrag des aktuellen Funktionswertes erreicht ist (siehe Abb. 2.1a).

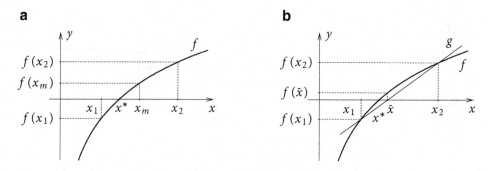

Abb. 2.1 Intervallhalbierung (**a**) und lineare Interpolation (**b**)

Lineare Interpolation und Sekantenverfahren: Anstelle den Intervallmittelpunkt zu wählen, ist es möglich, etwas „intelligenter" vorzugehen und die meist unterschiedliche Größe der Funktionswerte $f(x_1)$ und $f(x_2)$ in die Rechnung einzubeziehen. Dabei nimmt man an, dass die Nullstelle x^* im Intervall (x_1, x_2) näher an x_1 als an x_2 liegt, wenn der Funktionswert $f(x_1)$ betragsmäßig näher an null liegt als der Funktionswert $f(x_2)$. Eine Schätzung für x^* erhält man nun, indem man den Graph der Funktion f zwischen den Punkten $(x_1, f(x_1))$ und $(x_2, f(x_2))$ durch eine lineare Funktion (Gerade g) ersetzt und den Schnittpunkt $\bar{x}$ dieser Geraden mit der x-Achse als neuen Näherungswert wählt (siehe Abb. 2.1b). Der Punkt $\bar{x}$ ist als Nullstelle von g leicht berechenbar:

$$\bar{x} = x_1 - \frac{x_2 - x_1}{f(x_2) - f(x_1)} \cdot f(x_1)\,. \tag{2.6}$$

Ist der erhaltene Näherungswert noch nicht genau genug, so wird wie bei der Intervallhalbierung das Verfahren wiederholt, wobei je nach Vorzeichen von $f(\bar{x})$ entweder $(x_1, \bar{x})$ oder $(\bar{x}, x_2)$ als neues Intervall benutzt wird.

Tangentenverfahren: Diese auch als *Newtonverfahren* bekannte Methode nutzt Mittel der Differenzialrechnung. Sie unterscheidet sich von den eben beschriebenen Methoden dadurch, dass nur **ein** Startpunkt x_0 benötigt wird (der allerdings bereits in der „Nähe" der gesuchten Nullstelle liegen muss) und anstelle der Sekante nunmehr die Tangente an die Funktionskurve $f(x)$ im Punkt $(x_0, f(x_0))$ gelegt wird. Diese hat den Anstieg $f'(x_0)$ und die Geradengleichung $y = f'(x_0)(x - x_0) + f(x_0)$. Hieraus lässt sich die Nullstelle x_1 der Tangente leicht ermitteln: $x_1 = x_0 - \frac{f(x_0)}{f'(x_0)}$.

Jetzt wird im Punkt $(x_1, f(x_1))$ die Tangente an $f(x)$ angelegt (vgl. Abb. 2.2). Man erhält als Nullstelle dieser Tangente den Punkt x_2, legt in $(x_2, f(x_2))$ wieder die Tangente an usw. Damit kommt man zu der folgenden Iterationsvorschrift:

$$x_{n+1} = x_n - \frac{f(x_n)}{f'(x_n)}, \qquad n = 0, 1, 2, \ldots \tag{2.7}$$

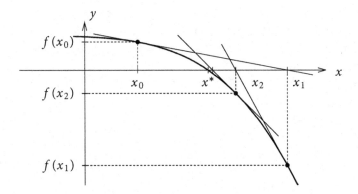

Abb. 2.2 Tangentenverfahren

Ohne auf die Voraussetzungen für die Anwendbarkeit des Tangentenverfahrens einzugehen, sei lediglich bemerkt, dass in jedem Schritt geprüft werden muss, ob die erreichte Genauigkeit bereits zufriedenstellend ist. Dazu muss entweder der aktuelle Funktionswert $f(x_n)$ hinreichend nahe bei null liegen, d. h., für eine vorgegebene Genauigkeitsschranke $\varepsilon > 0$ muss $|f(x_n)| < \varepsilon$ gelten, oder der Absolutbetrag der Differenz zweier aufeinanderfolgender Iterationspunkte x_n und x_{n+1} muss entsprechend klein werden, was $|x_{n+1} - x_n| < \varepsilon$ bedeutet. Dabei kann die Genauigkeitsschranke ε beispielsweise als 0,01 oder 0,001 oder ähnlich gewählt werden.

Verwendet man zum Abbruch der Näherungsverfahren die Bedingung $|f(x_n)| < \varepsilon$ (d. h., der Funktionswert soll nahe null liegen), so kann das erzeugte Intervall zu groß ausfallen. Bei Verwendung der Abbruchbedingung $|x_{n+1} - x_n| < \varepsilon$ kann das vermieden werden. Insofern ist letztere besser.

Alle soeben beschriebenen numerischen Näherungsverfahren sind nützlich und geeignet für eine Rechnung „von Hand". Sie können aber auch als Grundlage für ein Computerprogramm dienen, das man sich selbst schreibt. Schließlich bilden sie auch den Ausgangspunkt für die internen Abläufe programmierbarer, grafikfähiger Taschenrechner, deren Nutzen nicht hoch genug eingeschätzt werden kann.

Beispiel:
Man bestimme die im Intervall $(1, 2)$ gelegene Nullstelle des Polynoms

$$f(x) = x^3 + 0,7x^2 - 4,7x + 3$$

mithilfe der vorgestellten Methoden.

Eine erste Grobuntersuchung mithilfe einer **Wertetabelle** ergibt Folgendes:

x	1	2	1,5	1,2	1,1	1,05
$f(x)$	0	4,4	0,9	0,096	0,008	−0,0056

Für die anderen Verfahren geben wir uns eine Genauigkeit von $\varepsilon = 10^{-3}$ vor, wobei die Ungleichung $|f(x_n)| \leq \varepsilon$ erfüllt sein soll und x_n die erzeugten Iterationspunkte bezeichnen sollen.

Wir beginnen mit der **Intervallhalbierung**. Als Startwerte wählen wir $x_1 = 1{,}05$ mit $f(x_1) = -0{,}00564$ und $x_2 = 1{,}1$ mit $f(x_2) = 0{,}008$.

Dann ergeben sich folgende Werte:

Im Intervall

$$(x_1, x_2): \quad x_3 = \frac{x_1 + x_2}{2} = 1{,}075 \qquad \text{mit} \qquad f(x_3) = -0{,}001266,$$

$$(x_3, x_2): \quad x_4 = \frac{x_2 + x_3}{2} = 1{,}0875 \qquad \text{mit} \qquad f(x_4) = 0{,}002748,$$

$$(x_3, x_4): \quad x_5 = \frac{x_3 + x_4}{2} = 1{,}08125 \qquad \text{mit} \qquad f(x_5) = 0{,}000587,$$

wobei wir wegen $|f(x_5)| \leq 6 \cdot 10^{-4}$ die vorgegebene Genauigkeitsschranke in drei Schritten erreichen.

Für das **Sekantenverfahren** wählen wir dieselben Startwerte x_1, x_2 wie oben und erhalten entsprechend (2.6) für das Intervall

$$(x_1, x_2): \quad x_3 = x_1 - \frac{x_2 - x_1}{f(x_2) - f(x_1)} \cdot f(x_1) = 1{,}070642$$

mit $f(x_3) = -0{,}002376$,

$$(x_3, x_2): \quad x_4 = x_3 - \frac{x_2 - x_3}{f(x_2) - f(x_3)} \cdot f(x_3) = 1{,}077365$$

mit $f(x_4) = -0{,}000608$, d. h., die geforderte Genauigkeit wird hier bereits in zwei Schritten mit $|f(x_4)| \leq 7 \cdot 10^{-4}$ erfüllt.

Für das **Tangentenverfahren** sei als Startwert $x_0 = 1{,}1$ mit $f(x_0) = 0{,}008$ gewählt und mithilfe der ersten Ableitung von f, die $f'(x) = 3x^2 + 1{,}4x - 4{,}7$ lautet, zunächst $f'(x_0) = 0{,}4700$ bestimmt. Gemäß der Vorschrift (2.7) berechnen wir iterativ

$$x_1 = x_0 - \frac{f(x_0)}{f'(x_0)} = 1{,}082979; \quad f(x_1) = 0{,}001154; \quad f'(x_1) = 0{,}3347,$$

$$x_2 = x_1 - \frac{f(x_1)}{f'(x_1)} = 1{,}079531; \quad f(x_2) = 0{,}000047$$

und können wegen $|f(x_2)| \leq 5 \cdot 10^{-5}$ das Verfahren nach zwei Schritten abbrechen.

Vergleichen wir die Ergebnisse aller angewendeten Verfahren, so können wir $[x_4^{\text{Sek.}}, x_2^{\text{Tan.}}] = [1{,}077352\,;\,1{,}079531]$ als Intervall angeben, in dem bei der vorgegebenen Genauigkeit die gesuchte Nullstelle liegt. Zum Vergleich: Die exakte Nullstelle lautet $x_0 = 1{,}0793781$.

Übrigens lässt sich aus der Descartes'schen Zeichenregel erkennen, dass die untersuchte Polynomfunktion zwei positive Nullstellen besitzt, da die Koeffizienten des Polynoms zwei Vorzeichenwechsel aufweisen und wir eine positive Nullstelle bereits ermittelt haben (die zweite ist $x = 1$).

2.4 Zahlenfolgen und Zahlenreihen

Eine *Zahlenfolge* stellt eine Abbildung aus der Menge der natürlichen Zahlen in die Menge der reellen Zahlen dar:

$$a_n = f(n).$$

Die Größe $a_n \in \mathbb{R}$ wird *n-tes Glied* der Zahlenfolge genannt, der Index $n \in \mathbb{N}$ dient zum Nummerieren der Glieder. Die Nummerierung einer Zahlenfolge beginnt meist bei 0 oder 1; allerdings ist auch jeder andere Startindex möglich.

In der Finanzmathematik hat man es mit gesetzmäßig gebildeten und vorwiegend endlichen Zahlenfolgen zu tun. Für solche Folgen ist die Angabe oder Ermittlung des allgemeinen Bildungsgesetzes von Interesse. Sind Zahlenfolgen unendlich, d. h., besitzen sie unendlich viele Glieder, erhebt sich die Frage, ob die Glieder der Folge einem Grenzwert zustreben und wenn ja welchem.

Beispiel:
a) Die Zahlenfolge $3, 5, 7, 9, 11, 13, 15$ kann auch geschrieben werden als $\{a_n\}$ mit $a_n = 2n + 1, n = 1, \ldots, 7$. Sie ist endlich und besteht aus den ungeraden Zahlen zwischen 3 und 15.
b) Die Zahlenfolge $\{b_n\}$ mit $b_n = \dfrac{1}{n}, n = 1, 2, \ldots$, ist eine unendliche Folge. Wegen $\lim\limits_{n \to \infty} \dfrac{1}{n} = 0$ liegt eine *konvergente* Zahlenfolge vor. Da ihr Grenzwert gleich null ist, handelt es sich um eine *Nullfolge*.

Unter der zu einer Zahlenfolge gehörigen *Zahlenreihe* versteht man eine aus der ursprünglichen Zahlenfolge $\{a_n\}$ abgeleitete Zahlenfolge $\{s_n\}$, die dadurch entsteht, dass die jeweils ersten n Glieder der Folge $\{a_n\}$ addiert werden, wodurch die *Folge der Partialsummen*

$$s_1 = a_1, \; s_2 = a_1 + a_2, \; s_3 = a_1 + a_2 + a_3, \; \ldots, \; s_n = \sum_{i=1}^{n} a_i, \; \ldots$$

entsteht. Auch für die Folge der Partialsummen s_n stellt sich die Frage nach dem allgemeinen Bildungsgesetz und ggf. nach dem Grenzwert.

In der Finanzmathematik spielen vor allem *arithmetische* und *geometrische* und daraus abgeleitete Zahlenfolgen und Zahlenreihen eine wichtige Rolle.

Arithmetische Zahlenfolge: Bei der arithmetischen Zahlenfolge unterscheiden sich aufeinanderfolgende Glieder durch einen konstanten Summanden:

$$a_{n+1} - a_n = d = \text{const, bzw. } a_{n+1} = a_n + d, \quad n = 1, 2, \ldots \tag{2.8}$$

Wegen $a_2 = a_1 + d, a_3 = a_2 + d = a_1 + 2d, a_4 = a_1 + 3d$ usw. ergibt sich

$$a_n = a_1 + (n-1) \cdot d, \quad n = 1, 2, \ldots \tag{2.9}$$

als allgemeines Bildungsgesetz für das n-te Glied.

Arithmetische Zahlenreihe: Um eine Bildungsvorschrift für $s_n = \sum_{i=1}^{n}$ zu gewinnen, schreibt man die n Summanden einmal in natürlicher und einmal in umgekehrter Reihenfolge auf und addiert beide Zeilen:

$$
\begin{array}{rcccccc}
s_n & = & a_1 & + & \ldots & + & (a_1 + (n-1)d) \\
s_n & = & (a_1 + (n-1)d) & + & \ldots & + & a_1 \\
\hline
2s_n & = & (2a_1 + (n-1)d) & + & \ldots & + & (2a_1 + (n-1)d)
\end{array}
$$

Da jeder auftretende Summand in der unteren Zeile gleich dem konstanten Ausdruck $2a_1 + (n-1)d = a_1 + a_n$ ist und es davon genau n Summanden gibt, erhält man $2s_n = n \cdot (a_1 + a_n)$, also für das n-te Glied der arithmetischen Reihe

$$s_n = n \cdot \frac{a_1 + a_n}{2}. \tag{2.10}$$

Beispiel:

a) Für die Zahlenfolge $2, 5, 8, 11, 14, \ldots$ gilt:

$$a_1 = 2, d = 3, a_n = 2 + (n-1) \cdot 3 = 3n - 1, s_n = \frac{1}{2}n(3n + 1).$$

b) Für die Zahlenfolge $50, 48, 46, \ldots, 2, 0$ gilt:

$$a_1 = 50, d = -2, a_n = 52 - 2n, s_n = n \cdot (51 - n), n = 1, \ldots, 26.$$

Geometrische Zahlenfolge: Eine geometrische Zahlenfolge ist dadurch charakterisiert, dass der Quotient aufeinanderfolgender Glieder konstant ist:

$$\frac{a_{n+1}}{a_n} = q = \text{const} \quad \text{bzw.} \quad a_{n+1} = q \cdot a_n, \quad n = 1, 2, \ldots \tag{2.11}$$

Wiederholtes Anwenden von (2.11) liefert

$$a_2 = a_1 \cdot q, \, a_3 = a_2 \cdot q = a_1 \cdot q^2, \, a_4 = a_1 \cdot q^3, \, \ldots,$$

woraus man die allgemeine Bildungsvorschrift für das n-te Glied erhält:

$$a_n = a_1 \cdot q^{n-1}, \, n = 1, 2, \ldots \tag{2.12}$$

Geometrische Zahlenreihe: Die n-te Partialsumme lässt sich durch die Subtraktion der Größen s_n und $q \cdot s_n$ leicht ermitteln:

$$
\begin{array}{rcccccccccc}
s_n & = & a_1 & + & a_1 q & + & a_1 q^2 & + & \ldots & + & a_1 q^{n-1} \\
q \cdot s_n & = & & & a_1 q & + & a_1 q^2 & + & \ldots & + & a_1 q^{n-1} & + & a_1 q^n \\
\hline
(1-q)s_n & = & a_1 & + & 0 & + & 0 & + & \ldots & + & 0 & - & a_1 q^n
\end{array}
$$

Nach Division durch den Ausdruck $1 - q$ (der dafür natürlich ungleich null sein muss) erhält man die allgemeine Formel

$$s_n = a_1 \cdot \frac{1 - q^n}{1 - q} = a_1 \cdot \frac{q^n - 1}{q - 1} \quad (q \neq 1). \tag{2.13}$$

In der Finanzmathematik gilt typischerweise $q > 1$, sodass (2.13) wohldefiniert ist. Der Fall $q = 1$ würde dem „Sparen im Sparstrumpf", also ohne Zinszahlung, entsprechen. In diesem Fall stellt $\{a_n\}$ eine konstante Folge dar, in der jedes Glied den Wert a_1 hat. Folglich gilt $s_n = a_1 \cdot n$ für $q = 1$.

Beispiel:

a) Für die Zahlenfolge $1, 2, 4, 8, 16, 32, 64$ gilt:

$$a_1 = 1, \quad q = 2, \quad a_n = 2^{n-1}, \quad s_n = 2^n - 1, \quad n = 1, \ldots, 7.$$

b) Für die Zahlenfolge $8, -4, 2, -1, \frac{1}{2}, -\frac{1}{4}$ gilt:

$$a_1 = 8, \quad q = -\frac{1}{2}, \quad a_n = 8 \cdot \left(-\frac{1}{2}\right)^n,$$

$$s_n = 8 \cdot \frac{\left(-\frac{1}{2}\right)^n - 1}{-\frac{3}{2}} = \frac{16}{3}\left[1 - \left(-\frac{1}{2}\right)^n\right], \quad n = 1, \ldots, 6.$$

Von Interesse ist oftmals der Grenzwert der Folge $\{s_n\}$ für $n \rightarrow \infty$. Im Fall $q \geq 1$ existiert dieser nicht im eigentlichen Sinn, sondern ist unendlich groß. Für $|q| < 1$ hingegen gilt wegen $\lim\limits_{n\to\infty} q^n = 0$ die Beziehung $\lim_{n\to\infty} s_n = a_1 \cdot \lim_{n\to\infty} \frac{1-q^n}{1-q} = \frac{a_1}{1-q}$.

Geometrisch fortschreitende Folge und Reihe: Es sollen noch die so genannte endliche *geometrisch fortschreitende* Folge mit n Gliedern und die zugehörige Reihe betrachtet werden, die insbesondere im Zusammenhang mit dynamischen Renten (Kap. 5) von Bedeutung ist und wie folgt aussieht:

$$q^n, b \cdot q^{n-1}, b^2 \cdot q^{n-2}, \ldots, b^{n-1} \cdot q.$$

Ihr allgemeines Glied ist demnach durch folgendes Bildungsgesetz charakterisiert:

$$a_k = b^{k-1} \cdot q^{n-k+1}, \quad k = 1, \ldots, n. \tag{2.14}$$

Man bemerkt, dass die Summe der Exponenten stets gleich n ist.

Ist $b = q$, so sind alle Glieder gleich und lauten q^n, ihre Summe beträgt dann

$$s_n = \sum_{k=1}^{n} a_k = n \cdot q^n.$$

Für $b \neq q$ kann man mithilfe der Substitution $Q = \frac{b}{q}$ die Folge (2.14) so umformen:

$$q^n, q^n \cdot Q, q^n \cdot Q^2, \ldots, q^n \cdot Q^{n-1}.$$

Es entsteht eine geometrische Zahlenfolge, und entsprechend der Beziehung (2.13) lässt sich die Summe s_n leicht berechnen:

$$s_n = \sum_{k=1}^{n} a_k = q^n \cdot (1 + Q + \ldots + Q^{n-1})$$

$$= q^n \cdot \frac{Q^n - 1}{Q - 1} = q^n \cdot \frac{\frac{b^n}{q^n} - 1}{\frac{b}{q} - 1} = q \cdot \frac{b^n - q^n}{b - q}. \tag{2.15}$$

Beispiel:
Man bestimme die Summe der aus 10 Gliedern bestehenden Zahlenfolge $1{,}1^{10}$; $2 \cdot 1{,}1^9$; $4 \cdot 1{,}1^8$; $\ldots, 512 \cdot 1{,}1$.

Es handelt sich um eine geometrisch fortschreitende Reihe, deren allgemeines Glied gemäß (2.14) mit $b = 2$ und $q = 1{,}1$ gegeben ist. Entsprechend der Summenformel (2.15) ergibt sich $s_{10} = 1{,}1 \cdot \frac{2^{10} - 1{,}1^{10}}{2 - 1{,}1} = 1248{,}39$.

2.5 Aufgaben

1. Gegeben sei die Zahlenfolge $a_1 = 2, a_2 = 10, a_3 = 50, a_4 = 250, a_5 = 1250, \ldots$
   a) Man gebe das allgemeine Glied a_n der Zahlenfolge an.
   b) Um welchen Typ einer Zahlenfolge handelt es sich?
   c) Von welcher Zahl n ab sind die Glieder der Zahlenfolge größer als 1 Million?
   d) Von welcher Zahl n ab ist die Summe der ersten n Glieder größer als 1 Milliarde?

2. Im Januar des Jahres 2007 erhöhte sich die Mehrwertsteuer von 16% auf 19%. Um wie viel Prozent verteuerten sich dadurch die Preise?

3. Gegeben sei das Polynom $f(x) = x^5 - 2x^4 + 1$.
   a) Wie viele positive Nullstellen besitzt dieses Polynom und wo liegen diese?
   b) Man berechne die Nullstelle(n) auf drei Nachkommastellen genau.

4. Man löse die Gleichung
$$\frac{100}{1 + 5 \cdot e^{-2t}} = 50$$
   nach t auf.

5. Man finde die Lösungen der folgenden quadratischen Gleichungen:
   a) $x^2 - 2x - 1 = 0$,
   b) $2x^2 - 8x + 8 = 0$,
   c) $3x^2 - 6x + 10 = 0$.

6. Falls möglich, forme man folgende Gleichungen nach a um:
   a) $3a - 5(a - 2) = 6b - 3a + 2(b + 1)$,
   b) $\dfrac{a + b}{a - b} = c$,
   c) $a \cdot b = \dfrac{a + c}{d}$,
   d) $e^a = b + c$,
   e) $b = c \cdot a^d$,
   f) $e^a - \sin a = 1$.

2.6 Lösung der einführenden Probleme

1. $a = \sqrt[x]{b}, x = \frac{\ln b}{\ln a}$.

2. $10 \cdot 0{,}05 = 1{,}05 - \frac{1}{1{,}05^{n-1}} \Rightarrow \frac{1}{1{,}05^{n-1}} = 0{,}55 \Rightarrow 1{,}05^{n-1} = 1{,}818182 \Rightarrow n - 1 = \frac{\ln 1{,}818182}{\ln 1{,}05} \approx 12{,}25 \Rightarrow n \approx 13{,}25$.

3. Intervallhalbierung, lineare Interpolation, Newtonverfahren; wegen der Vorzeichenfolge $+ - - +$ mit zwei Wechseln gibt es entweder zwei oder keine Nullstelle(n). Da $x = 1$ offenbar eine Nullstelle ist, muss es zwei geben: $x_{0,1} = 1$, $x_{0,2} = 1{,}5926$.

4. Differenz bzw. Quotient aufeinander folgender Glieder ist konstant.
   Arithmetische Zahlenfolge: $a_n = a_1 + (n - 1)d$, $s_n = \frac{n}{2} \cdot (a_1 + a_n)$
   Geometrische Zahlenfolge: $a_n = a_1 \cdot q^{n-1}$, $s_n = a_1 \cdot \frac{q^n - 1}{q - 1}$.

Weiterführende Literatur

1. Luderer, B., Nollau, V., Vetters, K.: Mathematische Formeln für Wirtschaftswissenschaftler (8. Auflage), Springer Gabler, Wiesbaden (2015)

2. Luderer, B., Würker, U.: Einstieg in die Wirtschaftsmathematik (9. Auflage), Springer Gabler, Wiesbaden (2014)

3. Purkert, W.: Brückenkurs Mathematik für Wirtschaftswissenschaftler (8. Auflage), Springer Spektrum, Wiesbaden (2014)

Lineare Verzinsung

3

Wird ein Kapital über weniger als eine Zinsperiode angelegt, ist es naheliegend, die Zinsen anteilig zu berechnen, was der *linearen* Verzinsung entspricht, wenngleich dies nicht die einzige mögliche Art der Verzinsung darstellt. Der Wert eines verzinslich angelegten Kapitals unter Einbeziehung der aufgelaufenen Zinsen wird als *Zeitwert* bezeichnet. Dieser ist vom Zeitpunkt abhängig, zu dem er betrachtet wird. Eine besondere Rolle der dem Zeitpunkt $t = 0$ („heute") entsprechende Wert, der *Barwert*. Durch Anwendung der linearen Verzinsung lassen sich auch regelmäßige unterjährige, speziell monatliche Einzahlungen auf eine zum Periodenende fällige Einmalzahlung umrechnen. Letztere wird *Jahresersatzrate* genannt und spielt in der Renten- und Tilgungsrechnung bei der Anpassung von monatlichen Zahlungen an eine jährliche Verzinsung eine große Rolle. Obwohl man meinen könnte, dass die Bestimmung der Länge des Anlagezeitraums eine eindeutige Angelegenheit sei, ist dies nicht so, denn es gibt mehrere in der Praxis gängige Methoden zur Berechnung des entsprechenden Anteils an der Zinsperiode.

Diese oder ähnliche Probleme werden eine Rolle spielen:

- Auf welchen Wert wächst ein Kapital von $10\,000\,€$ bei gegebenem Zinssatz von $3\,\%$ in acht Monaten an?
- Welchem heutigen Wert entspricht ein Betrag von $5000\,€$, der in einem halben Jahr fällig ist, wenn ein Kalkulationszinssatz von $5\,\%$ unterstellt wird?
- Welche Summe müsste man anstelle von zwölf monatlichen Zahlungen der Höhe $200\,€$ am Jahresende einzahlen, wenn mit $4\,\%$ pro Jahr verzinst wird?

Nachdem Sie dieses Kapitel durchgearbeitet haben, werden Sie in der Lage sein

- End- und Barwerte bei linearer Verzinsung zu berechnen,
- verschiedene Zahlungsvarianten oder Geldanlageformen mithilfe des Äquivalenzprinzips miteinander zu vergleichen,
- mehrfache konstante Zahlungen zu einer Einmalzahlung zusammenzufassen,

© Springer Fachmedien Wiesbaden 2015
B. Luderer, *Starthilfe Finanzmathematik*, Studienbücher Wirtschaftsmathematik,
DOI 10.1007/978-3-658-08425-7_3

- die Rendite von Zahlungsvereinbarungen zu ermitteln, nachdem Sie die zugrunde liegende Situation mathematisch modelliert haben,
- die Funktionsweise von Geldmarktpapieren zu beschreiben und deren Effektivzinssatz zu bestimmen.

In diesem Kapitel werden nachstehende Begriffe benötigt:

Kapital	Geldbetrag, der angelegt bzw. einem anderen überlassen wird
Laufzeit	Dauer der Überlassung
Zinsen	Vergütung für Kapitalüberlassung innerhalb einer Zinsperiode
Zinsperiode	der vereinbarten Verzinsung zugrunde liegender Zeitrahmen; häufig ein Jahr, oftmals kürzer (Monat, Quartal, Halbjahr), selten länger
Zinssatz	Zinsbetrag in Geldeinheiten (GE), der für ein Kapital von 100 GE in einer Zinsperiode zu zahlen ist; auch *Zinsfuß* genannt
Zeitwert	der von der Zeit abhängige Wert eines Kapitals

Ferner sollen die folgenden Bezeichnungen Verwendung finden:

t	Zeitpunkt; Zeitraum; Teil bzw. Vielfaches der Zinsperiode
T	Zinstage
K, K_t	Kapital; Kapital zum Zeitpunkt t (Zeitwert)
K_0	Anfangskapital; Barwert
Z_t, Z_T	Zinsen für den Zeitraum t bzw. für T Zinstage
p	Zinsfuß, Zinssatz (in Prozent)
i	Zinssatz; $i = \frac{p}{100}$

3.1 Zinsformel

Zinsen hängen proportional vom Kapital K, der Laufzeit t und dem Zinssatz i ab:

$$Z_t = K \cdot i \cdot t. \tag{3.1}$$

In Deutschland wird oftmals das Jahr zu 360 Tagen und jeder Monat zu 30 Zinstagen gerechnet[1]. Hier und im Weiteren kann deshalb t stets auch durch $\frac{T}{360}$ ersetzt werden.

---

[1] In anderen Ländern bzw. an den Finanzmärkten gibt es davon abweichende Vereinbarungen; siehe Abschn. 3.5.

Damit geht beispielsweise Formel (3.1) über in

$$Z_T = K \cdot i \cdot \frac{T}{360}. \tag{3.2}$$

In aller Regel gilt in Formel (3.1) die Ungleichung $0 \le t \le 1$, d.h., der betrachtete Zeitraum ist kürzer als eine Zinsperiode. Sofern die Zinsen ausgezahlt und nicht wieder selbst angelegt werden (siehe hierzu Kap. 4), kann aber auch $t > 1$ gelten.

Beispiele:

a) Welche Zinsen fallen an, wenn ein Kapital von 3500 € vom 3. März bis zum 18. August eines Jahres bei einem Zinssatz von 3,25 % p. a. angelegt wird?
Da 165 Zinstage zugrunde zu legen sind, ergibt sich aus Formel (3.2)

$$Z_{165} = 3500 \cdot \frac{3{,}25}{100} \cdot \frac{165}{360} = 52{,}14 \, [\text{€}].$$

b) Wie hoch ist ein Kredit, für den in einem halben Jahr bei 8 % Jahreszinsen 657,44 € Zinsen zu zahlen sind?
Durch Umstellung von Formel (3.2) ermittelt man

$$K = Z_T \cdot \frac{100}{p} \cdot \frac{360}{T} = 657{,}44 \cdot \frac{100}{8} \cdot \frac{360}{180} = 16\,436 \, [\text{€}].$$

c) Ein Wertpapier über 5000 €, das mit einem Kupon (Nominalzins) von 6,25 % ausgestattet ist, wurde von Frau M. einige Zeit nach dem Emissionsdatum erworben, weshalb sie Stückzinsen in Höhe von 36,46 € zu zahlen hatte. Wie viele Zinstage wurden Frau M. berechnet?
Umstellung der Formel (3.2) führt auf

$$T = \frac{Z_T \cdot 100 \cdot 360}{K \cdot p} = \frac{36{,}46 \cdot 100 \cdot 360}{5000 \cdot 6{,}25} = 42 \, (\text{Tage}).$$

3.2   Zeitwerte und Grundaufgaben

3.2.1   Zeitwert bei linearer Verzinsung

Es wird das Schema von Ein- und Auszahlungen in Abb. 3.1 betrachtet.

Da sich das Kapital K_t zum Zeitpunkt t aus dem Anfangskapital K_0 zuzüglich der im Zeitraum t angefallenen Zinsen Z_t ergibt, sodass

$$K_t = K_0 + Z_t \tag{3.3}$$

gilt, folgt aus (3.1) für $K = K_0$ die erste wichtige Formel der Finanzmathematik:

Endwertformel bei linearer Verzinsung

$$K_t = K_0 \cdot (1 + i \cdot t) = K_0 \left(1 + \frac{p}{100} \cdot t\right)$$

3.2.2 Grundaufgaben

Die Endwertformel bei linearer Verzinsung enthält die vier Größen K_0, K_t, i und t. Aus je drei gegebenen lässt sich die vierte berechnen.

Berechnung des Zeitwertes (Endwertes) K_t

Für gegebene Größen K_0, t und i (bzw. p) lässt sich der Zeitwert K_t gemäß der oben hergeleiteten Endwertformel bei linearer Verzinsung berechnen.

Beispiel:
Am 3. März erfolgt eine Einzahlung von 3500 €. Auf welchen Endwert wächst das Guthaben bis zum 18. August desselben Jahres bei 3 % Jahreszinsen?
Mittels der Endwertformel berechnet man für $t = \frac{165}{360}$ die Endsumme

$$K_t = K_0 \cdot (1 + i \cdot t) = 3000 \cdot \left(1 + 0{,}03 \cdot \frac{165}{360}\right) = 3548{,}13 \, [€].$$

Berechnung des Barwertes K_0

Unmittelbar aus der Endwertformel ergibt sich durch Umstellung die

Barwertformel bei linearer Verzinsung

$$K_0 = \frac{K_t}{1 + i \cdot t}$$

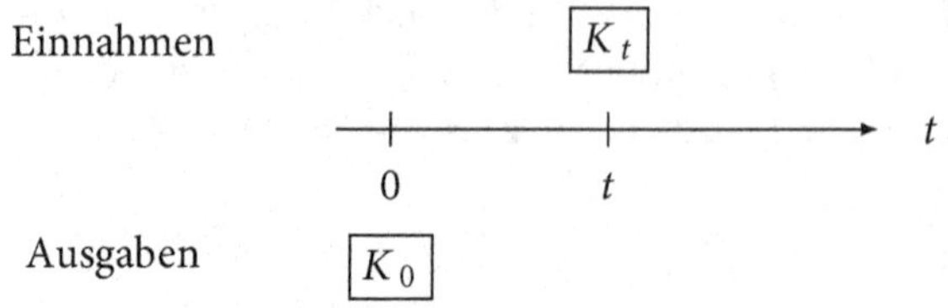

Abb. 3.1 Zahlungsschema mit einer Ein- und einer Auszahlung

Der Begriff des *Barwertes* gehört zu den zentralen in der Finanzmathematik. Er stellt den Gegenwartswert einer zukünftigen Zahlung dar. Bei einer unterstellten Verzinsung von p Prozent ist eine Zahlung in Höhe K_0 zum Zeitpunkt $t = 0$ einer Zahlung von K_t zum Zeitpunkt t äquivalent. Oder anders ausgedrückt: Ein zum Zeitpunkt $t = 0$ angelegter Betrag der Höhe K_0 wächst bei einem Zinssatz i in der Zeit t auf den Wert K_t an. Oder noch anders: Eine zum Zeitpunkt t fällige Forderung von K_t kann durch eine zur Zeit $t = 0$ vorgenommene Geldanlage in Höhe K_0 befriedigt werden. Die Berechnung des Barwertes K_0 aus dem Endwert K_t nennt man *Abzinsen* oder *Diskontieren*. Abzinsen klingt nach „weniger werden".

Beispiel:

In einem halben Jahr ist eine Forderung von 8000 € fällig. Wie viel ist bei einer Sofortzahlung zu leisten, wenn mit einem Kalkulationszinssatz von $i = 5\,\%$ gerechnet wird?

Aus der obigen Barwertformel erhält man $K_0 = \dfrac{8000}{1 + 0{,}05 \cdot \frac{1}{2}} = 7804{,}88\,[\text{€}]$.

Das oft angewendete *Äquivalenzprinzip* der Finanzmathematik wird meist in Form des *Barwertvergleiches* durchgeführt. Es dient dem Vergleich verschiedener Zahlungen, die zu unterschiedlichen Zeitpunkten erfolgen. Ebenso lassen sich Mehrfachzahlungen mithilfe von Barwerten zusammenfassen.

Beispiele:

a) Beim Verkauf eines Gegenstandes werden dem Verkäufer zwei Angebote unterbreitet: Entweder 9000 € in 30 Tagen oder 9085 € in 90 Tagen. Welches Angebot ist günstiger, wenn jährlich mit 6 % (bzw. mit 3 %) verzinst wird? Bei welchem Zinssatz ergibt sich Gleichheit?
Bei einer Verzinsung von 6 % ergeben sich entsprechend der Barwertformel bei linearer Verzinsung folgende Barwerte:
1. Angebot:

$$K_0 = \frac{9000}{1 + 0{,}06 \cdot \frac{30}{360}} = 8955{,}22,$$

2. Angebot:

$$K_0 = \frac{9085}{1 + 0{,}06 \cdot \frac{90}{360}} = 8950{,}74.$$

Daher ist das erste Angebot für den Verkäufer günstiger.
Bei einem Zinssatz von 3 % erhält man:

1. Angebot:

$$K_0 = \frac{9000}{1 + 0,03 \cdot \frac{30}{360}} = 8977,56,$$

2. Angebot:

$$K_0 = \frac{9085}{1 + 0,03 \cdot \frac{90}{360}} = 9017,37.$$

Dies spricht für das zweite Angebot.
Gleichwertigkeit beider Angebote führt auf die Gleichung

$$\frac{9000}{1 + i \cdot \frac{30}{360}} = \frac{9085}{1 + i \cdot \frac{90}{360}} \implies 9000 \cdot \left(1 + i \cdot \frac{1}{4}\right) = 9085 \cdot \left(1 + i \cdot \frac{1}{12}\right).$$

Hieraus berechnet man $i = 0,0569 = 5,69\,\%$.

b) Ein Schuldner muss in 8 Monaten 6000 € und in 10 Monaten 4000 € zurückzah-
len. Wie groß ist die Gesamtschuld am heutigen Tag, wenn mit einer jährlichen
Verzinsung von 6 % gerechnet wird?
Die Gesamtschuld für $t = 0$ ergibt sich als Summe der Barwerte der beiden
Einzelschulden (in Euro):

$$S = K_{0,1} + K_{0,2} = \frac{6000}{1 + 0,06 \cdot \frac{8}{12}} + \frac{4000}{1 + 0,06 \cdot \frac{10}{12}}$$

$$= 5769,23 + 3809,52 = 9578,75.$$

Berechnung des Zinssatzes i

Löst man die Formel für den Endwert bei linearer Verzinsung nach i auf, so ergibt sich

$$i = \frac{1}{t} \cdot \left(\frac{K_t}{K_0} - 1\right). \tag{3.4}$$

Beispiel:
Ein Kredit von 84 000 € wurde 60 Tage in Anspruch genommen, wofür Zinsen in
Höhe von 1260 € zu zahlen waren. Mit wie viel Prozent jährlich wurde der Kredit
verzinst?

Mithilfe von (3.4) ermittelt man für $t = \frac{60}{360} = \frac{1}{6}$ und $K_t = 8400 + 1260 =$
85 260 den Zinssatz $i = 6 \cdot \left(\frac{85\,260}{84\,000} - 1\right) = 0,09 = 9\,\%$.

Übrigens hätte man ebenso gut Formel (3.2) verwenden können.

Berechnung der Laufzeit t

Löst man die Endwertformel nach der darin vorkommenden Größe t auf, so ergibt sich

$$t = \frac{1}{i} \cdot \left(\frac{K_t}{K_0} - 1 \right). \tag{3.5}$$

> **Beispiel:**
> In welcher Zeit wächst eine Spareinlage von 1200 € bei 2,8 % jährlicher Verzinsung auf 1225,20 € an?
>   Beziehung (3.5) liefert $t = \frac{1}{0,028} \cdot \left(\frac{1225,20}{1200} - 1 \right) = 0,75$, was einem Zeitraum von neun Monaten entspricht.

3.3 Mehrfache konstante Zahlungen

In diesem Abschnitt wollen wir uns mit folgender Frage befassen: Welcher Endbetrag ergibt sich am Ende der Zinsperiode, wenn innerhalb der Zinsperiode in regelmäßigen Abständen ein stets gleichbleibender Betrag der Höhe r angelegt wird? Der vereinbarte Zinssatz betrage wie immer i. Diese Situation tritt unter anderem bei der Rückzahlung von Darlehen auf, wenn monatliche Zahlungen und jährliche Verzinsung in Übereinstimmung zu bringen sind. Aber auch Sparpläne folgen diesem Schema.

Zunächst wird das Jahr als zugrunde liegende Zinsperiode betrachtet, und die Einzahlungen sollen monatlich erfolgen; eine allgemeinere Situation wird anschließend betrachtet. Wir beginnen mit dem Fall, dass die Einzahlungen jeweils zu Monatsbeginn, also *vorschüssig*, erfolgen (siehe Abb. 3.2).

Die Januareinzahlung wird ein ganzes Jahr lang verzinst (sodass $t = 1$ gilt) und wächst deshalb entsprechend der Endwertformel der linearen Verzinsung auf $r \cdot (1 + i) = r \cdot \left(1 + i \cdot \frac{12}{12}\right)$ an. Nach derselben Formel wächst die Februareinzahlung bis zum Jahresende auf $r \cdot \left(1 + i \cdot \frac{11}{12}\right)$ an usw. Die Dezemberzahlung liefert schließlich einen Endbetrag von

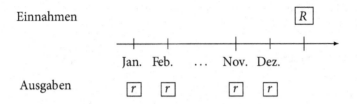

Abb. 3.2 Regelmäßige monatliche Einzahlungen

$r \cdot \left(1 + i \cdot \frac{1}{12}\right)$. Damit beträgt die Gesamtsumme am Jahresende wegen (2.10)

$$R = r \left(1 + i \cdot \frac{12}{12} + 1 + i \cdot \frac{11}{12} + \ldots + 1 + i \cdot \frac{1}{12}\right)$$

$$= r \left(12 + \frac{i}{12} \cdot [12 + 11 + \ldots + 1]\right) = r \left(12 + \frac{i}{12} \cdot \frac{13 \cdot 12}{2}\right) ,$$

also

$$R = r \cdot (12 + 6{,}5 \cdot i) . \tag{3.6}$$

Beispiel:
Frau X. spart regelmäßig zu Monatsbeginn 200 €. Über welche Summe kann sie am Jahresende verfügen, wenn die Verzinsung 6 % p. a. beträgt?

Aus Formel (3.6) ergibt sich für die konkreten Werte $r = 200$ und $p = 6$ unmittelbar $R = 200 \, (12 + 6{,}5 \cdot 0{,}06) = 2478$. Frau X. kann also am Jahresende über 2478 € verfügen.

Erfolgen die monatlichen Zahlungen jeweils am Monatsende, so lautet in Analogie zu Formel (3.6) die Endsumme

$$R = r \cdot (12 + 5{,}5 \cdot i) . \tag{3.7}$$

Nun soll anstelle eines Jahres eine beliebige Zinsperiode betrachtet werden, die in m kürzere Perioden der Länge $\frac{1}{m}$ unterteilt wird. Zu jedem Zeitpunkt $\frac{k}{m}, k = 0, 1, \ldots, m-1$, also jeweils zu Beginn jeder kurzen Periode, erfolge eine Zahlung in Höhe von r. Damit ergibt sich das in Abb. 3.3 dargestellte Zahlungsschema.

Man spricht im vorliegenden Fall von *unterjährigen Zahlungen*, obwohl die Ausgangsperiode nicht unbedingt ein Jahr sein muss. Ist z. B. die Ausgangsperiode ein Quartal und $m = 3$, so liegen monatliche Zahlungen bei vierteljährlicher Verzinsung vor. Der bei weitem häufigste Fall in der Praxis ist jedoch der oben betrachtete Fall der jährlichen Verzinsung bei monatlicher Zahlungsweise ($m = 12$).

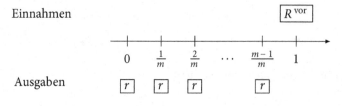

Abb. 3.3 Regelmäßige unterjährige Einzahlungen

Der entstehende Endbetrag am Jahresende beläuft sich bei vorschüssiger Zahlungswei-se auf den folgenden Betrag, der aus Gründen, die später klar werden, *Jahresersatzrate* genannt werden soll:

Jahresersatzrate bei vorschüssiger Zahlung

$$R^{\text{vor}} = r \cdot \left(m + \frac{m+1}{2} \cdot \frac{p}{100} \right)$$

Bei nachschüssiger Zahlungsweise ergibt sich die

Jahresersatzrate bei vorschüssiger Zahlung

$$R^{\text{vor}} = r \cdot \left(m - \frac{m+1}{2} \cdot \frac{p}{100} \right)$$

Die Herleitung der obigen Formeln zur Berechnung der Jahresersatzrate erfolgt mit-hilfe der Beziehung (2.10). Sie stellen z. B. in der Renten- und Tilgungsrechnung ein wichtiges Hilfsmittel dar, um jährliche Verzinsung und monatliche Ratenzahlungen an-einander „anzupassen", indem die m unterjährigen Zahlungen (Raten) zu einer Ersatzrate zusammengefasst werden.

Beispiel:
Ein Student schließt einen Sparplan über die Laufzeit von einem Jahr mit folgenden Konditionen ab: Einzahlungen von 75 € jeweils zu Monatsbeginn (Monatsende), Verzinsung mit 4 % p. a., Bonus am Jahresende in Höhe von 1 % aller Einzahlungen. Über welche Summe kann der Student am Jahresende verfügen?

Aus der Formel zur Berechnung der Jahresersatzrate im vorschüssigen Fall mit $m = 12$ (oder direkt aus Beziehung (3.6)) ergibt sich zunächst ein Endwert von $E = 75 \cdot (12 + 6{,}5 \cdot 0{,}04) = 919{,}50$. Der Bonus beträgt $B = 75 \cdot 12 \cdot 0{,}01 = 9$, woraus der Gesamtwert $E_{\text{ges}} = E + B = 928{,}50$ € resultiert.

Bei Einzahlungen am Monatsende ergibt sich ein Endwert von $E = 75 \cdot (12 + 5{,}5 \cdot 0{,}04) = 916{,}50$, mit Bonus also 925,50 €.

3.4   Renditeberechnung und Anwendungen

3.4.1   Skontoabzug

Bei der sofortigen Bezahlung von Waren und Dienstleistungen oder Bezahlung vor dem Fälligkeitstermin der Rechnung wird häufig ein Nachlass (Skonto) vom Preis vorgenommen. Bezeichnet man mit s die Größe des Skontos, mit R den Rechnungsbetrag und mit T die Differenztage der Zahlungsziele, kann man die folgenden beiden Zahlungsschemata aufstellen. Dabei soll die Zahlung jeweils zum spätestmöglichen Termin erfolgen (das eigene Geld soll so lange wie möglich „arbeiten") (siehe Abb. 3.4).

Den zugrunde liegenden Effektivzinssatz kann man aus dem Äquivalenzprinzip bestimmen, indem die Barwerte bei beiden Zahlungsarten einander gegenübergestellt werden:

$$(1 - s) \cdot R = \frac{R}{1 + i \cdot \frac{T}{360}} \, .$$

Hieraus folgt nach kurzer Umformung

$$i = \frac{s}{1 - s} \cdot \frac{360}{T} \, . \tag{3.8}$$

Nachstehend ist für verschiedene Zahlungsdifferenzen und Skonti eine Übersicht über die zugehörigen Effektivzinssätze angegeben.

Skonto in Prozent	Differenz zwischen Zahlungsziel und Skontofrist (in Tagen)		
	$T = 10$	$T = 20$	$T = 30$
1	36,36	18,18	12,12
1,5	54,82	27,41	18,27
2	73,47	36,73	24,49
2,5	92,31	46,15	30,77
3	111,34	55,67	37,11

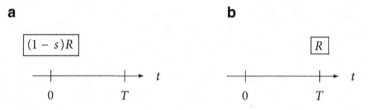

Abb. 3.4 Zahlung mit (**a**) und ohne (**b**) Skonto

Beispiel:

Auf einer Handwerkerrechnung (über die Summe R) lauten die Zahlungsbedingungen: „Entweder Zahlung innerhalb von 10 Tagen mit 2 % Skonto oder Zahlung innerhalb von 30 Tagen ohne Abzug."

Setzt man Zahlungsfähigkeit zu einem beliebigen Zeitpunkt voraus und betrachtet zu Vergleichszwecken jeweils Zahlung zum spätesten Termin, so ergibt sich der Effektivzinssatz aus (3.8) zu $i = \frac{0,02}{0,98} \cdot \frac{360}{20} = 0,3673$.

Man sollte also unbedingt von der Möglichkeit des Skontos Gebrauch machen, da dies einer Verzinsung des Kapitals mit 36,73 % entspricht (wo bekommt man schon solch hohe Zinsen?).

3.4.2 Ratenzahlung von Beiträgen

Die Möglichkeit von Ratenzahlungen (mit gewissen Aufschlägen) anstelle einer einmaligen Sofortzahlung wird z. B. von Versicherungen oder Versandhäusern eingeräumt. Wie auch bei der Lösung der oben betrachteten Probleme, kann man die Effektivverzinsung eines derartigen Angebots aus dem Vergleich der Barwerte berechnen.

Beispiel:

Herr A. hat eine Rechtsschutzversicherung abgeschlossen, die er entweder in einer Jahresrate (vorschüssig) oder in Form von zwei halbjährlichen Raten halber Höhe (ebenfalls vorschüssig) zahlen kann, wobei im zweiten Fall auf die Raten zusätzlich ein Aufschlag von 5 % erhoben wird. Er ist sich unschlüssig, welche Variante er bevorzugen soll.

Welcher Effektivverzinsung entsprechen die beiden Halbjahresraten? Ist jährliche oder halbjährliche Zahlung günstiger für Herrn A.?

Zunächst werden beide Zahlungsvarianten am Zeitstrahl dargestellt:

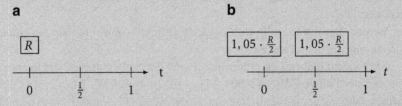

Herr A. hat entweder sofort eine Rate von, sagen wir, R zu zahlen oder zwei Raten der Höhe $1,05 \cdot \frac{R}{2}$ (vgl. die obigen Abbildungen **a** und **b**).

Der Barwertvergleich beider Zahlungsweisen ergibt unter der Voraussetzung linearer Verzinsung innerhalb einer Zinsperiode (gesetzliche Regelungen können davon abweichen; vgl. Abschn. 10.7) und bei Verwendung der entsprechenden Barwertformel den Ansatz

$$R = 1{,}05 \cdot \frac{R}{2} + 1{,}05 \cdot \frac{R}{2} \cdot \frac{1}{1 + \frac{i}{2}}.$$

Nach Kürzen von R und Umformung der Beziehung, d. h. Auflösen nach dem Zinssatz i, ergibt sich ein Wert von $i = 0{,}210526$.

Der der Ratenzahlung entsprechende Effektivzinssatz beträgt folglich 21,05 %. Da er ziemlich hoch ist, dürfte es für Herrn A. günstiger sein, den Gesamtbeitrag (ohne Aufschlag) sofort zu zahlen.

3.4.3 Unterjährige Verzinsung

Es gibt verschiedene Geldanlageformen, wie z. B. Festgeld oder Termingeld, bei denen die Zinsen nicht erst nach einem Jahr, sondern eher bezahlt bzw. verrechnet werden, oftmals monatlich, mitunter vierteljährlich. In diesem Fall weicht der Effektivzinssatz pro Jahr vom angegebenen Nominalzinssatz ab (vgl. hierzu auch Abschn. 4.3).

Diese Situation soll an einer Geldanlage mit halbjährlicher Verzinsung verdeutlicht werden. Dieses Beispiel mit mehrfacher Verzinsung bei Wiederanlage der Zinsen ist analog zur Problematik des Zinseszinses, die in Kap. 4 behandelt werden wird.

Beispiel
Anstelle einer einmaligen Zinszahlung in Höhe von 4 % am Jahresende soll ein Betrag von 4000 € bereits nach einem halben Jahr (anteilsmäßig) mit 2 % verzinst werden. Kapital und Zinsen sollen danach für ein weiteres halbes Jahr wieder angelegt werden.

Welcher Endbetrag ergibt sich? Welcher (Effektiv-)Zinssatz führt bei einmaliger Verzinsung auf denselben Wert?

Nach einem halben Jahr ergibt sich gemäß der Endwertformel der linearen Verzinsung der Zeitwert $K_{\frac{1}{2}} = 4000 \cdot (1 + 0{,}02) = 4080$ €. Nach einem weiteren halben Jahr wächst dieser Betrag auf $K_1 = 4080 \cdot (1 + 0{,}02) = 4161{,}60$ € an. Um den zugrunde liegenden Effektivzinssatz zu berechnen, hat man nach derjenigen Größe i zu fragen, die auf denselben Endwert führt. Aus $K_t = K_0(1+i) = 4161{,}60$

ergibt sich

$$i = \frac{K_t}{K_0} - 1 = \frac{4161{,}60}{4000} - 1 = 0{,}0404.$$

Der Effektivzinssatz beträgt somit 4,04 %.

3.4.4 Verzinsung von Geldmarktpapieren

Ein *Diskontpapier* ist ein endfälliges Wertpapier ohne zwischenzeitliche Zinszahlung, ähnlich einem Zerobond (Abschn. 7.2.2), nur mit kurzer, meist unterjähriger Laufzeit $t \in (0, 1)$ (siehe Abb. 3.5).

Sein theoretischer Preis (Barwert, Kurs) beträgt

$$P = \frac{R}{1 + it}. \tag{3.9}$$

Dabei sind die Werte R (meist gleich 100), i und t gegeben.

Sucht man (bei gegebenen Größen R, P, t) die Rendite i dieses Finanzprodukts, hat man die Beziehung (3.9) nach i umzustellen:

$$i = \frac{R - P}{P \cdot t}.$$

Seltener gibt es Papiere, die dem in Abb. 3.6 dargestellten Zahlungsschema genügen, in dem zweimal Stückzinsen eine Rolle spielen.

Zur Bestimmung der Rendite i muss man einen Barwertvergleich durchführen, der im Allgemeinen zum Zeitpunkt des Erwerbs des Wertpapieres (date of settlement), hier also in t_1 erfolgt, wobei P (Preis, Kurs), R (Rückzahlung), p (Kupon, Nominalzinssatz), t und t_1 (Kauf- und Verkaufszeitpunkt) gegebene Werte sind. Unter Nutzung der Barwertformel bei linearer Verzinsung liefert dieser Vergleich

$$P + pt_1 = \frac{R + pt}{1 + i(t - t_1)}$$

Abb. 3.5 Zahlungsstrom eines Diskontpapiers

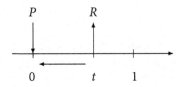

Abb. 3.6 Zahlungsstrom eines
Geldmarktpapiers

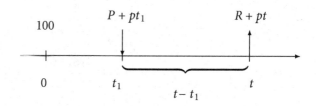

Nach Multiplikation mit dem Nenner, Ausmultiplizieren und Zusammenfassen ergibt sich
für die gesuchte Rendite i die Darstellung

$$i = \frac{R - P + p(t - t_1)}{(P + pt_1)(t - t_1)} \ .$$

3.5 Zinsusancen (Day Count Convention)

Bisher wurde in den verschiedenen Formeln die Größe t einfach als Teil einer Zinsperiode
bezeichnet. In der Praxis ist deren Bestimmung gar nicht so klar, wie es auf den ersten
Blick scheint, denn bei der Berechnung der Laufzeit

$$t = \frac{\text{Zinstage (Laufzeittage)}}{\text{Tagebasis (Jahreslänge in Tagen)}}$$

als Teil des Jahres finden, je nach Land und konkreter Situation, verschiedene Zinsmethoden Anwendung.

Zinsmethoden

Tab. 3.1 Zinsmethoden

Methode	Name	Anzahl Zinstage/Monat	Tagebasis (Jahr)	Anwendung
30E/360	Bond-Methode	30	360	beispielsweise in Deutschland für Sparbü-cher, Wertpapiere und Termingelder
30/360	Bond-Methode	30	360	viele Computerprogramme und Taschen-rechner arbeiten nach dieser Methode
act/360	Eurozins-methode	kalendergenau	360	am Euromarkt für fast alle Währungen, in Deutschland z. B. für Floating Rate Notes
act/365	Englische Methode	kalendergenau	365	z. B. für die Währungen GBP und BEF, in Deutschland bei Geldmarktpapieren
act/act		kalendergenau	365/366	

Berechnungsvorschriften

Es bezeichne $t_i = T_i M_i J_i$ Tag, Monat und Jahr des i-ten Datums, $i = 1, 2$, wobei $i = 1$
das Anfangs- und $i = 2$ das Enddatum kennzeichnen; $t = t_2 - t_1$ beschreibt die tatsächli-

che Anzahl der Tage zwischen erstem und zweitem Datum; L_i seien die Laufzeittage im „angebrochenen" Jahr i, Tagebasis $i = 365$ oder 366; $f(T_1) = 0, T_1 \leq 29, f(T_1) = 1$, $T_1 \geq 30$.

Tab. 3.2 Berechnungsvorschriften

Methode	Formel
30E/360	$t = \dfrac{1}{360}[360 \cdot (J_2 - J_1) + 30 \cdot (M_2 - M_1) + \min\{T_2, 30\} - \min\{T_1, 30\}]$
30/360	$t = \dfrac{[360(J_2 - J_1) + 30(M_2 - M_1) + T_2 - \min(T_1, 30) - \max(T_2 - 30, 0)f(T_1)]}{360}$
act/360	$t = \dfrac{t_2 - t_1}{360}$
act/365	$t = \dfrac{t_2 - t_1}{365}$
act/act	$t = \dfrac{L_1}{\text{Tagebasis } 1} + J_2 - J_1 - 1 + \dfrac{L_2}{\text{Tagebasis } 2}$ *

* Liegt der Zinszeitraum innerhalb eines Jahres, verbleibt nur der 1. Summand.

Besonderheiten

30E/360-Methode: Fällt ein Zinstermin auf den 31. Tag eines Monats, so wird er auf den 30. Tag gelegt. Auch der Februar wird mit 30 Tagen veranschlagt, allerdings nicht, wenn das Geschäft am 28.2. endet, dann umfasst er 28 Tage.

30/360-Methode: Analog zur 30E/360-Methode mit folgendem Unterschied: Endet ein Geschäft an einem 31. und hat es nicht am 30. oder 31. eines Monats begonnen, so wird im Endmonat mit 31 Zinstagen gerechnet.

act/act-Methode: Für „angebrochene" Jahre werden die Laufzeittage zeitabhängig gewichtet berechnet. Erstreckt sich der Zeitraum zusätzlich über „volle" Jahre (geschieht selten), werden die entsprechenden Jahre zur Laufzeit addiert.

Konventionen bei Feiertagen (Nicht-Bankarbeitstagen)

Ist ein Fälligkeitstermin kein Bankarbeitstag, wird unterschiedlich verfahren:

Following: Es wird der nächste Bankarbeitstag genommen.

Modified Following: Es wird der nächste Bankarbeitstag genommen, falls dieser im gleichen Monat liegt, ansonsten der vorhergehende Bankarbeitstag.

Preceding: Es wird der vorhergehende Bankarbeitstag genommen.

Modified Preceding: Es wird der vorhergehende Bankarbeitstag genommen, sofern dieser im gleichen Monat liegt, ansonsten der folgende Bankarbeitstag.

Umrechnung von Renditen bei verschiedenen Usancen

$i_1 = i_2 \cdot \dfrac{\tau_2}{\tau_1}$:   Zusammenhang zwischen Renditen bei verschiedenen Usancen;

τ_j: Laufzeit bei Usance j

$i_1 = i_2 \cdot \dfrac{365}{360}$:   Spezialfall, falls $\tau_1 = \dfrac{act}{365}$, $\tau_2 = \dfrac{act}{360}$

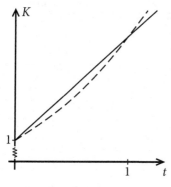

Lineare und geome-
trische Verzinsung

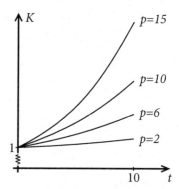

Zeitliche Entwicklung eines
Kapitals bei Zinseszins

3.6 Aufgaben

1. Für einen Wechsel, der in einem Jahr fällig ist, hat ein Händler **sofort** (antizipativ) 10 % Zinsen zu zahlen. Welcher nachschüssigen Verzinsung entspricht dies? Man leite eine allgemeine Formel für den Zusammenhang zwischen vor- und nachschüssiger Verzinsung her.

2. Ein Anleger kauft am 10. 3. Wertpapiere im Nennwert von 10 000 € mit einer Nominalverzinsung von 5 %, deren Kupontermin jährlich am 10. 2. liegt. In welcher Höhe hat er Stückzinsen zu zahlen?

3. Eine Versicherung verlangt für eine bestimmte Police entweder bei jährlicher Zahlung zu Jahresbeginn den Betrag Z oder bei vierteljährlicher Zahlung jeweils eine Rate von $Z/4$ zuzüglich eines Aufschlages von 5 % auf diesen Betrag. Welchem Effektivzinssatz entspricht diese Zahlungsweise? Dabei soll innerhalb eines Jahres lineare Verzinsung angewendet und ein Endwertvergleich durchgeführt werden (auch wenn das nicht den gesetzlichen Vorschriften entspricht).

4. Die Spartacus-Bank verzinst Einlagen mit jährlich 5 %.
   a) Auf welchen Wert wächst ein Anfangskapital von 7000 € innerhalb eines Dreivierteljahres an?

b) Welcher Betrag muss angelegt werden, damit ein Jahr später eine Summe von 10 000 € zur Verfügung steht?

c) In welcher Zeit bringt ein Kapital von 20 000 € Zinsen in Höhe von 723 €?

5. Beim Verkauf eines Wohnmobils werden dem Verkäufer von drei potenziellen, nicht sehr zahlungskräftigen Käufern die folgenden Angebote unterbreitet:

Angebot 1: 9000 € sofort, 3000 € in fünf Jahren,

Angebot 2: 6500 € sofort, 5500 € in drei Jahren,

Angebot 3: 6000 € in drei Jahren, 9000 € in acht Jahren.

Welches Angebot ist für den Verkäufer günstiger, wenn mit 5 % Verzinsung jährlich gerechnet wird? Was ergibt sich bei 2 %? Was besagen die jeweiligen Gesamtzahlungen?

6. a) Ein auf einer Bank eingezahlter Betrag von 2000 € ist in 5 Jahren auf 2838 € angewachsen. Mit wie viel Prozent wurde jährlich verzinst?

b) Auf einem Konto, das mit 5 % verzinst wird, befindet sich ein Betrag von 10 000 €. Wie lange dauert es, bis der Kontostand durch Zinseszins auf 14 000 € angewachsen ist?

c) Die mit 5 % jährlich verzinsten 10 000 € sollen nach drei Jahren 14 000 € erbringen. Wie viel ist dafür zu Beginn des 3. Jahres zusätzlich einzuzahlen?

3.7 Lösung der einführenden Probleme

1. 10 200 €;

2. 4878,05 €;

3. vorschüssig: 2452 €, nachschüssig: 2444 €

Weiterführende Literatur

1. Bosch, K.: Finanzmathematik (7. Auflage), Oldenbourg, München (2007)

2. Grundmann, W., Luderer, B.: Finanzmathematik, Versicherungsmathematik, Wertpapieranalyse. Formeln und Begriffe (3. Auflage), Vieweg + Teubner, Wiesbaden (2009)

3. Ihrig, H., Pflaumer, P.: Finanzmathematik: Intensivkurs. Lehr- und Übungsbuch (10. Auflage), Oldenbourg, München (2008)

4. Kruschwitz, L.: Finanzmathematik: Lehrbuch der Zins-, Renten-, Tilgungs-, Kurs- und Renditerechnung (5. Auflage), Oldenbourg, München (2010)

5. Luderer, B.: Mathe, Märkte und Millionen: Plaudereien über Finanzmathematik zum Mitdenken und Mitrechnen, Springer Spektrum, Wiesbaden (2013)

6. Luderer, B., Nollau, V., Vetters, K.: Mathematische Formeln für Wirtschaftswissenschaftler (8. Auflage), Springer Gabler, Wiesbaden (2015)

7. Luderer, B., Paape, C., Würker, U.: Arbeits- und Übungsbuch Wirtschaftsmathematik. Beispiele, Aufgaben, Formeln (6. Auflage), Vieweg + Teubner, Wiesbaden (2011)

8. Luderer, B., Würker, U.: Einstieg in die Wirtschaftsmathematik (9. Auflage), Springer Gabler, Wiesbaden (2014)

9. Pfcifer, A.: Praktische Finanzmathematik: Mit Futures, Optionen, Swaps und anderen Derivaten (5. Auflage), Harri Deutsch, Frankfurt am Main (2009)

10. Purkert, W.: Brückenkurs Mathematik für Wirtschaftswissenschaftler (8. Auflage), Springer Spektrum, Wiesbaden (2014)

11. Tietze J.: Einführung in die Finanzmathematik. Klassische Verfahren und neuere Entwicklungen: Effektivzins- und Renditeberechnung, Investitionsrechnung, derivative Finanzinstrumente (12. Auflage), Springer Spektrum, Wiesbaden (2015)

12. Wessler, M.: Grundzüge der Finanzmathematik, Pearson Studium, München (2013)

Zinseszinsrechnung

4

Wird ein Kapital über mehrere Zinsperioden hinweg verzinslich angelegt und werden dabei die Zinsen nicht ausgezahlt, sondern angesammelt (man sagt auch „kapitalisiert"), so
spricht man von *Zinseszinsen* (das sind die Zinsen auf die Zinsen) bzw. von geometrischer Verzinsung, da sich der Wert des Kapitals von Periode zu Periode wie die Glieder
einer geometrischen Zahlenfolge entwickelt. Gesetzliche Vorschriften, wie etwa die in
Deutschland geltende Preisangabenverordnung (PAngV) können aber auch für unterjährige Zeiträume geometrische Verzinsung vorschreiben. Auch international wird diese Form
der Verzinsung bevorzugt.

Von Interesse sind Formeln für den Zeitwert eines Kapitals, speziell für den End- und
den Barwert. Kompliziertere Situationen entstehen, wenn teilweise linear, teilweise geometrisch verzinst wird (= gemischte Verzinsung) oder wenn in aufeinander folgenden
Perioden unterschiedliche Zinssätze vereinbart werden. Bei der sogenannten *unterjährigen* Verzinsung tritt ebenfalls ein Zinseszinseffekt ein. Nach Grenzübergang ergibt sich die
stetige Verzinsung, ein sehr interessantes Modell. Die Modellierung komplexer Situationen sowie die Berechnung von Effektivzinssätzen bzw. Renditen runden das vorliegende
Kapitel ab.

Diese oder ähnliche Probleme werden eine Rolle spielen:

- Auf welchen Wert wächst ein Kapital von 10 000 € bei 6 % jährlicher Verzinsung nach
  zehn Jahren an?
- Welchem heute zu zahlenden Betrag entspricht eine in 15 Jahren fällige Zahlung von
  8000 €, wenn man mit einem Kalkulationszinssatz von 5 % rechnet?
- Für eine Termingeldanlage wurde ein Jahreszinssatz von 6 % vereinbart. Tatsächlich
  werden aber monatlich Zinsen gezahlt, wobei der Zinssatz von 0,5 % beträgt, also ein
  Zwölftel des ursprünglichen, und Zinsansammlung erfolgt. Wie lautet der (auf das Jahr
  bezogene) Effektivzinssatz?

© Springer Fachmedien Wiesbaden 2015
B. Luderer, *Starthilfe Finanzmathematik*, Studienbücher Wirtschaftsmathematik,
DOI 10.1007/978-3-658-08425-7_4

Nachdem Sie dieses Kapitel durchgearbeitet haben, werden Sie in der Lage sein

- End- und Barwerte bei geometrischer Verzinsung zu berechnen und diese Formeln nach allen vorkommenden Größen aufzulösen,
- verstehen, warum man die gemischte Verzinsung ohne großen Genauigkeitsverlust durch die geometrische Verzinsung ersetzen kann,
- den Effektivzinssatz bzw. die Rendite einer Geldanlage in verschiedenen Situationen zu ermitteln,
- zu erklären, was man unter unterjähriger sowie stetiger Verzinsung versteht und in welchen Fällen man diese anwendet.

In diesem Kapitel werden dieselben Begriffe (Kapital, Laufzeit, Zinsen, Zinsperiode, Zinssatz, Zeitwert, End- bzw. Barwert usw.) wie in Kap. 3 verwendet. Ferner benutzen wir die folgenden Bezeichnungen, von denen die meisten bereits im vorangegangenen Kap. 3 auftraten.

K_0	Anfangskapital; Barwert
n	Anzahl der Zinsperioden (Jahre)
p	Zinssatz (in Prozent)
i	Zinssatz
K_n	Kapital am Ende der n-ten Zinsperiode; Endwert
K_t	Kapital zum Zeitpunkt t; Zeitwert
q	Aufzinsungsfaktor; $q = 1 + i$
q^n	Aufzinsungsfaktor für n Jahre

Dabei gelten für die drei Größen p, i und q die Zusammenhänge $i = \frac{p}{100}$ und $q = 1+i$, sodass es genügt, wenn eine von ihnen bekannt ist. Die anderen beiden können dann leicht bestimmt werden (siehe Abschn. 1.2).

Im Unterschied zu Kap. 3 werden jetzt typischerweise mehrere Zinsperioden betrachtet, wobei zunächst wie bei der linearen Verzinsung *einmalige* Zahlung (Kapitalüberlassung) betrachtet werden soll.

4.1 Zinseszinsformel

Wird ein Kapital über mehrere Zinsperioden (Jahre) hinweg angelegt und werden dabei die jeweils am Jahresende fälligen Zinsen angesammelt und folglich in den nachfolgenden Jahren mitverzinst, entstehen *Zinseszinsen*.

Unter Verwendung der Endwertformel bei linearer Verzinsung mit $t = 1$ sowie der Tatsache, dass das Kapital am Ende eines Jahres gleich dem Anfangskapital im nächsten

Jahr ist, wird nun sukzessive das am Ende eines jeden Jahres verfügbare Kapital berechnet, wenn das Kapital am Anfang des 1. Jahres K_0 beträgt.

Kapital am Ende des 1. Jahres:

$$K_1 = K_0 + Z_1 = K_0 \cdot (1 + i) = K_0 \cdot q$$

Kapital am Ende des 2. Jahres:

$$K_2 = K_1 + Z_2 = K_1 \cdot (1 + i) = K_1 \cdot q = K_0 \cdot q^2$$
$$\vdots$$

Kapital am Ende des n-ten Jahres:

$$K_n = K_0 \cdot (1 + i)^n = K_0 \cdot q^n . \tag{4.1}$$

Letztere Formel wird als *Endwertformel bei geometrischer Verzinsung* oder als *Leibniz'sche Zinseszinsformel* bezeichnet und stellt eine wichtige Grundbeziehung in der Finanzmathematik dar. Die in ihr auftretenden Größen K_n und K_0 bedeuten das Kapital am Ende des n-ten Jahres bzw. das Anfangskapital, während der *Aufzinsungsfaktor* q^n angibt, auf welchen Betrag ein Kapital von einer Geldeinheit bei einem Zinssatz i und Wiederanlage der Zinsen nach n Jahren anwächst. Seine Berechnung ist mittels Taschenrechner oder Computer leicht möglich, sodass früher übliche Tabellen heutzutage nicht mehr zeitgemäß sind. Die Größe n ist hier zunächst ganzzahlig.

Der Vergleich von (4.1) und (2.12) zeigt, dass die Entwicklung eines Kapitals bei Zinseszins einer geometrischen Folge mit $a_1 = K_0(1 + i)$ und $q = 1 + i$ genügt.

Beispiel:
Frau Y. erwirbt einen Sparbrief über 4000 €, der über fünf Jahre hinweg unter Zinsansammlung konstant mit 6 % p. a. verzinst wird. Welche Summe erhält Frau Y. am Ende des 5. Jahres zurück?

Entsprechend (4.1) ergibt sich mit den Größen $K_0 = 4000$, $n = 5$ und $q = 1 + i = 1{,}06$ der Endwert $K_5 = 4000 \cdot 1{,}06^5 = 5352{,}90$ €.

4.2 Zeitwerte und Grundaufgaben

Wie bei der linearen Verzinsung in Kap. 3 spielt auch in der Zinseszinsrechnung der Wert einer Zahlung zu einem bestimmten Zeitpunkt eine wesentliche Rolle (vgl. These 1). Der Bezug auf einen einheitlichen Zeitpunkt dient dem Vergleich von Zahlungen, die zu verschiedenen Zeitpunkten fällig sind, von Mehrfachzahlungen oder von Gläubiger- und Schuldnerleistungen etwa zum Zwecke der Renditeermittlung eines Zahlungsplanes.

Der Vergleichszeitpunkt t kann im Grunde genommen beliebig gewählt werden, von besonderem Interesse sind jedoch der Zeitpunkt $t = 0$ sowie der zu einer Zahlungsvereinbarung (Sparplan, Darlehen, Kredit usw.) gehörige Endzeitpunkt, was den Begriffen *Barwert* und *Endwert* entspricht. Ehe wir näher darauf eingehen, befassen wir uns mit der *gemischten Verzinsung*, die der Praxis der Kreditinstitute entspricht, wo taggenaue Verzinsung selbstverständlich ist.

4.2.1   Gemischte Verzinsung

Der Einzahlungs- als auch der Auszahlungstermin eines Kapitals fällt in praktischen Situationen selten mit dem Anfang bzw. Ende einer Zinsperiode zusammen, sodass man für die exakte Zinsberechnung die Formeln für die lineare Verzinsung mit der bei geometrischer Verzinsung kombinieren muss. Für die nachfolgenden Berechnungen soll angenommen werden, dass zwischen dem Einzahlungszeitpunkt t_A und dem ersten Zinstermin der Zeitraum t_1 und zwischen dem Ende der vorletzten Zinsperiode und dem Auszahlungstermin t_E der Zeitraum t_2 $(0 \leq t_1, t_2 \leq 1)$ liegt, während dazwischen k ganze Zinsperioden liegen (vgl. Abb. 4.1).

Zur korrekten Zinsberechnung ist im ersten und dritten Zeitabschnitt die lineare Verzinsung, im zweiten Abschnitt die Zinseszinsrechnung anzuwenden. Wird zum Zeitpunkt t_A ein Anfangskapital K_{t_A} eingezahlt, so wächst dieses entsprechend der Endwertformel bei linearer Verzinsung bis zum Ende der ersten Zinsperiode auf $K_1 = K_{t_A} \cdot (1 + i \cdot t_1)$ an. Dieser Betrag bleibt nun über k ganze Zinsperioden stehen, was gemäß (4.1) auf einen Zeitwert am Ende der letzten vollen Periode von $K_{k+1} = K_1 \cdot (1 + i)^k$ führt. Schließlich ergibt sich aus der linearen Verzinsung in der letzten Teilperiode mittels der Endwertformel ein Betrag von $K_{t_E} = K_{k+1} \cdot (1 + i \cdot t_2)$. Durch Kombination dieser drei Beziehungen erhält man für den Endwert bei der gemischten Verzinsung die Formel

$$K_{t_E} = K_{t_A} \cdot (1 + i \cdot t_1) \cdot (1 + i)^k \cdot (1 + i \cdot t_2). \tag{4.2}$$

Formel (4.2) ist – insbesondere für die Handrechnung – relativ kompliziert. Aus der für kleine Werte x geltenden Beziehung $(1 + x)^n \approx 1 + nx$ (die auf der so genannten *Taylorentwicklung* beruht, vgl. Luderer/Nollau/Vetters (2015), Luderer/Paape/Würker (2011)),

Abb. 4.1 Gemischte Verzinsung

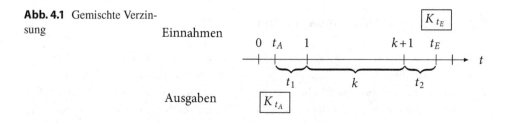

resultiert $(1 + i \cdot t) \approx (1 + i)^t$. Da $i \cdot t$ eine relativ kleine Größe darstellt, ist die Näherung hinreichend gut. Nimmt man nun in Formel (4.2) diese Ersetzung vor, so erhält man

$$K_{t_E} \approx K_{t_A} \cdot (1 + i)^{t_1} \cdot (1 + i)^k \cdot (1 + i)^{t_2} = K_{t_A} \cdot (1 + i)^{t_1 + k + t_2}.$$

Bezeichnet man schließlich mit $t = t_1 + k + t_2$ die Gesamtlaufzeit der Geldanlage, mit K_0 das Anfangskapital und mit K_t das Endkapital, so lässt sich die folgende Grundbeziehung der Zinseszinsrechnung aufstellen:

Endwertformel bei geometrischer Verzinsung

$$K_t = K_0 \cdot (1 + i)^t = K_0 \cdot q^t$$

Man beachte, dass im Unterschied zur Leibniz'schen Zinseszinsformel (4.1) die Größe t hier nicht ganzzahlig sein muss. Mit anderen Worten: Die für ganze Zinsperioden gültige Endwertformel (4.1) lässt sich ohne großen Genauigkeitsverlust auf nichtganzzahlige Zeiträume übertragen. Die Abweichung ist umso geringer, je kleiner die Größen i, t_1 und t_2 sind. Im Rahmen der Finanzmathematik wird im Allgemeinen die eben beschriebene Formel zur Berechnung des Endwertes bei geometrischer Verzinsung verwendet und die (kleine) Differenz gegenüber der exakten Beziehung (4.2) vernachlässigt.

Beispiel:
Auf welchen Betrag wächst ein Geldbetrag von 5000 € an, der bei jährlicher Verzinsung von 4 % vom 1. 3. 2014 bis zum 11. 9. 2018 angelegt wird?

a) Die exakte Berechnung mithilfe der Formel (4.2) der gemischten Verzinsung liefert mit $K_0 = 5000$, $i = \frac{4}{100} = 0,04$, $t_1 = \frac{300}{360}$, $k = 3$, $t_2 = \frac{251}{360}$ den Endwert

$$K_t = 5000 \cdot \left(1 + 0,04 \cdot \frac{300}{360}\right) \cdot (1 + 0,04)^3 \cdot \left(1 + 0,04 \cdot \frac{251}{360}\right) = 5973,88.$$

Einschließlich der angefallenen Zinsen kann man also am 11. 9. 2018 über 5973,88 € verfügen.

b) Die Berechnung mittels der Endwertformel bei geometrischer Verzinsung ergibt mit $t = \frac{300}{360} + 3 + \frac{251}{360} = 4,53056$ den (näherungsweisen) Endwert

$$K_t = 5000 \cdot 1,04^{4,53056} = 5972,29 \text{£}.$$

Die Abweichung dieses Näherungswertes vom exakten Endwert beträgt somit lediglich 1,59 € oder 0,03 % des Anfangskapitals.

4.2.2 Verzinsung mit unterschiedlichen Zinssätzen

Wird in mehreren aufeinander folgenden Zinsperioden jeweils mit unterschiedlichen Zins-sätzen $i_k, k = 1, \ldots, n$ verzinst, so ist die Endwertformel bei geometrischer Verzinsung so zu modifizieren:

> **Endwertformel bei unterschiedlichen Zinssätzen**
> $$K_n = K_0 \cdot q_1 \cdot q_2 \cdot \ldots \cdot q_n$$

Hierbei gilt $q_k = 1 + i_k, k = 1, \ldots, n$. Die Frage, wie man einen „durchschnittlichen" (Effektiv-)Zinssatz für die Gesamtlaufzeit von n Perioden findet, wird in Abschn. 4.4 er-örtert.

4.2.3 Grundaufgaben der Zinseszinsrechnung

Die Endwertformel bei geometrischer Verzinsung enthält die vier Größen K_0, K_t, i (bzw. q oder p) und t, von denen jeweils drei gegeben sein müssen, um die vierte berechnen zu können. (Wie bereits früher erwähnt, werden die drei Größen p, i und q im Grunde genommen als eine Größe angesehen, da bei Kenntnis einer von ihnen sich die restlichen beiden einfach berechnen lassen.)

Berechnung des Zeitwertes (Endwertes) K_t
Der Endwert K_t lässt sich bei gegebenen Werten K_0 (Anfangskapital), i (Zinssatz) und t (Laufzeit) direkt aus der oben hergeleiteten Endwertformel bei geometrischer Verzinsung berechnen. Letztere lässt sich in dem Sinne verallgemeinern, dass der Anfang des Finanz-geschäftes nicht unbedingt mit dem Zeitpunkt $t = 0$ zusammenfallen muss, sondern dass sowohl der Anfangszeitpunkt t_A als auch der Endzeitpunkt t_E beliebig gewählt werden können und folglich nur die Zeitdifferenz $t = t_E - t_A$ eine Rolle spielt, wie in Abb. 4.2 dargestellt ist.

In diesem Fall berechnet sich der Endwert K_{t_E} gemäß der Formel

$$K_{t_E} = K_{t_A} \cdot q^t = K_{t_A} \cdot q^{t_E - t_A} . \tag{4.3}$$

Abb. 4.2 Ein- und Auszah-lung zu beliebigen Zeitpunkten

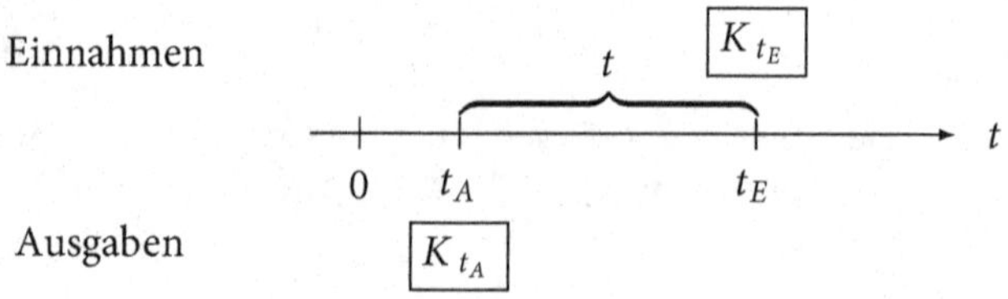

Beispiel:

Eine Ende 2016 fällige Schuld von 30 000 € braucht aufgrund einer vereinbarten Umschuldung erst am Ende des Jahres 2019 zurückgezahlt zu werden. Für den Zeitraum von 2016 bis 2019 wird dabei eine jährliche Verzinsung von 8 % vereinbart. Welcher Betrag ist im Jahr 2019 zu zahlen?

Entsprechend (4.3) ergibt sich mit $K_{t_A} = 30\,000$, $t = 2015 - 2012 = 3$ und $q = 1{,}08$ der Wert

$$K_3 = 30\,000 \cdot 1{,}08^3 = 37\,791{,}36 \text{ €.}$$

Berechnung des Barwertes K_0

Die Berechnung des Anfangskapitals oder Barwertes K_0 kann durch einfache Umstellung der Endwertformel bei geometrischer Verzinsung erfolgen, sofern alle anderen Größen bekannt sind:

Barwertformel bei geometrischer Verzinsung

$$K_0 = \frac{K_t}{(1+i)^n} = \frac{K_t}{q^t}$$

Unter dem Begriff *Barwert* wird wie bei der linearen Verzinsung derjenige Wert verstanden, den man „heute" (in $t = 0$) einmalig anlegen muss, um bei einem Zinssatz i und dem Aufzinsungsfaktor $q = 1 + i$ zum Zeitpunkt t (d. h. nach t Zinsperioden) das Endkapital K_t zu erreichen. Die Größe $\frac{1}{q^n}$ heißt *Abzinsungsfaktor* und gibt an, welchen Wert ein zum Zeitpunkt t verfügbares Endkapital von 1 GE zum Zeitpunkt $t = 0$ besitzt bzw. welcher Betrag heute (zum Zeitpunkt $t = 0$) angelegt werden muss, um bei Verzinsung mit dem Zinssatz i in der Zeit t auf den Betrag von 1 GE anzuwachsen.

Wie auch bei der linearen Verzinsung wird die Berechnung des Barwertes *Abzinsen* oder *Diskontieren* genannt. Umgekehrt spricht man bei der Verzinsung eines Kapitals auch vom *Aufzinsen*. Bei positivem Zinssatz (dies stellt den absoluten Normalfall dar) vergrößert sich beim Aufzinsen das Kapital, während es sich beim Abzinsen verringert. Daher auch die Wortwahl (vgl. Abb. 4.3).

Abb. 4.3 Berechnung des End- und des Barwertes

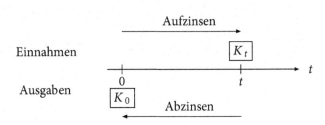

Beispiel:

Die Studentin Sarah kauft abgezinste Sparbriefe im Nennwert von 4000 €, die bei einer Laufzeit von fünf Jahren mit 6 % p. a. verzinst werden. Wie viel hat sie zu zahlen?

Für die Ermittlung der Summe, die zum Zeitpunkt $t = 0$ zu zahlen ist, um nach fünf Jahren 4000 € ausgezahlt zu bekommen, hat man den Barwert K_0 entsprechend der Barwertformel bei geometrischer Verzinsung zu berechnen:

$$K_0 = \frac{4000}{(1 + 0,06)^5} = 2989,03 \text{ €}.$$

Entsprechend These 1 lassen sich zu unterschiedlichen Zeitpunkten fällige Zahlungen nur dann miteinander vergleichen, wenn diese auf einen einheitlichen Zeitpunkt bezogen werden. Die Wahl dieses Zeitpunktes ist natürlich beliebig möglich, vorzugsweise wird jedoch der Zeitpunkt $t = 0$ gewählt. In diesem Zusammenhang spricht man vom *Barwertvergleich* von Zahlungen. Auch der Gesamtbarwert mehrerer Zahlungen ist oftmals von Interesse (z. B. bei der Renditeberechnung).

Beispiel:

Der Verkäufer eines Hauses erhält von zwei potenziellen Käufern die folgenden Angebote: Käufer A bietet ihm eine sofortige Zahlung in Höhe von 200 000 €; Käufer B verfügt momentan nicht über so viel Geld und bietet 80 000 € in zwei Jahren sowie 200 000 € nach weiteren sechs Jahren. Wofür soll sich der Verkäufer (der natürlich möglichst viel erlösen möchte) entscheiden?

Die Gesamtsumme spricht für Käufer B, hat aber aus finanzmathematischer Sicht wenig Bedeutung, da sie die Zahlungszeitpunkte ignoriert (vgl. These 1). Für einen aussagekräftigen Vergleich sind – bei gegebenem Kalkulationszinsfuß – beispielsweise die Barwerte der (Gesamt-)Zahlungen der beiden Kaufinteressenten einander gegenüberzustellen. Interessent A zahlt sofort, sodass der angebotene Betrag von 200 000 € gleichzeitig den Barwert $K_{0,A}$ darstellt. Legt man den Zinssatz $i = 7 \%$ zugrunde, so ergibt sich für Käufer B aus der Barwertformel bei geometrischer Verzinsung als Barwert beider Zahlungen

$$K_{0,B} = \frac{80\,000}{1,07^2} + \frac{200\,000}{1,07^8} = 69\,875,10 + 116\,401,82 = 186\,276,92,$$

was schlechter ist als $K_{0,A}$. Der Verkäufer sollte sich also für A entscheiden.

Bei $i = 3\,\%$ ist hingegen wegen

$$K_{0,B} = \frac{80\,000}{1,03^2} + \frac{200\,000}{1,03^8} = 75\,407,67 + 157\,881,85 = 233\,289,52$$

das Angebot von Käufer B besser.

4.2.4   Berechnung des Zinssatzes i

Fragt man nach dem Zinssatz, bei dem aus einem gegebenen Barwert K_0 nach dem Zeitraum t der Endwert K_t entsteht, so hat man zunächst die Größe q mittels Wurzelziehen aus der Endwertformel bei geometrischer Verzinsung zu bestimmen:

$$q^t = \frac{K_t}{K_0} \quad \Longrightarrow \quad q = \sqrt[t]{\frac{K_t}{K_0}}.$$

Hieraus ergibt sich wegen $q = 1 + i$ bzw. $i = q - 1$ die Beziehung

$$i = \sqrt[t]{\frac{K_t}{K_0}} - 1. \tag{4.4}$$

Beispiel:
Jemand kauft Zerobonds (das sind Wertpapiere ohne zwischenzeitliche Zinszahlung) mit einer Laufzeit von 6 Jahren im Nominalwert von 5000 € und muss dafür 3475,33 € bezahlen. Welcher Verzinsung (Rendite) entspricht dies?
   Aus Formel (4.4) ergibt sich mit $t = 6$, $K_0 = 3475,33$ und $K_t = 5000$ ein Wert von $i = \sqrt[6]{\frac{5000}{3475,33}} - 1 = 0,0625$, d. h., die Rendite beträgt 6,25 % p. a.

4.2.5   Berechnung der Laufzeit t

Stellt man die Endwertformel bei geometrischer Verzinsung durch Logarithmieren nach t um, kann man die Laufzeit ermitteln, in der ein Anfangskapital K_0 bei einer Verzinsung von i Prozent auf das Endkapital K_t anwächst:

$$q^t = \frac{K_t}{K_0} \implies t \cdot \ln q = \ln \frac{K_t}{K_0} = \ln K_t - \ln K_0 \implies$$

$$t = \frac{\ln K_t - \ln K_0}{\ln q}. \tag{4.5}$$

Der ermittelte Wert t wird im Allgemeinen nicht ganzzahlig sein. Handelt es sich bei der Zinsperiode um ein Jahr und möchte man die Berechnung exakt (also taggenau) durchführen, hat man wie folgt vorzugehen: Zunächst bestimmt man die Größe t entsprechend Beziehung (4.5). Danach berechnet man für $k = \lfloor t \rfloor$ (größter ganzer Anteil) den Zeitwert $K_k = K_0 \cdot q^k$ und ermittelt für die letzte (unvollständige) Zinsperiode den verbleibenden Zeitraum $\bar{t}$ aus der Formel (3.5) der linearen Verzinsung mit K_k als Anfangswert: $\bar{t} = \frac{100}{p} \left(\frac{K_t}{K_k} - 1 \right)$. Die exakte Gesamtlaufzeit beträgt dann $t_{\text{exakt}} = \lfloor t \rfloor + \bar{t}$.

Beispiel:
Ein Schülerin spart für einen Motorroller, der voraussichtlich 7000 € kosten wird, wobei sie bereits über 5000 € verfügt. Dieses Geld kann sie zu 5,5 % p. a. anlegen. Wie lange muss sie sparen?

Aus (4.5) erhält man $t = \frac{\ln 7000 - \ln 5000}{\ln 1,055} = 6,2844$, was 6 Jahren und 102 Tagen entspricht. Verzinst man in der letzten, angebrochenen Zinsperiode linear, muss man entsprechend der oben beschriebenen Vorgehensweise zunächst den Wert $K_6 = 5000 \cdot 1,055^6 = 6894,22$ berechnen, danach den Bruchteil $\bar{t} = \frac{100}{5,5} \left(\frac{7000}{6894,22} - 1 \right) = 0,27898$ eines Jahres. Letzteres Ergebnis entspricht 100 Tagen.

4.3 Unterjährige und stetige Verzinsung

Die der Zinsrechnung zugrunde liegende Zinsperiode beträgt oftmals ein Jahr, sie kann aber auch kürzer oder – in seltenen Fällen – länger sein. So können z. B. halbjährliche, vierteljährliche oder monatliche Zinszahlungen vereinbart sein. Sind die Zinsperioden kürzer als ein Jahr, wird von *unterjähriger Verzinsung* gesprochen.

Eine wichtige Fragestellung besteht nun darin, den Zusammenhang zwischen den nominellen bzw. effektiven (d. h. tatsächlichen) Zinssätzen der verschiedenen Perioden herzustellen.

4.3.1 Endwert bei unterjähriger Verzinsung

Im Weiteren soll eine Zinsperiode der Länge eins (z. B. 1 Jahr oder 1 Vierteljahr) betrachtet werden, die in m unterjährige Zinsperioden der Länge $\frac{1}{m}$ unterteilt wird, und es werde das Kapital K_0 angelegt. Der vereinbarte *nominelle* Zinssatz i bezieht sich auf die ursprüngliche Zinsperiode, während entsprechend Formel (3.1) dem kürzeren Zeitraum anteilige Zinsen in Höhe von $Z = K_0 \cdot \frac{i}{m}$ zuzuordnen sind, was auch als Verzinsung mit dem *unterjährigen Zinssatz* $i_m = \frac{i}{m}$ aufgefasst werden kann; dieser wird als zum nominellen Jahreszinssatz i gehöriger *relativer unterjähriger* Zinssatz bezeichnet. Da im Laufe der Ausgangszinsperiode m-mal verzinst wird, ergibt sich gemäß Endwertformel bei geometrischer Verzinsung nach einer Zinsperiode ein Endwert von $K_1^{(m)} = K_0 \cdot (1 + i_m)^m = K_0 \left(1 + \frac{i}{m}\right)^m$ und analog nach n Perioden

$$K_n^{(m)} = K_0 \left(1 + \frac{i}{m}\right)^{m \cdot n}. \tag{4.6}$$

4.3.2 Berechnung des Effektivzinssatzes

Der bei unterjähriger Verzinsung mit dem relativen Zinssatz $\frac{i}{m}$ entstehende Endwert $K_n^{(m)}$ ist größer als der sich bei einmaliger Verzinsung mit dem nominellen Zinssatz i nach der Endwertformel bei geometrischer Verzinsung ergebende Endwert K_n, was darin begründet ist, dass im Falle der unterjährigen Verzinsung die Zinsen wieder mitverzinst werden. Dies führt zum Zinseszinseffekt. Auf die ursprüngliche Zinsperiode bezogen, ergibt sich damit ein höherer Effektivzinssatz i_{eff} als der nominal ausgewiesene Zinssatz i. Zur Berechnung dieses *effektiven* Zinssatzes i_{eff} hat man die Endwerte (z. B. nach einer vollen Zinsperiode) bei einmaliger und unterjähriger Verzinsung gemäß der Endwertformel bei geometrischer Verzinsung und (4.6) gleichzusetzen:

$$K_1 = K_0 \left(1 + i_{\mathrm{eff}}\right) \overset{!}{=} K_1^{(m)} = K_0 \left(1 + \frac{i}{m}\right)^m.$$

Nach Kürzen mit K_0 und Umformen ergibt sich hieraus

$$i_{\mathrm{eff}} = \left(1 + \frac{i}{m}\right)^m - 1. \tag{4.7}$$

Ist umgekehrt der Zinssatz i für die ursprüngliche Zinsperiode (der Länge 1) gegeben, so kann der zur unterjährigen Zinsperiode der Länge $\frac{1}{m}$ gehörige *äquivalente* Zinssatz $\widehat{i}_m$, der bei m-maliger unterjähriger Verzinsung auf den gleichen Endwert wie die einmalige Verzinsung mit i führt, analog zu (4.7) aus dem Ansatz

$$i = \left(1 + \widehat{i}_m\right)^m - 1$$

ermittelt werden, woraus $1 + i = \left(1 + \widehat{i}_m\right)^m$ resultiert. Schließlich erhält man

$$\widehat{i}_m = (1 + i)^{1/m} - 1. \tag{4.8}$$

Von besonderer Bedeutung ist der Effektivzinssatz, wenn die zugrunde liegende Zins-periode das Jahr ist, wobei man dann vom *effektiven Jahreszinssatz* spricht. Dies ist eine Vergleichsgröße, für die man in der Regel ein „Gefühl" hat: 2 % jährliche Verzinsung ist wenig, 9 % sind schon ziemlich viel, während eine Rendite von 25 % bereits fantastisch zu nennen wäre.

Beispiel:

Ein Kapital von 5000 € wird über 4 Jahre bei 6 % Verzinsung p. a. angelegt. Aus den Beziehungen (4.6) und (4.7) ergeben sich für verschiedene Werte von m die folgenden Resultate:

m	Verzinsung	Endwert $K_4^{(m)}$		i_{eff}
1	jährlich	$5000 \cdot 1{,}06^4$	$= 6312{,}39$	6,00 %
2	halbjährlich	$5000 \cdot \left(1 + \frac{0{,}06}{2}\right)^{2 \cdot 4}$	$= 6333{,}85$	6,09 %
4	vierteljährlich	$5000 \cdot \left(1 + \frac{0{,}06}{4}\right)^{4 \cdot 4}$	$= 6344{,}93$	6,14 %
12	monatlich	$5000 \cdot \left(1 + \frac{0{,}06}{12}\right)^{12 \cdot 4}$	$= 6352{,}45$	6,17 %
360	täglich	$5000 \cdot \left(1 + \frac{0{,}06}{360}\right)^{360 \cdot 4}$	$= 6356{,}12$	6,18 %

4.3.3 Stetige Verzinsung

Die aus obigem Beispiel entstehende Frage, ob die Endkapitalien einem und, wenn ja, welchem Grenzwert bei immer kürzer werdenden Zeiträumen (d. h. bei $\frac{1}{m} \to 0$ bzw. $m \to \infty$) zustreben, führt auf das Problem der *stetigen Verzinsung*. Unter Verwendung des bekannten Grenzwertes

$$\lim_{m \to \infty} \left(1 + \frac{i}{m}\right)^m = \mathrm{e}^i \, , \tag{4.9}$$

wobei $\mathrm{e} = 2{,}718281828459\ldots$ die sogenannte *Euler'sche Zahl* ist, ergibt sich für das Endkapital nach t Jahren bei stetiger Verzinsung die Berechnungsvorschrift

$$K_t = K_0 \cdot \mathrm{e}^{it} \, . \tag{4.10}$$

Die Größe i heißt in diesem Zusammenhang *Zinsintensität*.

Stetige Verzinsung bedeutet, dass in jedem Moment proportional zum augenblick-lichen Kapital Zinsen gezahlt werden. Das Modell der stetigen Verzinsung stellt eine nützliche theoretische Konstruktion dar, ist aber auch z. B. beim Berechnen des Wertes von Optionen sowie in anderen Kapitalmarktmodellen von großem praktischen Interesse. Insbesondere auch im Zusammenhang mit stetigen Zahlungsströmen (Cashflows) ist die Anwendung der stetigen Verzinsung sachgemäß.

Wer sich mit Differenzialrechnung auskennt, wird für die Funktion $K(t) = K_0 \cdot e^{it}$ leicht die Beziehung

$$K'(t) = i \cdot K(t)$$

bestätigen, die *Differenzialgleichung der stetigen Verzinsung* genannt wird.

4.3.4 Berechnung des Effektivzinssatzes bei stetiger Verzinsung

Zur Bestimmung des jährlichen Effektivzinssatzes, der der stetigen Verzinsung mit Zinsintensität i entspricht, kann man unter Berücksichtigung von (4.9) in Formel (4.7) zum Grenzwert für $m \to \infty$ übergehen und erhält

$$i_{\text{eff}} = e^i - 1. \tag{4.11}$$

Dasselbe Ergebnis erzielt man auch unter Verwendung von (4.10) bzw. der Endwertformel bei geometrischer Verzinsung für $t = 1$ aus dem Ansatz $K_1 = K_0 \cdot (1 + i_{\text{eff}}) = K_0 \cdot e^i$.

> **Beispiel:**
> Auf welchen Betrag wächst ein Kapital von 5000 € bei stetiger Verzinsung mit Zinsintensität 0,06 innerhalb von vier Jahren an?
>
> Zunächst ergibt sich ein Endbetrag von $K_4 = 5000 \cdot e^{0,06 \cdot 4} = 6356{,}25$. Gemäß (4.11) entspricht dies einer jährlichen Effektivverzinsung von $i_{\text{eff}} = 6{,}18\,\%$ (vgl. das vorige Beispiel).

Fragt man nach derjenigen Zinsintensität i^*, die bei stetiger Verzinsung nach einem Jahr auf denselben Endwert führt wie die jährliche Verzinsung mit dem Zinssatz i, so ist die Bestimmungsgleichung $K_0 \cdot (1 + i) = K_0 \cdot e^{i^*}$ nach i^* aufzulösen, was auf das folgende Ergebnis führt:

$$i^* = \ln(1 + i). \tag{4.12}$$

> **Beispiel:**
> Mit welcher Zinsintensität muss ein Kapital stetig verzinst werden, damit sich nach einem Jahr derselbe Endbetrag ergibt wie bei einmaliger jährlicher Verzinsung zum (nominellen) Zinssatz $i = 6\,\%$?
>
> Aus (4.12) ergibt sich der Wert $i^* = \ln 1{,}06 = 0{,}0582689$ bzw. $i^* = 5{,}82\,\%$.

4.4 Renditeberechnung und Anwendungen

4.4.1 Verzinsung mit unterschiedlichen Zinssätzen

In Abschn. 4.2 wurde die Formel $K_t = K_0 \cdot q_1 \cdot \ldots \cdot q_n$ angegeben, die den Endwert bei unterschiedlicher Verzinsung mit den Zinssätzen i_k, $k = 1, \ldots, n$, beschreibt. Fragt man nun nach dem „durchschnittlichen" Effektivzinssatz (Rendite), die eine Geldanlage unter diesen Bedingungen abwirft, hat man die genannte Formel mit der Endwertformel bei geometrischer Verzinsung zu kombinieren, wobei $q_k = 1 + i_k$ gesetzt wird:

$$K_n = K_0 \cdot q_1 \cdot q_2 \cdot \ldots \cdot q_n \stackrel{!}{=} K_0 \cdot q_{\text{eff}}^n.$$

Nach Umformung erhält man den zum Effektivzinssatz gehörigen Aufzinsungsfaktor

$$q_{\text{eff}} = \sqrt[n]{q_1 \cdot q_2 \cdot \ldots \cdot q_n},$$

der das *geometrische* Mittel der einzelnen Aufzinsungsfaktoren darstellt. Daraus ergibt sich unmittelbar $i_{\text{eff}} = q_{\text{eff}} - 1$. Der naheliegende Wunsch, das *arithmetische* Mittel der Zinssätze

$$\bar{i} = \frac{i_1 + i_2 + \ldots + i_n}{n}$$

zu berechnen, führt lediglich auf eine **gute Näherung** der Rendite, d. h. $\bar{i} \approx i_{\text{eff}}$, stellt aber nicht das korrekte Ergebnis dar.

Von Kreditinstituten wird gern der (im Zusammenhang mit Renditebetrachtungen irreführende) Begriff *Wertzuwachs* verwendet, der beschreibt, um wie viel Prozent ein Kapital durchschnittlich jährlich wächst. Dem entspricht die Größe

$$w = \frac{1}{n} \cdot \frac{K_n - K_0}{K_0} = \frac{q_1 \cdot q_2 \cdot \ldots \cdot q_n - 1}{n}.$$

Letztere ist stets größer als i_{eff}, oftmals sogar wesentlich größer, und sollte nicht mit dem Begriff Rendite verwechselt werden.

Beispiel:

Boris B. kauft Bundesschatzbriefe vom Typ B (mit Zinsansammlung) im Nennwert von 10 000 €, die folgende Verzinsung versprechen: 3,5 % im 1. Jahr, 3,75 % im 2. Jahr, 4 % im 3. Jahr, 4,5 % im 4. Jahr, 5 % im 5. Jahr, 5,5 % im 6. Jahr, 6,5 % im 7. Jahr. Welche Endsumme und welche Rendite erzielt er, wenn er die Wertpapiere über die vollen sieben Jahre hält?

Der Endwert beläuft sich auf $K_7 = K_0 \cdot q_1 \cdot q_2 \cdot \ldots \cdot q_7 = 10\,000 \cdot 1{,}035 \cdot 1{,}0375 \cdot 1{,}04 \cdot 1{,}045 \cdot 1{,}05 \cdot 1{,}055 \cdot 1{,}065 = 13\,767{,}96\,€$ und die Rendite beträgt $i_{\text{eff}} = (\sqrt[7]{1{,}035 \cdot \ldots \cdot 1{,}065} - 1) = (\sqrt[7]{1{,}3767955} - 1) = 4{,}67\,\%$.

Das arithmetische Mittel der Zinssätze lautet $\bar{i} = \frac{1}{7} \cdot [3{,}50 + 3{,}75 + \ldots + 6{,}50] = 4{,}68$ (in Prozent), der jährliche Wertzuwachs $w = \frac{1}{7} \cdot (1{,}3767955 - 1) = 0{,}05383 = 5{,}38\,\%$.

4.4.2 Verdoppelungsproblem

In welcher Zeit verdoppelt sich ein Kapital bei gegebenem Zinssatz i?

Aus dem Ansatz $K_t = K_0 \cdot q^t \overset{!}{=} 2K_0$ erhält man zunächst $q^t = 2$ und daraus

$$t = \frac{\ln 2}{\ln q}. \tag{4.13}$$

Während die Beziehung $q^t = 2$ als Ausgangspunkt numerischer Näherungsverfahren (Probierverfahren) genommen werden kann, liefert Gleichung (4.13) hingegen die exakte Lösung. Nützlich ist auch die Faustformel

$$t \approx \frac{70}{p}, \tag{4.14}$$

mit deren Hilfe man den Verdoppelungszeitraum im Kopf berechnen kann. Zu ihrer Herleitung aus (4.13) benötigt man die Approximation[1] $\ln(1+i) \approx i$, die für kleine Größen i sehr genaue Werte liefert. (Letztere erhält man aus der so genannten *Taylorentwicklung* der Funktion $\ln(1+x)$ im Punkt $x = 0$; vgl. Luderer/Nollau/Vetters (2015), Luderer/Paape/Würker (2011).) Weiterhin benötigt man den Wert $\ln 2 \approx 0{,}7$. Nach Erweiterung von Zähler und Nenner mit 100 ergibt sich aus (4.13) unmittelbar (4.14):

$$t = \frac{\ln 2}{\ln q} = \frac{\ln 2}{\ln(1+i)} \approx \frac{0{,}70}{i} = \frac{\frac{70}{100}}{\frac{p}{100}} = \frac{70}{p}.$$

Will man schließlich den Zeitraum t bei Anwendung der gemischten Verzinsung taggenau bestimmen, hat man wie in Abschn. 4.2.1 beschrieben vorzugehen.

Beispiel:
In welcher Zeit verdoppelt sich ein Kapital bei einem jährlichen Zinssatz von 3 %, 5 %, 8 % bzw. 10 %?

---

[1] lat. Annäherung.

Unter Anwendung der exakten Formel (4.13), der Näherungsformel (4.14) bzw. der Vorschriften für die taggenaue Verzinsung (vgl. Abschn. 4.2.1) ergeben sich folgende Zeiträume (es gelte 1 Jahr = 360 Zinstage):

p	t_{exakt}	t_{approx}	$t_{taggenau}$
3	23,450	23	23 Jahre, 161 Tage
5	14,207	13,8	14 Jahre, 73 Tage
8	9,006	8,625	9 Jahre, 2 Tage
10	7,272	6,9	7 Jahre, 95 Tage

4.4.3 Mittlerer Zahlungstermin

Gegeben seien die in Abb. 4.4 dargestellten Zahlungsverpflichtungen. Zu welchem Zeitpunkt t_m, genannt *mittlerer Zahlungstermin*, ist alternativ die Gesamtschuld $K_1 + K_2 + \ldots + K_n$ auf einmal zurückzuzahlen?

Legt man geometrische Verzinsung auch für gebrochene Laufzeiten zu Grunde, so folgt aus dem Ansatz (Barwertvergleich)

$$K_0 = \frac{K_1}{q^{t_1}} + \ldots + \frac{K_n}{q^{t_n}} = \frac{K_1 + \ldots + K_n}{q^{t_m}}$$

nach kurzer Umformung

$$t_m = \frac{\ln(K_1 + \ldots + K_n) - \ln K_0}{\ln q} \quad \text{mit} \quad K_0 = \frac{K_1}{q^{t_1}} + \ldots + \frac{K_n}{q^{t_n}}. \quad (4.15)$$

Unterstellt man aber stetige Verzinsung mit der Zinsintensität i^*, so hat man vom Ansatz

$$K_0 = K_1 e^{-i^* t_1} + \ldots + K_n e^{-i^* t_n} = K_0 e^{-i^* t_m}$$

auszugehen, der zu folgender Beziehung führt:

$$t_m = \frac{\ln(K_1 + \ldots + K_n) - \ln K_0}{i^*} \quad \text{mit} \quad K_0 = K_1 e^{-i^* t_1} + \ldots + K_n e^{-i^* t_n}. \quad (4.16)$$

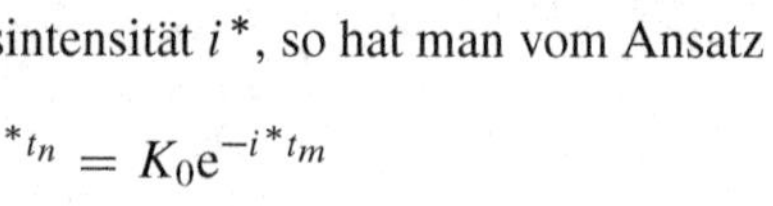

Abb. 4.4 Gegebene Zahlungs-verpflichtungen

Beispiel:

In den nächsten fünf Jahren hat Lars jährlich 100 € an seinen Bruder zurückzuzahlen. Wann müsste die Zahlung erfolgen, wenn bei 6 % Verzinsung die Gesamtsumme von 500 € auf einmal gezahlt werden sollte?

Aus (4.15) erhält man unmittelbar $K_0 = 100 \left(\frac{1}{1,06} + \frac{1}{1,06^2} + \cdots + \frac{1}{1,06^5} \right) = 421,24$ sowie $t_m = \frac{\ln 500 - \ln 421,24}{\ln 1,06} = 2,942$, was 2 Jahren und 339 Tagen entspricht.

Nimmt man stetige Verzinsung mit der zu $i = 0,06$ äquivalenten Zinsintensität $i^* = \ln(1 + i) = 0,05827$ an, so ergibt sich $K_0 = 100 \left(e^{-i^*} + \cdots + e^{-i^* \cdot 5} \right) = 421,24$ und damit wiederum $t_m = 2,942$. Man überlege sich, warum hier dasselbe Ergebnis entsteht.

4.5 Aufgaben

1. Eine Bank bietet abgezinste Sparbriefe mit 8-jähriger Laufzeit im Nennwert von 1000 € zu 686,25 € als Ausgabepreis an. Mit welchem Zinssatz werden diese effektiv verzinst?

2. a) In welcher Zeit verdreifacht sich ein Kapital bei 7 % Verzinsung pro Jahr?

   b) Man entwickle eine Näherungsformel für das Verdreifachungsproblem, die sich für Kopfrechnung eignet.

   c) Wie könnte man das Problem ohne Zuhilfenahme der Logarithmenrechnung lösen?

3. Björn war zum Studentenaustausch in einem anderen Land. Dabei zahlte er für eine Straßenbahnfahrt 4000 Geldeinheiten (GE). Von seinem Vater, der vor 13 Jahren dort war, wusste er, dass dieser damals 2 GE gezahlt hatte. Wie hoch ist die durchschnittliche jährliche Inflationsrate, wenn man als Berechnungsgrundlage nur den Preis einer Straßenbahnfahrt nutzt?

4. Autohändler werben manchmal mit folgender „Sandwichfinanzierung":

   Bezahlen Sie Ihr Auto später – bei 0 % Zinsen.
   Bezahlen Sie jetzt die Hälfte und in drei Jahren die zweite Hälfte.

   Welche Verzinsung müsste man erzielen, um bei Nutzung des Finanzierungsangebots besser zu kommen als bei Sofortzahlung mit 10 % Rabatt?

5. Die XCX-Bank bietet Festgeldanlagen über 1 Monat zu 4,5 % p. a. und über 3 Monate zu 4,6 % p. a. an. Ein Kunde, dem beide Angebote zusagen, möchte gerne wissen, welches der beiden das bessere ist, wenn er sein Geld zwölfmal bzw. viermal nacheinander anlegt (insgesamt also jeweils ein Jahr) und welcher Effektivverzinsung die Angebote entsprechen.

6. Bei einem Autokauf bietet Autohändler B. anstelle einer Sofortzahlung von 25 000 €
   (Listenpreis) folgenden Zahlungsplan an: Sofort 5000 €, in einem Jahr 10 000 €, in
   zwei Jahren (von heute an gerechnet) 10 000 €.
   Welchem Rabatt bei Sofortzahlung entspricht dieses Angebot, wenn der Käufer sein
   Geld zu 4 % p. a. angelegt hat?

7. Wie erst kürzlich bekannt wurde, legte Friedrich der Gebissene, Markgraf von Meißen, im Jahre 1281 zehn Geldeinheiten bei der Kreissparkasse zu Meißen an, die ihm
   das mit 2,5 % an Zinsen jährlich honorierte. Als seine Erben kürzlich das vergesse-
   ne Konto entdeckten, war ein hübsches Sümmchen zusammengekommen. Wie viel?
   (Zwischenzeitliche Wechsel der Währungen sollen nicht berücksichtigt werden.)

8. Ein Bürger hat all sein verfügbares Geld in Höhe von 15 000 € für zehn Jahre bei der
   Sparkasse angelegt, die ihm dafür wie folgt Zinsen zahlt: fünf Jahre lang 3 %, drei
   Jahre lang 3,5 %, zwei Jahre lang 3,75 %.
   a) Auf welchen Betrag ist sein Geld nach zehn Jahren angewachsen?
   b) Im betrachteten Zeitraum betrug die durchschnittliche jährliche Inflationsrate
      3,2 %. Ist die Kaufkraft seines Geldes nach zehn Jahren kleiner, gleich oder größer
      als zu Beginn des Zeitraums?

9. Franziska ist Bankangestellte und arbeitet für ihre Bank neuartige Konditionen aus.
   Gegenwärtig zahlt die Bank 4 % p. a. Wie viel müsste sie bei vierteljährlicher bzw.
   monatlicher Gutschrift zahlen, damit nach einem Jahr derselbe Endwert entsteht?

4.6   Lösung der einführenden Probleme

1. 17 908,48 €;
2. 3848,14 €;
3. 6,17 %

Weiterführende Literatur

1. Bosch, K.: Finanzmathematik (7. Auflage), Oldenbourg, München (2007)

2. Grundmann, W., Luderer, B.: Finanzmathematik, Versicherungsmathematik, Wertpapieranalyse.
   Formeln und Begriffe (3. Auflage), Vieweg + Teubner, Wiesbaden (2009)

3. Ihrig, H., Pflaumer, P.: Finanzmathematik: Intensivkurs. Lehr- und Übungsbuch (10. Auflage),
   Oldenbourg, München (2008)

4. Kruschwitz, L.: Finanzmathematik: Lehrbuch der Zins-, Renten-, Tilgungs-, Kurs- und Renditerechnung (5. Auflage), Oldenbourg, München (2010)

5. Luderer, B.: Mathe, Märkte und Millionen: Plaudereien über Finanzmathematik zum Mitdenken
   und Mitrechnen, Springer Spektrum, Wiesbaden (2013)

6. Luderer, B., Nollau, V., Vetters, K.: Mathematische Formeln für Wirtschaftswissenschaftler
   (8. Auflage), Springer Gabler, Wiesbaden (2015)

7. Luderer, B., Paape, C., Würker, U.: Arbeits- und Übungsbuch Wirtschaftsmathematik. Beispiele, Aufgaben, Formeln (6. Auflage), Vieweg + Teubner, Wiesbaden (2011)

8. Luderer, B., Würker, U.: Einstieg in die Wirtschaftsmathematik (9. Auflage), Springer Gabler, Wiesbaden (2014)

9. Pfeifer, A.: Praktische Finanzmathematik: Mit Futures, Optionen, Swaps und anderen Derivaten (5. Auflage), Harri Deutsch, Frankfurt am Main (2009)

Rentenrechnung 5

Die Rentenrechnung befasst sich mit der Fragestellung, mehrere regelmäßig wiederkehrende Zahlungen zu einem Wert (unter Berücksichtigung der anfallenden Zinsen) zusammenzufassen bzw. mit dem umgekehrten Problem, einen gegebenen Wert unter Beachtung anfallender Zinsen in eine bestimmte Anzahl von (Renten-)Zahlungen aufzuteilen (*Verrentung eines Kapitals*). Die gut bekannte Altersrente ist nur *ein* Beispiel für solche regelmäßigen Zahlungen. Aber auch die Tilgung eines Kredits, BAföG-Zahlungen, Spar- und Auszahlpläne und vieles mehr passt in dieses Schema. Da der Wert einer Zahlung davon abhängig ist, zu welchem Zeitpunkt diese fällig ist, unterscheidet man den *Rentenbarwert* (Beginn der Rente) und den *Rentenendwert* (Ende der Rente).

Diese oder ähnliche Probleme werden eine Rolle spielen:

- Regelmäßiges Sparen bringt neben der Kapitalansammlung zusätzlich Zinsen. Auf welchen Endwert kommt man, wenn man über 20 Jahre hinweg jährlich vorschüssig 3000 € bei einer Verzinsung von 4 % p. a. spart? Welche Rendite erzielt man mit einem solchen Sparplan, wenn die Bank zusätzlich zu den gezahlten Zinsen einen Bonus von 10 % auf alle Einzahlungen gewährt?
- Ein Kunde hat die Wahl, ein neues Auto sofort zu bezahlen, wobei er vom Autohändler einen Rabatt von 8 % erhält oder das Auto mittels einer Null-Prozent-Finanzierung in 36 Monatsraten auf Kredit zu kaufen. Für welche Variante soll er sich entscheiden, wenn er sein Geld zu 5 % angelegt hat?
- Herr A. will privat für sein Alter vorsorgen. Dazu spart er über 25 Jahre hinweg monatlich jeweils zu Monatsbeginn 100 € bei 4 % Verzinsung. Die so angesparte Summe ist Ausgangspunkt des sich anschließenden Auszahlplans, der über 15 Jahre läuft. Welche Summe kann er jährlich zu Jahresbeginn entnehmen, damit nach 15 Jahren das Kapital vollständig verbraucht ist?

© Springer Fachmedien Wiesbaden 2015   61
B. Luderer, *Starthilfe Finanzmathematik*, Studienbücher Wirtschaftsmathematik,
DOI 10.1007/978-3-658-08425-7_5

Nachdem Sie dieses Kapitel durchgearbeitet haben, werden Sie in der Lage sein

- den Unterschied zwischen einer Rente in der Finanzmathematik und der wohlbekannten Regelaltersrente zu beschreiben,
- die Grundaufgaben der Rentenrechnung zu beschreiben,
- Rentenend- und Rentenbarwerte zu berechnen,
- den Unterschied zwischen vor- und nachschüssigen Renten zu erläutern,
- die Rentenformeln nach allen vorkommenden Größen aufzulösen oder – sofern das nicht möglich ist – interessierende Werte mithilfe numerischer Lösungsverfahren zu ermitteln.

5.1 Rentenarten

Eine in gleichen Zeitabständen erfolgende Zahlung (*Rate*) gleicher Höhe nennt man *(starre) Rente*. Bei *dynamischen* (oftmals monoton wachsenden) Renten unterliegt die Rentenhöhe einem bestimmten Bildungsgesetz.

Nach dem Zeitpunkt, an dem die Rentenzahlungen erfolgen, unterscheidet man zwischen *vorschüssigen* (praenumerando; jeweils zu Periodenbeginn zahlbaren) und *nachschüssigen* (postnumerando; jeweils zu Periodenende zahlbaren) Renten.

Die Abb. 5.1 veranschaulicht die unterschiedlichen Zahlungszeitpunkte.

Vorschüssige Renten treten z. B. im Zusammenhang mit regelmäßigem Sparen (Sparpläne, Bausparen, ...) oder Mietzahlungen auf, nachschüssige Zahlungen sind typisch für die Rückzahlung von Krediten und Darlehen.

Ferner unterscheidet man *Zeitrenten* (von begrenzter Dauer) und *ewige Renten* (von unbegrenzter Dauer). Zeitrenten bilden das Kernstück der Finanzmathematik, während ewige Renten eine mehr oder weniger theoretische, aber häufig nützliche Konstruktion

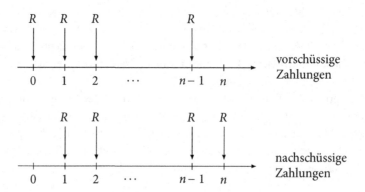

Abb. 5.1 Vor- und nachschüssige Zahlungen

darstellen, die vermittels der Betrachtung von Grenzwerten viele Rechnungen vereinfacht bzw. charakteristische Eigenschaften von Geldanlagen oder Finanzprodukten verdeutlicht. *Leibrenten*, die von zufälligen Einflüssen, insbesondere von der durchschnittlichen Lebenserwartung des Versicherungsnehmers, abhängig sind, werden im Rahmen der klassischen Finanzmathematik nicht behandelt; sie spielen in der Versicherungsmathematik eine wichtige Rolle.

In diesem Buch werden vorwiegend Zeitrenten konstanter Höhe betrachtet (*starre* Rente); auf dynamische Renten wird in Abschn. 5.5 eingegangen.

Wichtige Größen in der Rentenrechnung sind:

n	Anzahl der Renten- bzw. Zinsperioden (Jahre)
p	Zinssatz (in Prozent)
i	Zinssatz
q	Aufzinsungsfaktor
q^n	Aufzinsungsfaktor für n Jahre
R	Rate
E_n	Kapital am Ende der n-ten Zinsperiode; Rentenendwert
B_n	Rentenbarwert bei n Rentenzahlungen; Kapital zum Zeitpunkt 0

Zur Vereinfachung der weiteren Darlegungen sei zunächst vereinbart, dass die **Ratenperiode gleich der Zinsperiode** ist, wobei man sich beispielsweise die Zinsperiode gleich einem Jahr denken kann.

5.2 Zeitwerte

Oben wurde gesagt, dass das Grundproblem der Rentenrechnung in der Zusammenfassung der Einzelzahlungen zu einer Gesamtzahlung besteht. Selbstverständlich hängt die Höhe der letzteren gemäß These 1 vom Zeitpunkt ab, zu dem diese Zahlung erfolgt oder zu dem die Verrechnung vorgenommen wird. Es geht damit um den *Zeitwert* der Rente. Von besonderer Bedeutung sind zwei Zeitpunkte: der *Rentenendwert*, der sich auf das Ende aller Zahlungen und somit auf den Zeitpunkt n bezieht, sowie der *Rentenbarwert*, der dem Zeitpunkt $t = 0$ entspricht.

5.2.1 Vorschüssige Renten

Werden die Raten jeweils zu Periodenbeginn gezahlt, spricht man von *vorschüssiger* Rente. In Abb. 5.2 sind die (gleichbleibenden) Zahlungen mit ihren Zahlungszeitpunkten

Abb. 5.2 Endwerte der einzelnen (vorschüssigen) Zahlungen

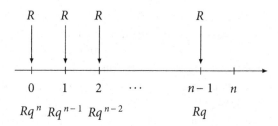

sowie darunter die Endwerte der Einzelzahlungen dargestellt; letztere erhält man durch
Anwendung der Endwertformel bei geometrischer Verzinsung auf jede einzelne Zahlung.

Zunächst soll der *Rentenendwert* E_n^{vor} berechnet werden, also derjenige Betrag, der
(zum Zeitpunkt n) ein Äquivalent für die n zu zahlenden Raten in Höhe r darstellt. Zu
seiner Berechnung nutzen wir die Endwerte der einzelnen Zahlungen gemäß der Endwertformel bei geometrischer Verzinsung mit $K_0 = R$, wobei zu beachten ist, dass
die einzelnen Raten entsprechend den unterschiedlichen Zahlungszeitpunkten über eine
unterschiedliche Anzahl von Perioden aufgezinst werden müssen. Danach werden unter
Nutzung der Formel (2.13) der geometrischen Reihe alle Einzelwerte aufsummiert:

$$E_n^{\text{vor}} = Rq + Rq^2 + \ldots + Rq^{n-1} + Rq^n = Rq(1 + q + \ldots + q^{n-2} + q^{n-1}).$$

Damit ergibt sich die

Endwertformel der vorschüssigen Rentenrechnung

$$E_n^{\text{vor}} = R \cdot q \cdot \frac{q^n - 1}{q - 1}$$

Der in der Endwertformel der vorschüssigen Rentenrechnung vorkommende Ausdruck
$q \cdot \frac{q^n-1}{q-1}$ wird *Rentenendwertfaktor* der vorschüssigen Rente genannt und (vor allem in der
Versicherungsmathematik) mit $\ddot{s}_{\overline{n}|}$ bezeichnet; er gibt an, wie groß bei einem angenom-
menen Zinssatz i und Zinsansammlung der Endwert einer n-mal vorschüssig gezahlten
Rente von 1 (Geldeinheit) ist. Die Größe $\ddot{s}_{\overline{n}|}$ kann mithilfe eines Taschenrechners berech-
net werden; mitunter ist sie auch tabelliert.

Beispiel:
Für ihre Enkeltochter zahlen die Großeltern jeweils zu Jahresbeginn 600 € auf
ein Sparkonto ein. Auf welchen Betrag sind die Einzahlungen nach 18 Jahren bei
5 % Verzinsung p. a. angewachsen?

Entsprechend der Endwertformel der vorschüssigen Rentenrechnung beträgt der Endwert $E_{18} = 600 \cdot 1{,}05 \cdot \frac{1{,}05^{18}-1}{0{,}05} = 17\,723{,}40\,\text{€}$.

Zur Ermittlung des *Rentenbarwertes* könnte man die Barwerte aller Einzelzahlungen (also die Zeitwerte für den Zeitpunkt 0) durch Abzinsen unter Anwendung der Barwertformel bei geometrischer Verzinsung berechnen und addieren. Einfacher ist es jedoch, das eben erzielte Resultat zu nutzen und den Barwert durch Abzinsen des Ausdrucks E_n^{vor} aus der Endwertformel der vorschüssigen Rentenrechnung über n Jahre zu bestimmen:

$$B_n^{\text{vor}} = \frac{1}{q^n} \cdot E_n^{\text{vor}} = \frac{Rq}{q^n} \cdot \frac{q^n - 1}{q - 1}.$$

Im Ergebnis erhalten wir die nachstehende

Barwertformel der vorschüssigen Rentenrechnung

$$B_n^{\text{vor}} = R \cdot \frac{q^n - 1}{q^{n-1} \cdot (q - 1)}$$

Die Größe $\ddot{a}_{\overline{n}|} = \frac{q^n - 1}{q^{n-1} \cdot (q-1)}$ wird *vorschüssiger Rentenbarwertfaktor* genannt; er gibt an, welchen Wert eine n Perioden lang vorschüssig zahlbare Rente vom Betrag 1 zum Zeitpunkt $t = 0$ hat oder, anders gesagt, über wie viele Jahre hinweg man (unter Berücksichtigung der anfallenden Zinsen) eine Rente der Höhe 1 zahlen kann, wenn man heute über den Betrag B_n^{vor} verfügt.

Beispiel:
Über welchen Betrag müsste ein Rentner zu Rentenbeginn verfügen, damit er bei 6 % Verzinsung p. a. 20 Jahre lang jährlich vorschüssig 2000 € ausgezahlt bekommen kann?

Gefragt ist hier nach dem Barwert einer vorschüssigen Rente der Höhe $R = 2000$. Gemäß der Barwertformel der vorschüssigen Rentenrechnung beträgt dieser $B_{20} = 2000 \cdot \frac{1{,}06^{20}-1}{1{,}06^{19} \cdot 0{,}06} = 24\,316{,}23\,\text{€}$.

Abb. 5.3 Endwerte der einzelnen (nachschüssigen) Zahlungen

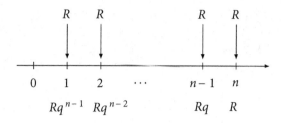

5.2.2   Nachschüssige Renten

Hier erfolgen – wie in Abb. 5.3 dargestellt – die Ratenzahlungen jeweils am Ende einer Zinsperiode. Unter den entsprechenden Zeitpunkten ist jeweils wieder der Endwert der Zahlung vermerkt.

Durch Addition der n einzelnen Endwerte ergibt sich der *Endwert der nachschüssigen Rente* als geometrische Reihe mit dem Anfangswert R, dem konstanten Quotienten $q = 1 + i$ und der Gliederzahl n; vgl. Formel (2.13):

$$E_n^{\text{nach}} = R + Rq + \ldots + Rq^{n-1} = R(1 + q + \ldots + q^{n-1}).$$

Damit erhält man die folgende Beziehung:

> **Endwertformel der nachschüssigen Rentenrechnung**
>
> $$E_n^{\text{nach}} = R \cdot \frac{q^n - 1}{q - 1}$$

Vergleicht man die Endwertformeln der vor- und nachschüssigen Rentenrechnung miteinander, so stellt man fest, dass im nachschüssigen Fall der Faktor q fehlt. Das erklärt sich daraus, dass jede Zahlung um eine Periode später erfolgt und damit einmal weniger aufgezinst wird. Logischerweise ist damit auch der Endwert einer vorschüssigen Rentenzahlung (bei sonst gleichen Parametern) größer als der Endwert bei nachschüssiger Zahlung.

Schließlich ergibt sich der *Barwert der nachschüssigen Rente* durch Abzinsen des Rentenendwertes E_n^{nach} aus der Endwertformel der nachschüssigen Rentenrechnung über n Jahre, d. h. $B_n^{\text{nach}} = \frac{1}{q^n} \cdot E_n^{\text{nach}}$:

> **Barwertformel der nachschüssigen Rentenrechnung**
>
> $$E_n^{\text{nach}} = R \cdot \frac{q^n - 1}{q^n \cdot (q - 1)}$$

Analog zu den vorschüssigen Renten werden die beiden Größen $s_{\overline{n}|} = \frac{q^n-1}{q-1}$ und $a_{\overline{n}|} = \frac{q^n-1}{q^n(q-1)}$ als *nachschüssiger Rentenendwert-* bzw. *Rentenbarwertfaktor* bezeichnet.

Beispiel:

Manja Maus zahlt für ihre Tochter jeweils zu Jahresende 1200 € bei einer Bank ein. Auf welchen Betrag sind die Einzahlungen nach 15 Jahren bei 6,5 % jährlicher Verzinsung angewachsen, und welchem Barwert entspricht dieses Guthaben?

Wenn das kleine Mäuschen in 15 Jahren groß sein wird, kann es über die stolze Summe von

$$E_n^{\text{nach}} = R \cdot \frac{q^n-1}{q-1} = 1200 \cdot \frac{1{,}065^{15}-1}{1{,}065-1} = 29\,018{,}60 \, [\text{€}]$$

verfügen. Wollte man heute einmalig eine Summe einzahlen, die bei gleicher Verzinsung auf denselben Endwert führt, müssten dies $B_n^{\text{nach}} = \frac{1}{q^n} \cdot E_n^{\text{nach}} = 29\,018{,}60 : 1{,}065^{15} = 11\,283{,}20$ € sein. (Zum Vergleich: Die Gesamtsumme der Einzahlungen beträgt 18 000 €.) Der Rentenbarwert lässt sich auch so interpretieren: Werden jährlich nachschüssig 1200 € entnommen, so ist nach 15 Jahren das Konto leer.

Die nachstehende Übersicht stellt Zusammenhänge von Bar- und Endwerten vor- und nachschüssiger Renten dar:

	Vorschüssige Rente	Nachschüssige Rente
Rentenbarwert	$B_n^{\text{vor}} = R \cdot \ddot{a}_{\overline{n}|} = \frac{1}{q^n} \cdot E_n^{\text{vor}}$	$B_n^{\text{nach}} = R \cdot a_{\overline{n}|} = \frac{1}{q^n} \cdot E_n^{\text{nach}}$
Rentenendwert	$E_n^{\text{vor}} = R \cdot \ddot{s}_{\overline{n}|} = q^n \cdot B_n^{\text{vor}}$	$E_n^{\text{nach}} = R \cdot s_{\overline{n}|} = q^n \cdot B_n^{\text{nach}}$

5.2.3 Allgemeine Zeitwerte

Selbstverständlich lassen sich nicht nur der Endwert und der Barwert einer Rente berechnen, auch für jeden anderen, von 0 und n verschiedenen Zeitpunkt t kann der zugehörige *Rentenzeitwert* ermittelt werden. So gilt für den Zeitwert einer nachschüssigen Rente vom Betrag 1

$$K_t = s_{\overline{t}|} + a_{\overline{n-t}|} = q^t \cdot a_{\overline{n}|} \tag{5.1}$$

und bei vorschüssiger Zahlung

$$K_t = \ddot{s}_{\overline{t}|} + \ddot{a}_{\overline{n-t}|} = q^t \cdot \ddot{a}_{\overline{n}|}\,. \tag{5.2}$$

Der Zeitwert einer beliebigen starren Rente mit der Ratenhöhe R ergibt sich dann aus den Beziehungen (5.1) bzw. (5.2) durch Multiplikation mit der Größe R.

Beispiel:

Eine über zehn Jahre laufende, jeweils am Jahresanfang (Jahresende) zahlbare Rente in Höhe von 2000 € soll verpfändet werden, um dafür in vier Jahren eine Einmalzahlung zu erhalten (Kalkulationszinssatz sei 5 %). Wie hoch ist die Einmalzahlung?

Der Zeitwert der Rente für $t = 4$ beträgt bei vorschüssiger Zahlung entsprechend Beziehung (5.2)

$$K_4 = q^4 \cdot \ddot{a}_{\overline{10}|} = 2000 \cdot 1{,}05^4 \cdot \frac{1{,}05^{10} - 1}{1{,}05^9 \cdot 0{,}05} = 19\,710{,}23\ \text{€}.$$

Bei nachschüssiger Zahlung erhält man aus (5.1) analog $K_4 = 18\,771{,}64\ \text{€}$.

5.2.4   Mittlerer Zahlungstermin

Zu welchem Zeitpunkt t_m (*mittlerer Zahlungstermin*) müsste alternativ zu einer Rente die Gesamtschuld gezahlt werden? Anders formuliert: In welchem Zeitpunkt ist der Zeitwert der Rente gerade gleich der Gesamtzahlung, die $G = n \cdot R$ beträgt?

Bei nachschüssiger Zahlungsweise erhält man aus dem Ansatz (Barwertvergleich)

$$R \cdot \frac{q^n - 1}{q^n(q - 1)} = \frac{nR}{q^{t_m}}$$

nach kurzer Umformung die Lösung

$$t_m = \frac{1}{\ln q} \cdot \ln \frac{n\,q^n(q - 1)}{q^n - 1}\,. \tag{5.3}$$

Dieser Zeitraum t_m stellt gewissermaßen die durchschnittliche Kapitalbindungsdauer dar. Analog ergibt sich im vorschüssigen Fall

$$t_m = \frac{1}{\ln q} \cdot \ln \frac{n\,q^{n-1}(q - 1)}{q^n - 1} = \frac{1}{\ln q} \cdot \ln \frac{n\,q^n(q - 1)}{q^n - 1} - 1\,. \tag{5.4}$$

Beispiel:
Man berechne den mittleren Zahlungstermin für die Rente aus dem vorigen Beispiel
(10 Jahre Laufzeit, 5 % Verzinsung).

Bei nachschüssiger Zahlung erhält man gemäß der Beziehung (5.3) $t_m = \frac{1}{\ln 1{,}05} \cdot$
$\ln \frac{10 \cdot 1{,}05^{10} \cdot 0{,}05}{1{,}05^{10}-1} = 5{,}299$ [Jahre]. (Zum Vergleich: Im vorigen Beispiel wurde berechnet, dass der Zeitwert nach vier Jahren 18 771,64 € beträgt; nach 5,3 Jahren beträgt
er dann 20 000 €.)

Unterstellt man vorschüssige Zahlung, so ergibt sich entsprechend der Beziehung
(5.4) $t_m = 4{,}299$ [Jahre]. (Auch hier der Vergleich: Nach vier Jahren beträgt der
Zeitwert 19 710,23 €; nach 4,3 Jahren wächst er auf 20 000 €.)

5.3   Grundaufgaben der Rentenrechnung

Analog wie in der Zinseszinsrechnung lassen sich auch in der Rentenrechnung verschiedene Grundaufgaben betrachten. Der Bestimmtheit halber beziehen wir uns im weiteren
auf nachschüssige Renten. Von den in den entsprechenden Formeln auftretenden fünf Größen E_n^{nach}, B_n^{nach}, R, q und n müssen jeweils drei gegeben sein, um die restlichen beiden
berechnen zu können. Daraus ergeben sich mehrere Aufgabenstellungen, deren wichtigste
nun kurz besprochen werden sollen.

In der *ersten Grundaufgabe* der Rentenrechnung geht es um die Ermittlung des Endwertes bei gegebenen Werten von R, q und n, was gerade der Endwertformel der nachschüssigen Rentenrechnung entspricht. Fragt man bei denselben Ausgangsgrößen nach
dem Barwert, ergibt sich die *zweite Grundaufgabe*, deren Lösung durch die Barwertformel der nachschüssigen Rentenrechnung beschrieben wird. Stellt man die Frage, wie viel
jemand jährlich sparen muss, um in einer bestimmten Zeit bei festgelegtem Zinssatz einen
angestrebten Endwert zu erreichen, kommt man zur *dritten Grundaufgabe*, in der bei fixierten Werten von E_n^{nach} (oder alternativ B_n^{nach}), q und n die Rate R gesucht ist. Durch
Umstellung der End- bzw. Barwertformel der nachschüssigen Rentenrechnung ergibt sich
leicht

$$R = E_n^{\text{nach}} \cdot \frac{q-1}{q^n-1} = B_n^{\text{nach}} \cdot \frac{q^n(q-1)}{q^n-1} \,. \tag{5.5}$$

Beispiel:
Ein heute 50-Jähriger schließt einen Sparplan ab, bei dem er über 15 Jahre hinweg
jährlich (vorschüssig) $R = 2000$ € einzahlen und dafür ab seinem 65. Lebensjahr
zehn Jahre lang (nachschüssig) einen bestimmten Betrag erhalten wird. Wie hoch

wird dieser Betrag bei einer angenommenen Verzinsung von 7 % in der Sparphase und 6 % in der Rentenphase sein?

Entsprechend der Endwertformel der vorschüssigen Rentenrechnung berechnet sich der Endwert aller Einzahlungen (mit $n = 15$, $q = 1,07$ und $R = 2000$) zu

$$E_n^{\text{vor}} = R \cdot q \cdot \frac{q^n - 1}{q - 1} = 2000 \cdot 1,07 \cdot \frac{1,07^{15} - 1}{0,07} = 53\,776,11\ \text{€}.$$

Diese Summe stellt gleichzeitig den Barwert für die Auszahlphase dar. Aus der Formel (5.5) ergibt sich unmittelbar

$$R = 53\,776,12 \cdot \frac{1,06^{10} \cdot 0,06}{1,06^{10} - 1} = 7306,45\ \text{€}.$$

Er wird also zehn Jahre lang alljährlich am Jahresende 7306,45 € ausgezahlt bekommen; dann ist das Guthaben vollständig aufgezehrt.

Etwas komplizierter ist die Lösung der *vierten Grundaufgabe*, in der nach der Laufzeit n gefragt ist, in der ein bestimmter Betrag bei bekanntem Zinssatz regelmäßig jährlich nachschüssig zu sparen ist, um nach n Jahren über einen vorgegebenen Endwert E_n^{nach} verfügen zu können. Für eine exakte Lösung dieser Fragestellung ist unter Zuhilfenahme der Logarithmenrechnung die Endwertformel der nachschüssigen Rentenrechnung nach n aufzulösen:

$$E_n^{\text{nach}} = R \cdot \frac{q^n - 1}{q - 1} \quad \Longrightarrow \quad E_n^{\text{nach}} \cdot \frac{q - 1}{R} = q^n - 1 \quad \Longrightarrow$$

$$q^n = E_n^{\text{nach}} \cdot \frac{q - 1}{R} + 1 \quad \Longrightarrow \quad \ln q^n = n \ln q = \ln\left(E_n^{\text{nach}} \cdot \frac{q - 1}{R} + 1\right).$$

Zu guter Letzt erhält man

$$n = \frac{1}{\ln q} \cdot \ln\left(E_n^{\text{nach}} \cdot \frac{q - 1}{R} + 1\right). \tag{5.6}$$

Will man die Logarithmenrechnung umgehen, so besteht eine andere Möglichkeit im „geduldigen Probieren", ausgehend von der Endwertformel der nachschüssigen Rentenrechnung. Hat man sogar eine Tabelle der nachschüssigen Rentenendwertfaktoren zur Verfügung, kann man auch diese vorteilhaft in Verbindung mit linearer Interpolation nutzen.

Beispiel:
Lieschen Müller ist bei größter Sparsamkeit in der Lage, an jedem Jahresende 8000 € zur Bank zu tragen, die ihr diese Treue mit 5,5 % jährlicher Verzinsung anerkennt. Lieschen möchte zu gern Euro-Millionärin werden. Wie lange muss sie warten?

Die exakte Lösung dieser Fragestellung ergibt sich aus Beziehung (5.6):

$$n = \frac{1}{\ln 1{,}055} \cdot \ln\left(1\,000\,000 \cdot \frac{0{,}055}{8000} + 1\right) = 38{,}54\,[\text{Jahre}].$$

Näherungsweise kann man die Lösung ermitteln, indem man die konkreten Werte in die Endwertformel der nachschüssigen Rentenrechnung bzw. in die umgeformte Gleichung $q^n = E_n^{\text{nach}} \cdot \frac{q-1}{R} + 1$ (vgl. Abschn. 5.3) einsetzt. In diesem Fall resultiert die Gleichung $1{,}055^n = 7{,}875$. Probiert man mit $n = 30$, ergibt sich auf der linken Seite mit 4,98 eine zu kleine Zahl; bei $n = 40$ erhält man mit 8,51 eine zu große Zahl. Weiteres Probieren zeigt, dass n zwischen 38 und 39 liegen muss.

Schließlich geht es in der *fünften Grundaufgabe* der Rentenrechnung um die Bestimmung des Aufzinsungsfaktors q oder – was gleichbedeutend ist – des Zinssatzes $i = q - 1$, wenn die Größen E_n^{nach} (oder B_n^{nach}), n sowie R gegeben sind. Fragen dieser Art treten vor allem im Zusammenhang mit der Berechnung von Renditen bzw. Effektivzinssätzen auf. Ausgehend von der End- bzw. Barwertformel der nachschüssigen Rentenrechnung führt diese Problemstellung auf eine Polynomgleichung $(n + 1)$-ten Grades, die im Allgemeinen nur näherungsweise mit den in Abschn. 2.3 beschriebenen Methoden (oder mit einem programmierbaren Taschenrechner) gelöst werden kann. Beispielhaft werde der Fall betrachtet, wenn der Barwert gegeben ist:

$$B_n^{\text{nach}} = \frac{R(q^n - 1)}{q^n(q - 1)} \quad \Longrightarrow \quad B_n^{\text{nach}} q^n (q - 1) = R(q^n - 1)$$

$$\Longrightarrow \quad B_n^{\text{nach}} q^{n+1} - \left(B_n^{\text{nach}} + R\right) q^n + R = 0.$$

Hieraus ergibt sich

$$q^{n+1} - \left(1 + \frac{R}{B_n^{\text{nach}}}\right) q^n + \frac{R}{B_n^{\text{nach}}} = 0. \tag{5.7}$$

Bemerkung: Entsprechend dem Hauptsatz der Algebra hat die Polynomgleichung (5.7) maximal $n + 1$ reelle Lösungen. Gäbe es tatsächlich mehrere, wäre es schwierig zu sagen, welche davon die Rendite darstellt. Andererseits lässt sich die Vorzeichenregel von

Descartes nutzbringend anwenden. Betrachtet man nämlich die Vorzeichen der von Null verschiedenen Koeffizienten des Polynoms, so ergibt sich die Folge $+ - +$, die zwei Wechsel aufweist. Damit gibt es zwei oder keine positive Nullstelle. Da aber offensichtlich $q = 1$ eine Lösung von (5.7) ist, muss es zwei geben, und die zweite ist die gesuchte Rendite.

Weitere mögliche Aufgaben lassen sich entweder relativ einfach auf die obigen fünf Grundaufgaben zurückführen oder sind praktisch irrelevant. Dem Leser wird empfohlen, die eben betrachteten Grundaufgaben auf den Fall vorschüssiger Renten zu übertragen und die jeweiligen Lösungen anzugeben.

Stimmen die Raten- und die Zinsperiode nicht überein, so lässt sich eine Anpassung entweder mithilfe der Jahresersatzrate (siehe Abschn. 3.3; entspricht linearer unterjähriger Verzinsung) oder mittels des äquivalenten unterjährigen Zinssatzes (siehe Abschn. 4.3.2; entspricht geometrischer unterjähriger Verzinsung) erreichen.

5.4   Ewige Rente

Von *ewiger Rente* spricht man, wenn die Rentenzahlungen (zumindest theoretisch) zeitlich nicht begrenzt sind. Dies erscheint zunächst unrealistisch, stellt aber einerseits eine interessante Methode zur Vereinfachung von Berechnungen bei einer sehr großen Anzahl n an Perioden dar, andererseits gibt es durchaus reale Situationen, in denen die Anwendung des Formalismus der ewigen Rente sachgemäß ist, so z. B. bei tilgungsfreien Hypothekendarlehen oder Stiftungen, bei denen nur die Zinserträge ausbezahlt werden und das eigentliche Kapital unangetastet bleibt.

Aufgrund der zeitlichen Unbeschränktheit ist die Frage nach dem Endwert einer ewigen Rente nicht sinnvoll, denn dieser wäre unendlich groß, sodass allein der *Rentenbarwert* von Interesse ist. Diesen ermittelt man sowohl im vor- als auch im nachschüssigen Fall leicht durch Umformung der Barwertformeln der vor- bzw. nachschüssigen Rentenrechnung und anschließende Grenzwertberechnung.

Barwert einer vorschüssigen ewigen Rente

$$B_\infty^{\text{vor}} = \lim_{n \to \infty} B_n^{\text{vor}} = \lim_{n \to \infty} \frac{R}{q^{n-1}} \cdot \frac{q^n - 1}{q - 1} = \lim_{n \to \infty} R \cdot \frac{q - \frac{1}{q^{n-1}}}{q - 1} = R \cdot \frac{q}{q - 1}. \qquad (5.8)$$

Da in der Finanzmathematik der Faktor $q = 1 + i$ sinnvollerweise stets größer als 1 ist, gilt

$$\lim_{n \to \infty} q^{n-1} = \infty \quad \text{bzw.} \quad \lim_{n \to \infty} \frac{1}{q^{n-1}} = 0,$$

weshalb der entsprechende Term im obigen Grenzwert nicht mehr auftritt.

Barwert einer nachschüssigen ewigen Rente

Ganz ähnlich wie bei der vorschüssigen Rente lässt sich auch im nachschüssigen Fall der Barwert mithilfe einer Grenzwertbetrachtung berechnen:

$$B_\infty^{\text{nach}} = \lim_{n \to \infty} B_n^{\text{nach}} = \lim_{n \to \infty} R \cdot \frac{q^n - 1}{q^n(q-1)} = \lim_{n \to \infty} R \cdot \frac{1 - \frac{1}{q^n}}{q-1} = \frac{R}{q-1}. \qquad (5.9)$$

Beispiel:

Herr Prof. G. stiftet einen Preis für die beste Mathematikklausur eines Studenten der TU Chemnitz. Am 1. 1. 2000 stellte er dafür eine Summe von S Euro zur Verfügung, die zu 6 % p. a. angelegt wurde.

a) Jeweils am Jahresende wird der Preis in stets gleichbleibender Höhe von 500 € überreicht. Welche Summe hat Herr Prof. G. gestiftet?

b) Welche Summe hätte Herr Prof. G. zur Verfügung stellen müssen, würden die 500 € immer gleich zu Jahresbeginn ausgezahlt (erstmals am 1. 1. 2001)?

c) Am 1. 1. 2002 erhöhte Herr Prof. G. die Stiftungssumme auf 20 000 €. Wie viel erhält der glückliche Preisträger eines Jahres, wenn weiterhin mit 6 % verzinst wird und der Preis erstmals am 1. 1. 2002 verliehen wird?

Zu a) Es kann nur soviel ausgezahlt werden, wie an Zinsen in einem Jahr anfällt, damit das Stiftungskapital konstant bleibt. Deshalb gilt $S \cdot 0{,}06 = 500$, woraus man $S = \frac{500}{0{,}06} = 8333{,}33$ € ermittelt. Dieser Betrag entspricht dem Barwert der nachschüssigen ewigen Rente $B_\infty^{\text{nach}} = \frac{R}{q-1}$ mit $S = R$ und $q = 1{,}06$, siehe Formel (5.9).

Zu b) Aus der Barwertformel der vorschüssigen ewigen Rente (5.8) erhält man unmittelbar $B_\infty^{\text{vor}} = R\frac{q}{q-1} = 500 \cdot \frac{1{,}06}{0{,}06} = 8833{,}33$, sodass die Summe genau 500 € höher sein müsste. Das ist auch plausibel, denn bei sofortiger Auszahlung des jährlichen Preisgeldes würde ja sonst ein niedrigerer Betrag verzinst, der nach einem Jahr auch zu einem geringeren Endwert führen würde.

Zu c) Aus der Beziehung (5.8) ergibt sich durch Umstellung $R = B_\infty^{\text{vor}} \cdot \frac{q-1}{q} = 20\,000 \cdot \frac{0{,}06}{1{,}06} = 1132{,}08$. Die Summe S beträgt also 1132,08 €.

5.5 Dynamische Renten

Als in der Praxis wichtige Verallgemeinerung der bisher betrachteten Renten mit konstanten Raten soll nachstehend kurz auf *dynamische* Renten eingegangen werden. Diese zeichnen sich dadurch aus, dass die Raten einem bestimmten Bildungsgesetz unterworfen sind und im Allgemeinen von Periode zu Periode wachsen. Solche Modelle sind beispielsweise in der Praxis von Versicherungen gang und gäbe, um einerseits Inflationseffekte auszugleichen und andererseits die individuelle Gehaltsentwicklung zu berücksichtigen.

Das Bildungsgesetz für die Raten kann dabei einer geometrischen oder auch arithmetischen Zahlenfolge genügen, während die Anpassung nach jeder Zinsperiode oder auch periodisch in größeren Abständen erfolgen kann. Das Bildungsgesetz für die zu zahlenden Raten kann auch noch viel allgemeiner sein.

Exemplarisch soll im Weiteren die geometrisch wachsende nachschüssige Zeitrente betrachtet werden.

Geometrisch wachsende nachschüssige Rente

Der konstante Quotient aufeinanderfolgender Glieder $b = 1 + \frac{s}{100}$ (*Dynamisierungsfaktor*) wird meist durch die *prozentuale Steigerungsrate s* beschrieben (siehe Abb. 5.4).

Will man den Endwert dieser Rente bei gegebenem Zinssatz i (und zugehörigem Aufzinsungsfaktor q) ermitteln, so hat man die Endwerte der einzelnen Zahlungen zu berechnen und zu addieren. Dies führt auf die Summe

$$Rq^{n-1} + Rbq^{n-2} + Rb^2q^{n-3} + \ldots + Rb^{n-2}q + Rb^{n-1}.$$

Vergleicht man die Summanden mit der durch (2.14) beschriebenen Zahlenfolge, so erkennt man, dass die hier betrachtete Folge aus der früheren durch Multiplikation mit R und Division durch q entsteht. Damit ergibt sich unmittelbar aus Beziehung (2.15) der Endwert der geometrisch wachsenden nachschüssigen Rente zu

$$E_n^{\text{nach}} = R \cdot \frac{q^n - b^n}{q - b}, \quad b \neq q \qquad \text{sowie} \qquad E_n^{\text{nach}} = Rnq^{n-1}, \quad b = q. \qquad (5.10)$$

Der Barwert beträgt folglich

$$B_n^{\text{nach}} = \frac{R}{q^n} \cdot \frac{q^n - b^n}{q - b}, \quad b \neq q \qquad \text{bzw.} \qquad B_n^{\text{nach}} = \frac{Rn}{q}, \quad b = q.$$

Schließlich ist noch der Barwert der zugehörigen ewigen Rente von Interesse, der jedoch nur dann endlich sein kann, wenn $b < q$ gilt. In diesem Fall ist $\frac{b}{q} < 1$ und wir erhalten den Grenzwert

$$\lim_{n \to \infty} B_n^{\text{nach}} = \lim_{n \to \infty} \frac{R}{q^n} \cdot \frac{q^n - b^n}{q - b} = \lim_{n \to \infty} R \cdot \frac{1 - \left(\frac{b}{q}\right)^n}{q - b} = \frac{R}{q - b}. \qquad (5.11)$$

Abb. 5.4 Dynamische Rentenzahlungen

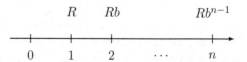

5.6 Renditeberechnung und Anwendungen

5.6.1 Hauptgewinn im Gewinnspiel „Glückskind"

Lieschen Müller hat gewonnen! Sie erhält monatlich 10 000 € ein Leben lang. Die „Glückskind"-Direktion bietet ihr alternativ eine bestimmte Summe S zur sofortigen Auszahlung an. Da Lieschen Müller mit größeren Anschaffungen wie einem Haus, einer Yacht, einem Sportwagen etc. liebäugelt, wäre ihr diese Variante sehr recht. Bei welchem Angebot der Direktion soll sie zugreifen?

Finanzmathematisch korrekt stellt sich die Frage so: Wie groß ist der Barwert aller monatlichen lebenslangen Zahlungen? Da keiner weiß, wie lange Lieschen noch leben wird, kann man hier nur mit der durchschnittlichen Lebenserwartung der Bevölkerung operieren; für die weiteren Überlegungen werden die Rest-Lebensjahre mit n bezeichnet. Wichtig ist weiterhin der zugrunde zu legende Kalkulationszinssatz p, dessen sorgfältige Festlegung durch die extrem lange Laufzeit erschwert wird. Einen Anhaltspunkt könnten langlaufende Wertpapiere (z. B. US-Treasury Bonds) liefern.

Die Anwendung des Äquivalenzprinzips (Barwertvergleich) führt unter Beachtung der Formel zur Berechnung der Jahresersatzrate und der Barwertformel der nachschüssigen Rentenrechnung auf

$$S = 10\,000 \cdot [12 + 6{,}5 \cdot (q - 1)] \cdot \frac{q^n - 1}{q^n (q - 1)} \,.$$

Die nachstehende Tabelle gibt eine Übersicht über die zu den lebenslangen Zahlungen äquivalente Sofortzahlung S (in Mill. Euro) bei verschiedenen Zinssätzen und Restlaufzeiten. Die Summe S kann man so interpretieren: Legt man den Betrag S zum Zinssatz i an, so kann man über n Jahre hinweg monatliche Zahlungen von 10 000 € gewährleisten, nach n Jahren ist das Kapital dann vollständig aufgebraucht. Zum Vergleich sind die jeweiligen Gesamtzahlungen angegeben, die aber wenig aussagekräftig sind, da sie die Zahlungszeitpunkte nicht berücksichtigen.

p \ n	30	40	50	∞
5	1,89	2,06	2,25	2,46
6	1,71	1,86	1,95	2,06
8	1,41	1,49	1,53	1,56
$\sum$	3,60	4,80	6,00	∞

Man sieht, dass vor allem der Zinssatz der maßgebliche Einflussfaktor ist, in deutlich geringerem Maße die Laufzeit.

5.6.2 Verdoppelungsproblem

Zusätzlich zu einem vorhandenen Kapital der Höhe K soll jährlich nachschüssig der Betrag $a \cdot K$ gespart werden (a – Proportionalitätsfaktor). Nach welcher Zeit hat sich bei gegebenem Zinssatz i das Gesamtvermögen verdoppelt?

Der Endwertvergleich nach unbekannter Zeit t liefert unter Berücksichtigung der Endwertformel bei geometrischer Verzinsung, der Endwertformel der nachschüssigen Rentenrechnung sowie der Beziehung $q = 1 + i$ die Gleichung

$$K_t = Kq^t + aK \cdot \frac{q^t - 1}{q - 1} \stackrel{!}{=} 2K,$$

aus der sich nach einigen Umformungen die Zeit t berechnen lässt (wir ersetzen $q - 1$ durch i):

$$q^t + a \cdot \frac{q^t - 1}{q - 1} = 2 \quad \Longrightarrow \quad q^t i + a(q^t - 1) = 2i$$

$$\Longrightarrow \quad q^t(i + a) = 2i + a \quad \Longrightarrow \quad q^t = \frac{2i + a}{i + a}.$$

Endgültig erhalten wir

$$t = \frac{\ln \frac{2i+a}{i+a}}{\ln q} = \frac{\ln\left(1 + \frac{i}{i+a}\right)}{\ln(1 + i)}. \qquad (5.12)$$

Intuitiv ist klar, dass sich mit Anwachsen von a die Zeit t bis zur Verdoppelung verringert. Mathematisch folgt dies leicht aus der Darstellung (5.12) oder durch Betrachtung der Funktion $t = f(a)$, für deren Ableitung $f'(a) < 0$ gilt, sodass f monoton fallend ist (vgl. Luderer/Würker 2014). Der Nachweis wird dem Leser überlassen.

Beispiel:
Jeff-Richard verfügt über ein bescheidenes Vermögen von 3000 € und ist in der Lage, jährlich nachschüssig 600 € zu sparen. Wann besitzt er 6000 €, wenn von einer Verzinsung von 6 % ausgegangen wird?

Mit $K = 3000$, $i = 0{,}06$ und $a = 0{,}2$ ergibt sich aus Formel (5.12) eine Zeit von

$$t = \frac{\ln(0{,}12 + 0{,}2) - \ln(0{,}06 + 0{,}2)}{\ln 1{,}06} = 3{,}56 \text{ (Jahren)}.$$

Eine sinnvolle Interpretation ist freilich nur bei „kontinuierlichem" (monatlichem, täglichem) Sparen anstelle einer einmaligen jährlichen Zahlung möglich.

5.6.3 Altersvorsorge mittels Spar- und Auszahlplan

Ein Angestellter möchte sich privat für das Alter absichern und schließt aus diesem Grund bei einem Investmentfonds einen Vertrag ab, der vorsieht, dass er über m Jahre hinweg (bis zu seinem Renteneintritt) jährlich vorschüssig den Betrag R spart. Anschließend soll n Jahre lang (voraussichtliche Lebensdauer) eine jährliche vorschüssige Auszahlung der Höhe A erfolgen. Als Kalkulationszinssatz wird i angenommen; dieser gelte sowohl in der Anspar- als auch in der Auszahlungsphase. Welchen Betrag A kann der Angestellte erwarten?

Das Äquivalenzprinzip findet hier seinen Ausdruck im Vergleich des Endwertes aller Einzahlungen mit dem Barwert aller Auszahlungen zum Zeitpunkt des Renteneintritts. Unter den getroffenen Vereinbarungen und bei Beachtung der End- sowie der Barwertformel der vorschüssigen Rentenrechnung ergibt sich mit $q = 1 + i$

$$R \cdot q \cdot \frac{q^m - 1}{q - 1} = R \cdot \ddot{s}_{\overline{m}|} = A \cdot \frac{q^n - 1}{q^{n-1}(q - 1)} = A \cdot \ddot{a}_{\overline{n}|}$$

bzw.

$$A = R \cdot \frac{\ddot{s}_{\overline{m}|}}{\ddot{a}_{\overline{n}|}}.$$

Beispiel:
Spart man 30 Jahre lang jährlich vorschüssig 1000 €, erwartet man 20 Jahre lang vorschüssige Auszahlungen und beträgt der Zinssatz 6 % (was für Aktienanlagen nicht ganz unrealistisch ist), so kann man immerhin mit jährlichen Auszahlungen in Höhe von 6892,66 € rechnen, denn es gilt

$$\ddot{s}_{\overline{m}|} = q \cdot \frac{q^m - 1}{q - 1} = 1{,}06 \cdot \frac{1{,}06^{30} - 1}{0{,}06} = 83{,}801674$$

sowie

$$\ddot{a}_{\overline{n}|} = \frac{q^n - 1}{q^{n-1}(q - 1)} = \frac{1{,}06^{20} - 1}{1{,}06^{19} \cdot 0{,}06} = 12{,}158116,$$

woraus mit $R = 1000$ das oben angegebene Ergebnis resultiert.

5.6.4   Altersrente mit oder ohne Abschlag

Frauen in den neuen Bundesländern konnten früher mit 60 Jahren in Rente gehen, nach
einer Übergangszeit mit gestaffeltem Renteneintrittsalter erhöhte sich dieses in den darauf
folgenden Jahren auf 65. Als Alternative konnte man zunächst weiterhin ab 60 Jahren
in den Ruhestand treten, hatte dafür aber pro Monat 0,3 % (lebenslänglichen) Abschlag
auf die Rente hinzunehmen, bei einem vorzeitigen, fünf Jahre früheren Renteneintritt also
18 %. Letztmalig stand der Jahrgang 1951 vor der Entscheidung, mit 65 bei voller Höhe
der Zahlungen oder mit 60 bei 82 % Rentenhöhe ins Rentnerleben einzutreten. Wofür
sollte sich eine 1951 geborene, nicht berufstätige Frau entscheiden, wenn als Kriterium
einzig und allein der Barwert aller Rentenzahlungen zum Zeitpunkt ihres 60. Geburtstages
genommen wird?

Unterstellt man eine (durchschnittliche) Lebenserwartung von 80 Jahren, so beträgt die
Dauer der Rentenzahlungen 20 Jahre. Der Einfachheit halber soll die Rente in Höhe 1 (bei
einer geeignet gewählten Geldeinheit) nur einmal jährlich vorschüssig gezahlt werden; als
Kalkulationszinssatz werde $i = 6\,\%$ verwendet.

Bei Renteneintritt mit 65 (Modell A) ergeben die Bestimmungsgrößen $R = 1$, $n = 15$, $q = 1,06$ entsprechend der Barwertformel der vorschüssigen Rentenrechnung einen
Barwert (für $t = 65$) von

$$B_n^{\text{vor}} = \frac{1}{q^{n-1}} \cdot \frac{q^n - 1}{q - 1} = \frac{1}{1,06^{14}} \cdot \frac{1,06^{15} - 1}{0,06} = 10,29498.$$

Dieser Wert ist noch mithilfe der Barwertformel bei geometrischer Verzinsung um fünf
Jahre (auf $t = 60$) abzuzinsen. Dies führt auf einen Wert von

$$B^{(A)} = \frac{10,29498}{1,06^5} = 7,69301.$$

Bei Renteneintritt mit 60 Jahren (Modell B) gilt $r = 0,82$, $n = 20$, $q = 1,06$ und folglich

$$B^{(B)} = 0,82 \cdot \frac{1}{1,06^{19}} \cdot \frac{1,06^{20} - 1}{0,06} = 9,96966.$$

Mit anderen Worten, die von vielen bevorzugte volle Rentenhöhe (bei späterem Beginn)
ist aus finanzmathematischer Sicht ungünstiger, da der Barwert nur 77,16 % der Rentenzahlungen mit Abschlag (bei Beginn ab 60. Lebensjahr) beträgt.

Nachstehend ist eine Tabelle angegeben, in der für eine Lebenserwartung von 80 Jahren
(= 20 Jahre Rentenlaufzeit) und 100 Jahren (= 40 Jahre Rentenlaufzeit) bei verschiedenen
Kalkulationszinssätzen die Barwerte, bezogen auf die Vollendung des 60. Lebensjahres,
miteinander verglichen werden.

| | | Kalkulationszinssatz i | | | |
		0 %	4 %	6 %	10 %
	$A : 100\,\%$ Rente ab 65	15	9,50404	7,69301	5,19505
$n = 20$	$B : 82\,\%$ Rente ab 60	16,4	11,58983	9,96966	7,67923
	$B^{(A)} : B^{(B)}$ (in %)	91,46	82,00	77,16	67,65
	$A : 100\,\%$ Rente ab 65	35	15,95459	11,48397	6,58709
$n = 40$	$B : 82\,\%$ Rente ab 60	32,8	16,87928	13,07824	8,82070
	$B^{(A)} : B^{(B)}$ (in %)	106,71	94,52	87,81	74,68

Vergleicht man die in der Tabelle enthaltenen Ergebnisse, so erkennt man, dass natürlich absolut gesehen der Barwert

- bei höherem Kalkulationszinssatz (und gleicher Laufzeit) sinkt und
- bei längerer Rentenlaufzeit (und gleichem Zinssatz) wächst.

Ferner stellt man fest, dass das Verhältnis der Barwerte der Modelle A und B

- bei höherem Zinssatz (und gleicher Laufzeit) sich zugunsten von B verschiebt (die früheren Zahlungen sind mehr wert!) und
- bei längerer Laufzeit (und gleichem Zinssatz) für A spricht (die volle Rentenhöhe macht sich bei längerer Dauer stärker bemerkbar).

Interessiert man sich bei gegebenem Zinssatz i (bzw. Aufzinsungsfaktor q) für die Laufzeit n, bei der die Barwerte gleich sind, so hat man vom Ansatz

$$B^{(A)} = B^{(B)} \tag{5.13}$$

auszugehen und diese Beziehung nach n aufzulösen:

$$\frac{1}{q^{n-1}} \cdot \frac{q^{n-5} - 1}{q - 1} = 0{,}82 \cdot \frac{1}{q^{n-1}} \cdot \frac{q^n - 1}{q - 1} \implies 0{,}82(q^n - 1) = q^{n-5} - 1$$

$$\implies 0{,}82 q^n - 0{,}82 + 1 - q^n \cdot q^{-5} = 0 \implies q^n \left(0{,}82 - \frac{1}{q^5} \right) = -0{,}18$$

$$\implies q^n = \frac{0{,}18}{\frac{1}{q^5} - 0{,}82} \implies n = \frac{\ln 0{,}18 - \ln \left(\frac{1}{q^5} - 0{,}82 \right)}{\ln q}.$$

So ergibt sich beispielsweise für $q = 1{,}02$ der Wert $n = 37{,}46$; bei $q = 1{,}03$ erhält man $n = 48{,}75$ (vgl. obige Tabelle).

Will man umgekehrt für gegebenes n dasjenige q (bzw. denjenigen Zinssatz i) ermitteln, bei dem Gleichheit eintritt, muss man (5.13) in eine Polynomgleichung n-ten Grades umformen: $0{,}82q^n - q^{n-5} + 0{,}18 = 0$. Diese ist mithilfe numerischer Näherungsverfahren (vgl. Abschn. 2.3) zu lösen.

So überzeugt man sich beispielsweise für $n = 40$ davon, dass $q \approx 1{,}024$ eine Lösung ist, was durch die Ergebnisse der obigen Tabelle bestätigt wird.

Was kann man für Unsterbliche sagen? Für welches Rentenmodell sollen sie sich entscheiden? Die Antwort wird dem Leser überlassen.

5.6.5   Autofinanzierung

Ein Autohaus bietet die folgenden beiden Möglichkeiten zum Erwerb eines neuen Autos an:

- Variante 1: Barzahlung 19 999 €;
- Variante 2: Anzahlung 9999 € und 36 (nachschüssige) Monatsraten zu je 300 €.

Welcher Effektivzinssatz liegt dem Finanzierungsangebot zugrunde? Anders gefragt: Bei welchem Zinssatz sind die Barwerte aller Zahlungen in beiden Varianten gleich?

Entsprechend der Preisangabenverordnung (PAngV) aus dem Jahr 2000 ist ein Barwertvergleich durchzuführen, wobei alle Ratenzahlungen geometrisch abzuzinsen sind. Bezeichnet man den gesuchten (jährlichen) Effektivzinssatz mit $i = i_{\text{eff}}$ und setzt $q = 1 + i$, so ergibt sich folgender Ansatz:

$$19\,999 = 9999 + 300 \cdot \left[\frac{1}{q^{1/12}} + \frac{1}{q^{2/12}} + \ldots + \frac{1}{q^{36/12}} \right].$$

Verwendet man die neue Größe $Q = 1\,/\,q^{1/12}$, was $q = 1\,/\,Q^{12}$ entspricht, erhält man aus der Endwertformel der vorschüssigen Rentenrechnung

$$\frac{10\,000}{300} = 33{,}333 = Q + Q^2 + \ldots + Q^{36} = Q \cdot \frac{Q^{36} - 1}{Q - 1}. \tag{5.14}$$

Multiplikation mit dem Nenner und Umformen liefert

$$33{,}333 \cdot (Q - 1) = Q \cdot \left(Q^{36} - 1 \right)$$

bzw.

$$Q^{37} - 34{,}333Q + 33{,}333 = 0.$$

Die Folge der Koeffizienten dieses Polynoms weist zwei Vorzeichenwechsel auf: $+ - +$. Gemäß der Vorzeichenregel von Descartes (siehe Abschn. 2.3) besitzt das Polynom daher zwei oder keine positive Nullstelle(n). Eine Nullstelle lautet $Q = 1$, wie man durch „scharfes Hinschauen" leicht sehen kann. Dies ist eine Scheinlösung, die durch Multiplikation von (5.14) mit dem Nenner $Q - 1$ entstanden ist. Die zweite kann z. B. mithilfe des Newtonverfahrens berechnet werden. Mit

$$f(Q) = Q^{37} - 34{,}333Q + 33{,}333 = 0 \quad \text{und} \quad f'(Q) = 37Q^{36} - 34{,}333$$

erhalten wir aus der Iterationsvorschrift (vgl. Abschn. 2.3)

$$Q_{n+1} = Q_n - \frac{f(Q_n)}{f'(Q_n)}$$

mit einem Startwert von beispielsweise $Q_0 = 0{,}99$ (da $q > 1$ gilt und nahe 1 liegt, muss $Q = 1 : q^{1/12}$ kleiner als 1 sein und ebenfalls nahe an 1 liegen) folgende Werte:

n	Q_n	$f(Q_n)$	$f'(Q_n)$
0	0,9900	0,0328	−8,5657
1	0,9938	0,0073	−4,7552
2	0,9953	0,0014	−3,1049
3	0,9958	0	

Aus $q = 1 / Q^{12} = 1 / 0{,}9958^{12} = 1{,}0518$ erkennt man, dass der Effektivzinssatz $i_{\text{eff}} = 5{,}18\,\%$ beträgt.

Zum Vergleich: Nimmt man die Effektivzinsberechnung gemäß der alten Preisangabenverordnung von 1985 vor (lineare unterjährige Verzinsung mit Aufzinsung innerhalb einer Zinsperiode; vgl. Abschn. 10.6), so ergibt sich unter Nutzung der Formel zur Berechnung der Jahresersatzrate (nachschüssiger Fall) und der Barwertformel der nachschüssigen Rentenrechnung:

$$19\,999 = 9999 + 300 \cdot [12 + 5{,}5 \cdot (q_{\text{eff}} - 1)] \cdot \frac{1}{q_{\text{eff}}^3} \cdot \frac{q_{\text{eff}}^3 - 1}{q_{\text{eff}} - 1}.$$

Mithilfe eines beliebigen numerischen Näherungsverfahrens (siehe Abschn. 2.3) berechnet man $i_{\text{eff}} = q_{\text{eff}} - 1 = 5{,}20\,\%$, einen leicht abweichenden Wert.

Es kommt also immer auf das verwendete Modell an!

5.6.6 Dynamische Lebensversicherung mit Bonus

Der jährlich vorschüssig zu zahlende Beitrag zu einer kapitalbildenden Lebensversicherung mit einer Vertragslaufzeit von 20 Jahren betrage 1000 € und werde jährlich um 5 %

erhöht. (Der Risikoanteil am Beitrag soll zusätzlich gezahlt und hier nicht betrachtet werden.) Im Erlebensfall erhält der Versicherte aus Überschussanteilen noch einen Bonus von 12 000 €. Die Versicherungsgesellschaft legt ihren Berechnungen einen Kalkulationszinssatz von 3,5 % zugrunde. Welche Versicherungssumme wird nach 20 Jahren fällig und wie groß ist die Rendite der Lebensversicherung?

Entsprechend der Formel (2.15) mit $r = 1000$, $b = 1,05$ und $q = 1,035$ ergibt sich

$$E_{20} = R \cdot q \frac{q^n - b^n}{q - b} + \text{Bonus}$$

$$= 1000 \cdot 1,035 \cdot \frac{1,035^{20} - 1,05^{20}}{1,035 - 1,05} + 12\,000 = 57\,782,12.$$

Zur Berechnung der Rendite hat man den eben berechneten Endwert mit demjenigen Endwert einer dynamischen Rente zu vergleichen, der sich bei dem gesuchten Effektivzinssatz i_{eff} (bzw. q_{eff}) ergibt:

$$1000 \cdot q_{\text{eff}} \cdot \frac{q_{\text{eff}}^n - b^n}{q_{\text{eff}} - b} = 57\,782,12.$$

Ein beliebiges numerisches Näherungsverfahren (vgl. Abschn. 2.3) liefert $q_{\text{eff}} = 1,0584$, also eine Effektivverzinsung von 5,84 %.

5.7 Aufgaben

1. Herr X. hat sein Haus verkauft. Anstelle einer Sofortzahlung erhält er eine über 30 Jahre jährlich nachschüssig zahlbare Rente von 10 000 €.
    a) Welche Höhe müsste eine äquivalente Sofortzahlung aufweisen, wenn man einen Kalkukationszinssatz von 6 % unterstellt?
    b) Wie hoch müsste (anstelle der jährlichen Rate von 10 000 €) die entsprechende monatlich vorschüssig zahlbare Rate sein?
2. Entsprechend der Preisangabenverordnung aus dem Jahr 2000 wird der Barwert eines Kredits durch geometrische Abzinsung jeder Zahlung berechnet. Geben Sie eine geschlossene Formel für folgende Konditionen an: n Jahre lang monatliche nachschüssige Zahlungen in Höhe r, vereinbarter Zinssatz i, Usancen: 30/365.
3. Kilian schließt einen Sparplan ab, der über sieben Jahre läuft, eine Verzinsung von 6 % und eine jährliche vorschüssig zahlbare Rate von 500 € vorsieht.
    a) Welchen Endbetrag erzielt Kilian nach sieben Jahren?
    b) Welcher Wert würde sich ergeben, wenn die Einzahlungen jährlich um 3 % erhöht würden?
    c) Welche Rendite würde sich ergeben, wenn Kilian zusätzlich zu den konstanten Raten von 500 € am Ende der Laufzeit einen Bonus in Höhe von 10 % auf *alle eingezahlten Beträge* erhält?

4. Cecilie muss nach einem Hauskauf dem Verkäufer 20 Jahre lang den Betrag S (jeweils zu Jahresbeginn) zahlen (Kalkulationszinssatz 6 % p. a.).

    a) Sie schlägt dem Verkäufer vor, einen einmaligen Betrag sofort zu zahlen. Wie viel hat sie zu zahlen?

    b) Sie möchte die Gesamtsumme aller 20 Raten auf einmal bezahlen. Wann?

5. Erika E. schließt einen Sparplan mit folgenden Konditionen ab: monatliche Einzahlungen jeweils zu Monatsbeginn von 100 €, Verzinsung 5 % p. a., Laufzeit 10 Jahre, jährliche Erhöhung der Raten um 3 %. Über welche Summe kann Erika am Ende des 10. Jahres verfügen?

6. Ein Bürger zahlt 20 Jahre lang in einen Rentenfonds monatlich vorschüssig 100 € ein. Die Verzinsung beträgt 5 % p. a. Anschließend erhält er im Rahmen eines Auszahlplans zehn Jahre lang jährlich vorschüssig eine Rate R; nach zehn Jahren ist das Konto leer. Wie hoch ist R?

7. Lieschen Müller erzielte einen Lottogewinn in Höhe von 60 000 €, den sie bei einer jährlichen Verzinsung von 3 % anlegt. Lieschen hebt 15 Jahre lang jährlich nachschüssig 3000 € ab, um sich ein schönes Leben zu machen. Wie hoch ist ihr Kapital am Ende des 15. Jahres?

8. Ein zum Zeitpunkt $t = 0$ zur Verfügung stehendes Kapital wird verzinslich angelegt (jährliche Zinsrate i). Aus diesem verzinsten Kapital soll jährlich nachschüssig eine Rente der Höhe R gezahlt werden. Unter welcher Bedingung an die Größe R verringert sich Kapital plus Zinsen von Jahr zu Jahr und nach wie vielen Jahren wird das Kapital vollständig verbraucht sein?

9. Frau A. legt einmalig 10 000 € sofort an und spart außerdem jährlich (jeweils zum Jahresende) 1000 € bei einer Verzinsung von 5 % p. a. Über welche Summe kann Frau B. am Ende des 15. Jahres verfügen?

10. Beim Kauf eines Gebrauchtwagens kann Herr D. entweder 10 000 € sofort bezahlen oder ein Finanzierungsmodell wählen, das eine sofortige Anzahlung in Höhe von 2500 € sowie 36 (jeweils zum Monatsende zahlbare) Raten von 230 € vorsieht.

    a) Wofür soll sich Herr D. entscheiden, wenn er stets über genügend Geld verfügt und sein Geld festverzinslich zu 7,25 % angelegt hat?

    b) Welcher Effektivverzinsung entspricht das Finanzierungsangebot, wenn man unterjährig lineare Verzinsung annimmt?

5.8   Lösung der einführenden Probleme

1. 92 907,59 €; $i_{\text{eff}} = 4,55 \%$;

2. Barzahlung mit Rabatt ist besser;

3. 4415,58 €

Weiterführende Literatur

1. Grundmann, W., Luderer, B.: Finanzmathematik, Versicherungsmathematik, Wertpapieranalyse. Formeln und Begriffe (3. Auflage), Vieweg + Teubner, Wiesbaden (2009)

2. Ihrig, H., Pflaumer, P.: Finanzmathematik: Intensivkurs. Lehr- und Übungsbuch (10. Auflage), Oldenbourg, München (2008)

3. Kruschwitz, L.: Finanzmathematik: Lehrbuch der Zins-, Renten-, Tilgungs-, Kurs- und Renditerechnung (5. Auflage), Oldenbourg, München (2010)

4. Luderer, B.: Mathe, Märkte und Millionen: Plaudereien über Finanzmathematik zum Mitdenken und Mitrechnen, Springer Spektrum, Wiesbaden (2013)

5. Luderer, B., Nollau, V., Vetters, K.: Mathematische Formeln für Wirtschaftswissenschaftler (8. Auflage), Springer Gabler, Wiesbaden (2015)

6. Luderer, B., Paape, C., Würker, U.: Arbeits- und Übungsbuch Wirtschaftsmathematik. Beispiele, Aufgaben, Formeln (6. Auflage), Vieweg + Teubner, Wiesbaden (2011)

7. Luderer, B., Würker, U.: Einstieg in die Wirtschaftsmathematik (9. Auflage), Springer Gabler, Wiesbaden (2014)

8. Pfeifer, A.: Praktische Finanzmathematik: Mit Futures, Optionen, Swaps und anderen Derivaten (5. Auflage), Harri Deutsch, Frankfurt am Main (2009)

Tilgungsrechnung 6

Eng verbunden mit der Rentenrechnung ist die *Tilgungsrechnung*, die dann anzuwenden ist, wenn ein *Gläubiger* einem *Schuldner* Geld leiht, welches letzterer in (zumeist gleichen) Raten zurückzahlt. Daher geht es bei der *Tilgungsrechnung* um die Bestimmung der Rückzahlungsraten für Zinsen und Tilgung eines aufgenommenen Kapitalbetrages (Darlehen, Hypothek, Kredit). Es können aber auch andere Bestimmungsgrößen wie die Laufzeit bis zur vollständigen Tilgung oder die Effektivverzinsung gesucht sein. Grundlagen der Tilgungsrechnung bilden die Zinseszins- und insbesondere die Rentenrechnung.

Diese oder ähnliche Probleme werden eine Rolle spielen:

- Ein Unternehmer benötigt für eine Investition 80 000 €, weshalb er einen Kredit mit 6 % Verzinsung pro Jahr aufnimmt. Er kann maximal eine jährliche Annuität von 12 000 € verkraften. Ist er in der Lage, den Kredit innerhalb von acht Jahren vollständig zu tilgen?
- Ein Darlehen von 100 000 € soll innerhalb von 18 Jahren vollständig getilgt werden. Welche Annuität ist jährlich zu zahlen, wenn ein Zinssatz von 3 % vereinbart wurde?
- Welche expliziten Formeln gelten für das Tilgungsmodell „Annuitätentilgung" für die in der k-ten Periode zu zahlenden Zinsen, den Tilgungsbetrag sowie die am Ende der k-ten Periode verbleibende Restschuld?
- Ein Darlehensnehmer vereinbart mit seinem Kreditinstitut, einen Zinssatz von 5,50 % p. a. sowie eine anfängliche Tilgung von 1 % der Darlehenssumme zu zahlen. Wann wird er das Darlehen vollständig getilgt haben?
- Eine Gemeinde hat ein Schuldscheindarlehen aufgenommen, für das Ratentilgung bei 5 % jährlicher Verzinsung vereinbart wurde. Die Zinszahlungen erfolgen jedoch monatlich mit je einem Zwölftel der Jahressumme. Welcher Effektivzinssatz liegt dem Vertrag zugrunde?

© Springer Fachmedien Wiesbaden 2015
B. Luderer, *Starthilfe Finanzmathematik*, Studienbücher Wirtschaftsmathematik,
DOI 10.1007/978-3-658-08425-7_6

Nachdem Sie dieses Kapitel durchgearbeitet haben, werden Sie in der Lage sein

- das Zusammenspiel von Schuldner und Gläubiger in der Tilgungsrechnung zu erläutern,
- zu beschreiben, aus welchen Bestandteilen eine Annuität besteht,
- den Unterschied zwischen Ratentilgung und Annuitätentilgung aufzuzeigen,
- einen Tilgungsplan aufzustellen,
- alle relevanten Größen bei der Tilgung eines Kredits auszurechnen.

6.1 Grundbegriffe und Tilgungsformen

Grundsätzlich erwartet der Gläubiger, dass der Schuldner seine Schuld verzinst und vereinbarungsgemäß zurückzahlt. Dazu werden oftmals *Tilgungspläne* aufgestellt, die in anschaulicher Weise die Rückzahlungen (Annuitäten) in ihrem zeitlichen Ablauf aufzeigen. Dabei versteht man unter *Annuität* [1] die jährliche Gesamtzahlung, bestehend aus Tilgungs- und Zinsanteil.

Es sollen die folgenden generellen Vereinbarungen getroffen werden:

1. Rentenperiode = Zinsperiode = 1 Jahr,
2. die Anzahl der Rückzahlungsperioden beträgt n Jahre,
3. die Annuitätenzahlung erfolgt am Periodenende.

Letzteres hat zur Folge, dass die Formeln der nachschüssigen Rentenrechnung anwendbar sind. Je nach Rückzahlungsmodalitäten unterscheidet man verschiedene Formen der Tilgung:

1. *Ratentilgung* (konstante Tilgungsraten),
2. *Annuitätentilgung* (konstante Annuitäten),
3. *Zinsschuldtilgung* (zunächst nur Zinszahlungen, in der letzten Periode Zahlung von Zinsen plus Rückzahlung der Gesamtschuld).

Im Weiteren finden die folgenden Bezeichnungen Anwendung:

S_0	Kreditbetrag, Anfangsschuld
S_k	Restschuld am Ende der k-ten Periode, $k = 1, \ldots, n$
T_k	Tilgung in der k-ten Periode, $k = 1, \ldots, n$

---

[1] annus: lat. „Jahr"; der Begriff kann sich aber auch allgemeiner auf eine beliebige Zins- bzw. Zahlungsperiode beziehen

Z_k	Zinsen in der k-ten Periode, $k = 1, \ldots, n$
A_k	Annuität in der k-ten Periode: $A_k = T_k + Z_k$
i	vereinbarter (Nominal-)Zinssatz
$q = 1 + i$	zugehöriger Aufzinsungsfaktor

6.2 Ratentilgung

Bei dieser Tilgungsform sind die jährlichen Tilgungsraten konstant:

$$T_k = T = \text{const} = \frac{S_0}{n} \quad k = 1, \ldots, n. \tag{6.1}$$

Die Restschuld S_k nach k Perioden stellt eine arithmetische Folge mit dem Anfangsglied S_0 und der Differenz $d = -T = -\frac{S_0}{n}$ dar:

$$
\begin{aligned}
S_1 &= S_0 - \frac{S_0}{n} = S_0 \left(1 - \frac{1}{n}\right), \\
S_2 &= S_1 - \frac{S_0}{n} = S_0 - 2 \cdot \frac{S_0}{n} = S_0 \left(1 - \frac{2}{n}\right), \\
&\vdots \\
S_k &= S_0 \left(1 - \frac{k}{n}\right), \qquad k = 1, \ldots, n.
\end{aligned}
\tag{6.2}
$$

Beziehung (6.2) steht in Übereinstimmung mit Formel (2.9) für das allgemeine Glied einer arithmetischen Zahlenfolge, wobei jedoch zu beachten ist, dass im vorliegenden Fall die Nummerierung der Glieder von der obigen abweicht und die Folge mit $a_0 \,(= S_0)$ beginnt. Für $k = n$ ergibt sich $S_n = S_0 \left(1 - \frac{n}{n}\right) = 0$, die Schulden sind vollständig getilgt. Die für die jeweilige Restschuld S_{k-1} zu zahlenden Zinsen betragen

$$Z_k = S_{k-1} \cdot i = S_0 \cdot \left(1 - \frac{k-1}{n}\right) \cdot i. \tag{6.3}$$

Die jährlichen Zinsbeträge Z_k bilden ebenfalls eine arithmetisch fallende Zahlenfolge, wobei die Differenz aufeinanderfolgender Glieder $d = -\frac{S_0}{n} \cdot i$ beträgt.

Da sich die Zinszahlungen im Laufe der Zeit verringern, die Tilgungsraten aber konstant bleiben, ergeben sich wegen $A_k = T_k + Z_k$ fallende Annuitäten (vgl. Abb. 6.1). Diese betragen

$$A_k = T_k + Z_k = \frac{S_0}{n} + S_{k-1} \cdot i = \frac{S_0}{n} + S_0 \left(1 - \frac{k-1}{n}\right) \cdot i,$$

Abb. 6.1 Entwicklung der
Annuitäten bei Ratentilgung

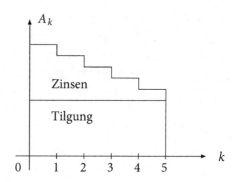

d. h.

$$A_k = \frac{S_0}{n} \left(1 + (n - k + 1) \cdot i\right), \qquad k = 1, \ldots, n. \tag{6.4}$$

Mittels einfacher Berechnungen können die Gesamttilgung GT_k und der Gesamtzinsbetrag GZ_k von Jahr 1 bis zum Jahr k als kumulative Größen ermittelt werden (die Gesamtannuitätenzahlungen GA_k ergeben sich dann als Summe der Werte GT_k und GZ_k). Sie betragen

$$GT_k = k \cdot \frac{S_0}{n}, \qquad GZ_k = \frac{S_0 \cdot i \cdot k}{2n} \cdot (2n - k + 1), \tag{6.5}$$

haben aber wenig Aussagekraft, da hierbei die Zeitpunkte der Zahlungen nicht berücksichtigt werden.

Für die entsprechenden Größen nach $k = n$ Jahren gilt speziell $GT_n = n \cdot \frac{S_0}{n} = S_0$ (d. h. die Anfangsschuld wurde vollständig getilgt) und $GZ_n = S_0 \cdot i \cdot \frac{n+1}{2}$.

Es ist oftmals nützlich und üblich, die eben hergeleiteten Zusammenhänge in übersichtlicher Weise darzustellen. Dazu dient ein *Tilgungsplan*, d. h. eine tabellarische Aufstellung über die geplante Rückzahlung eines aufgenommenen Kapitalbetrages innerhalb einer bestimmten Laufzeit. Er enthält für jede Rückzahlungsperiode die Restschuld zu Periodenbeginn und -ende, Zinsen, Tilgung, Annuität und gegebenenfalls weitere notwendige Informationen (z. B. dann, wenn – in allgemeineren Modellen – Tilgungsaufschläge zu zahlen sind). Einem Tilgungsplan liegen folgende Gesetzmäßigkeiten zugrunde:

$Z_k = S_{k-1} \cdot i$	Zahlung von Zinsen jeweils auf die Restschuld
$A_k = T_k + Z_k$	Annuität als Summe von Tilgung plus Zinsen
$S_k = S_{k-1} - T_k$	Restschuld am Periodenende ergibt sich aus Restschuld zu Periodenbeginn minus Tilgung

Mithilfe dieser Formeln können die Werte im Tilgungsplan sukzessive nacheinander berechnet werden, wobei sich allerdings ein einmal begangener Fehler durch die ganze Rechnung zieht. Als Alternative lassen sich die oben hergeleiteten Formeln (6.2)–(6.4) zur Rechenkontrolle nutzen.

Beispiel:

Ein Kreditbetrag von $100\,000\,€$ soll innerhalb von fünf Jahren mit jährlich konstanter Tilgung bei einer jährlichen Verzinsung von $5\,\%$ zurückgezahlt werden. Wie hoch sind Annuität, Zinsen und Restschuld im 3. Jahr und wie viel Zinsen sind insgesamt zu zahlen?

Aus den Beziehungen (6.4), (6.3) und (6.2) erhält man:

Annuität: $\quad A_3 = \frac{100\,000}{5}\left(1 + (5 - 3 + 1) \cdot \frac{5}{100}\right) = 23\,000,$

Zinsbetrag: $\quad Z_3 = 100\,000\left(1 - \frac{3-1}{5}\right) \cdot \frac{5}{100} = 3000,$

Restschuld: $\quad S_3 = 100\,000\left(1 - \frac{3}{5}\right) = 40\,000.$

Der Gesamtzinsbetrag beläuft sich entsprechend der Beziehung (6.5) auf $GZ_5 = 100\,000 \cdot 0{,}05 \cdot \frac{6}{2} = 15\,000\,€$. Die jährlichen Tilgungsraten sind konstant und betragen $T_k = T = \frac{S_0}{n} = \frac{100\,000}{5} = 20\,000\,€$. Im nachstehenden Tilgungsplan sind alle Größen übersichtlich dargestellt:

Jahr	Restschuld zu Periodenbeginn	Zinsen	Tilgung	Annuität	Restschuld zu Periodenende
k	S_{k-1}	Z_k	T_k	A_k	S_k
1	100 000	5000	20 000	25 000	80 000
2	80 000	4000	20 000	24 000	60 000
3	60 000	3000	20 000	23 000	40 000
4	40 000	2000	20 000	22 000	20 000
5	20 000	1000	20 000	21 000	0
Gesamtzahlungen		15 000	100 000	115 000	

6.2.1 Unterjährige Tilgung

Bei unterjähriger Tilgung (mit m Perioden pro Jahr) beträgt die Tilgung

$$T_k = \frac{S_0}{m \cdot n} = \text{const}, \qquad (6.6)$$

wobei für jede unterjährige (kurze) Periode der Zinssatz $\frac{i}{m}$ zu zahlen sei. Der effektive Zinssatz pro Jahr i_{eff} beläuft sich dann gemäß (4.7) auf $i_{\text{eff}} = \left(1 + \frac{i}{m}\right)^m - 1$.

Die obigen Berechnungsformeln (6.2)–(6.5) können analog verwendet werden, wenn für n die Anzahl an Zins- und Tilgungsperioden eingesetzt wird, welche die Kreditdauer insgesamt umfasst (z. B. ist n bei zehnjähriger Darlehensdauer und vierteljährlicher Tilgung gleich $4 \cdot 10 = 40$).

Beispiel:

Für ein Darlehen in Höhe von 180 000 € sind vierteljährlich 2,25 % Zinsen zu zahlen. Die Tilgungsdauer sei mit 15 Jahren vereinbart. Dann beträgt die vierteljährliche Tilgung

$$T = \frac{180\,000}{15 \cdot 4} = 3000,$$

die Restschuld nach drei Jahren (= zwölf Tilgungsperioden)

$$S_{12} = 180\,000 \left(1 - \frac{12}{60}\right) = 144\,000$$

und die Zinszahlung im 4. Quartal

$$Z_4 = 180\,000 \cdot 0{,}0225 \cdot \left(1 - \frac{4-1}{60}\right) = 3847{,}50.$$

Der Effektivzinssatz lautet $i_{\text{eff}} = 1{,}0225^4 - 1 = 9{,}31\,\%$ p. a.

6.3 Annuitätentilgung (jährliche Vereinbarungen)

Wie oben ausgeführt, sind bei dieser Form der Tilgung die jährlichen Annuitäten konstant:

$$A_k = T_k + Z_k = A = \text{const.}$$

Durch die jährlichen Tilgungszahlungen verringert sich die Restschuld, sodass die zu zahlenden Zinsen abnehmen und ein ständig wachsender Anteil der Annuität für die Tilgung zur Verfügung steht (vgl. Abb. 6.2).

Die Berechnung der Annuität gestaltet sich hier schwieriger als bei der Ratentilgung; allerdings können die Formeln der nachschüssigen Rentenrechnung verwendet werden. Zur Berechnung der Annuität wird – wie auch bei einer Reihe anderer Überlegungen in der Finanzmathematik – das sogenannte *Äquivalenzprinzip* genutzt. Dieses stellt (bei gegebenem Zinssatz i) die Leistungen des Gläubigers den Leistungen des Schuldners gegenüber, wobei man sich der Vergleichbarkeit halber auf einen einheitlichen Zeitpunkt

Abb. 6.2 Entwicklung von
Zins- und Tilgungsbeträgen bei
Annuitätentilgung

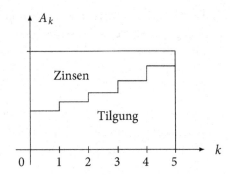

bezieht. Häufig ist das der Zeitpunkt $t = 0$, sodass also die Barwerte von Gläubiger- und Schuldnerleistungen miteinander verglichen werden (Barwertvergleich).

Die Leistung des Gläubigers (Bank, Geldgeber,…) besteht in der Bereitstellung des Kreditbetrages S_0 zum Zeitpunkt Null, die demzufolge mit ihrem Barwert übereinstimmt. Der Barwert aller Zahlungen des Schuldners ist (wegen der vereinbarten Zahlungsweise der Annuitäten am Periodenende) gleich dem Barwert einer nachschüssigen Rente mit gleichbleibenden Raten R in Höhe der gesuchten Annuität A, woraus sich gemäß der Barwertformel der nachschüssigen Rentenrechnung

$$S_0 = A \cdot a_{\overline{n}|} = A \cdot \frac{q^n - 1}{q^n (q - 1)}$$

ergibt. Durch Umformung dieses Ausdrucks erhält man

$$A = S_0 \cdot \frac{1}{a_{\overline{n}|}} = S_0 \cdot \frac{q^n (q - 1)}{q^n - 1} \tag{6.7}$$

als Formel für die Berechnung der Annuität.

Mit AF $= 1/a_{\overline{n}|} = \frac{q^n(q-1)}{q^n-1}$ bezeichnet man den sogenannten *Annuitäten-* oder *Kapitalwiedergewinnungsfaktor*. Er gibt an, welcher Betrag jährlich nachschüssig zu zahlen ist, um in n Jahren eine Schuld von einer Geldeinheit zu tilgen, wobei die jeweils verbleibende Restschuld mit dem Zinssatz i verzinst wird. Der Annuitätenfaktor kann leicht mithilfe von Taschenrechnern berechnet werden. Durch Multiplikation mit dem Kreditbetrag ermöglicht er eine rasche Ermittlung der jährlich gleichbleibenden Annuität.

Von Interesse sind wiederum Formeln für Tilgungsbeträge, Restschulden sowie Zinszahlungen. Diese sollen nachfolgend hergeleitet werden, wobei die Summenformel der geometrischen Reihe (2.13) eine wichtige Rolle spielt.

Für die Tilgung gilt

$$T_k = T_{k-1} + i \cdot T_{k-1} = T_{k-1} \cdot q,$$

weil in der Periode k gegenüber der Periode $k-1$ die Zinsen iT_{k-1} für den Tilgungsbetrag T_{k-1} wegfallen. Durch sukzessives Einsetzen der jeweils vorangegangenen Periode erhält man hieraus für $k = 1, \ldots, n$

$$T_k = T_1 \cdot q^{k-1} \quad \text{mit} \quad T_1 = A - S_0 \cdot i. \tag{6.8}$$

Man stellt fest, dass die Tilgungsraten T_k eine geometrisch wachsende Folge (mit Anfangswert T_1 und Quotient $q = 1 + i = 1 + \frac{p}{100}$) bilden.

Für die Zinsbeträge gilt zunächst

$$Z_k = Z_{k-1} - i \cdot T_{k-1},$$

da sich in der Periode k die Zinsen gegenüber der vorhergehenden Periode um $T_{k-1} \cdot i$ für den Tilgungsbetrag T_{k-1} verringern. Berücksichtigt man die eben hergeleitete Beziehung (6.8), so ergibt sich hieraus

$$\begin{aligned} Z_k &= Z_1 - i \cdot (T_1 + \ldots + T_{k-1}) \\ &= Z_1 - i \cdot \left(T_1 + T_1 q + \ldots + T_1 q^{k-2}\right) \\ &= Z_1 - i T_1 \cdot \left(1 + q + \ldots + q^{k-2}\right) = Z_1 - i T_1 \cdot \frac{q^{k-1} - 1}{q - 1} \end{aligned}$$

und schließlich

$$Z_k = Z_1 - T_1 \left(q^{k-1} - 1\right) = A - T_1 q^{k-1}, \tag{6.9}$$

$k = 1, \ldots, n$. Zu guter Letzt lässt sich die Restschuld am Ende der k-ten Periode wie folgt berechnen:

$$\begin{aligned} S_k &= S_{k-1} - T_k \\ &= S_0 - (T_1 + T_2 + \ldots + T_k) \\ &= S_0 - T_1(1 + q + \ldots + q^{k-1}). \end{aligned}$$

Nach Anwendung von Formel (2.13) und kurzer Umformung ergibt sich letztendlich

$$S_k = S_0 - T_1 \cdot \frac{q^k - 1}{q - 1} = S_0 \cdot q^k - A \cdot \frac{q^k - 1}{q - 1}, \qquad k = 1, \ldots, n. \tag{6.10}$$

Beispiel:
Ein Kreditbetrag in Höhe von 100 000 € soll innerhalb von fünf Jahren mit jährlich konstanter Annuität bei einer Verzinsung von 5 % getilgt werden. Wie hoch sind die Annuität, der Zinsbetrag im 3. Jahr und die Restschuld nach dem 4. Jahr?

Zunächst ermittelt man mithilfe der Beziehung (6.7) die Annuität und die anfängliche Tilgung:

$$A = 100\,000 \cdot \frac{1{,}05^5 \cdot 0{,}05}{1{,}05^5 - 1} = 23\,097{,}48,$$

$$T_1 = A - S_0 \cdot i = 23\,097{,}48 - 5000 = 18\,097{,}48.$$

Dann kann man die gesuchten Größen unter Verwendung der Formeln (6.9) und (6.10) leicht berechnen:

$$Z_3 = 100\,000 \cdot 0{,}05 - 18\,097{,}48 \cdot (1{,}05^2 - 1) = 3145{,}01,$$

$$S_4 = 100\,000 - 18\,097{,}48 \cdot \frac{1{,}05^4 - 1}{0{,}05} = 21\,997{,}60.$$

Nun sollen noch alle relevanten Größen in Form eines Tilgungsplans übersichtlich dargestellt werden:

Jahr	Restschuld zu Periodenbeginn	Zinsen	Tilgung	Annuität	Restschuld zu Periodenende
k	S_{k-1}	Z_k	T_k	A_k	S_k
1	100 000,00	5000,00	18 097,48	23 097,48	81 902,52
2	81 902,52	4095,13	19 002,35	23 097,48	62 900,17
3	62 900,17	3145,01	19 952,47	23 097,48	42 947,70
4	42 947,70	2147,38	20 950,10	23 097,48	21 997,60
5	21 997,60	1099,88	21 997,60	23 097,48	0,00
Gesamtzahlungen		15 487,40	100 000,00	115 487,40	

Formel (6.7) kann auch nach allen anderen vorkommenden Größen umgestellt werden. Sind beispielsweise Kreditbetrag, Zinssatz und Annuität gegeben, so kann – analog der vierten Grundaufgabe der Rentenrechnung – die Tilgungsdauer durch Auflösung von (6.7) nach n bestimmt werden (vgl. hierzu die verwandte Fragestellung der Laufzeitberechnung von Abschn. 5.3):

$$n = \frac{1}{\ln q} \cdot \ln \frac{A}{A - S_0 i}. \tag{6.11}$$

Diese Situation tritt z. B. bei der sog. *Prozentannuität* ein, die bei einem Darlehen dadurch charakterisiert ist, dass die Tilgung im 1. Jahr vorgegeben wird (von der Bank, die oftmals auf einer Mindesttilgung besteht, oder auch vom Kunden); der Nominalzinssatz ist ohnehin fest in einem Darlehensvertrag.

So könnte beispielsweise eine Passage in einem Darlehensvertrag folgendermaßen lauten: „Das Darlehen wird zu 8 % p. a. verzinst und mit 1 % des ursprünglichen Kapitals zuzüglich der durch die Tilgung ersparten Zinsen getilgt."

Dann erhebt sich die Frage, nach wie vielen Jahren das Darlehen vollständig getilgt sein wird. Die bei der Annuitätentilgung konstante Annuität kann dann durch die Annuität im 1. Jahr leicht bestimmt werden:

$$A = \text{const} = A_1 = Z_1 + T_1 = 0{,}08 S_0 + 0{,}01 S_0 = 0{,}09 S_0.$$

Beispiel:
Für einen Kreditbetrag von 45 000 € ist eine jährliche Annuität von 4050 € vereinbart (8 % Zinsen, 1 % anfängliche Tilgung). In welcher Zeit ist dieses Darlehen vollständig getilgt?

Gemäß der Beziehung (6.11) ergibt sich zunächst

$$n = \frac{1}{\ln 1{,}08} \cdot \ln \frac{4050}{4050 - 45\,000 \cdot 0{,}08} = 28{,}55 \,(\text{Jahre}).$$

Entsprechend Formel (6.10) beläuft sich der Restkreditbetrag nach 28 Jahren auf

$$S_{28} = 45\,000 \cdot 1{,}08^{28} - 4050 \cdot \frac{1{,}08^{28} - 1}{0{,}08} = 2097{,}52 \,.$$

Hierfür ergeben sich bei einem Zinssatz von 8 % p. a. Zinsen in Höhe von 167,80 €, sodass die Annuität im 29. Jahr 2265,32 € beträgt.

Sofern sich kein ganzzahliger Lösungswert (wie in diesem Beispiel) ergibt, fällt im letzten Jahr der Tilgung eine niedrigere Annuität an. Im Übrigen kann eine näherungsweise Bestimmung der Zeit auch mithilfe von „Probierverfahren" vorgenommen werden (vgl. Abschn. 2.3).

6.4 Annuitätentilgung (unterjährige Vereinbarungen)

Bei Kreditvereinbarungen mit unterjährigen Bedingungen, die in der Praxis häufig auftreten, richtet sich die Bestimmung der relevanten Größen nach den jeweiligen Festlegungen hinsichtlich Verzinsung und Annuitätenleistungen (bzw. Tilgungsleistungen). Diese können beispielsweise folgendermaßen ausgestaltet sein:

- unterjährige Annuität und unterjährige Verzinsung mit anteiligem Jahreszinssatz,
- unterjährige Annuität und unterjährige Verzinsung bei vorgegebenem effektiven Jahreszinssatz,
- unterjährige Annuität bei Nichtübereinstimmung von Zins- und Tilgungsperiode,
- unterjährige Verzinsung und jährliche Annuität.

6.4.1 Unterjährige Annuität und unterjährige Verzinsung

Meist wird der unterjährige Zinssatz derart ermittelt, dass der vorgegebene Jahreszinssatz i durch die Anzahl an Zins- und Tilgungsperioden m dividiert wird. Dieser anteilige Zinssatz $\frac{i}{m}$ (*relativer unterjähriger* Zinssatz) wird anstelle von i in die Formel (6.7) zur Berechnung der Annuität eingesetzt; entsprechend beträgt die Anzahl der Perioden $n \cdot m$. Damit ergibt sich

$$A = S_0 \cdot \frac{\left(1 + \frac{i}{m}\right)^{n \cdot m} \cdot \frac{i}{m}}{\left(1 + \frac{i}{m}\right)^{n \cdot m} - 1}\,. \tag{6.12}$$

Beispiel:
Ein Darlehensbetrag von $70\,000\,€$ wird mit vierteljährlich $1,75\,\%$ ($= 7\,\% : 4$) verzinst. Wie groß ist die vierteljährliche konstante Annuität bei einer Rückzahlungsdauer von 12 Jahren?
   Die Anzahl der Quartale beträgt $12 \cdot 4 = 48$, sodass sich aus der Beziehung (6.12)

$$A = 70\,000 \cdot \frac{(1 + 0{,}0175)^{12 \cdot 4} \cdot 0{,}0175}{(1 + 0{,}0175)^{12 \cdot 4} - 1} = 2167{,}60$$

ergibt. Vierteljährlich ist mithin ein Betrag von $2167{,}60\,€$ zu zahlen.

Zu beachten ist, dass durch die Verwendung des relativen Zinssatzes für die „kurze" Periode der effektive Jahreszinssatz höher ist als der vorgegebene nominelle Jahreszinssatz (vgl. hierzu die Überlegungen in Abschn. 4.3).
   Will man hingegen erreichen, dass der effektive Jahreszinssatz einen vorgegebenen Wert annimmt, ermittelt man einen zum effektiven Jahreszinssatz *äquivalenten* Zinssatz

$$\widehat{i}_m = \sqrt[m]{1 + i} - 1$$

(vgl. Formel (4.8)) für die unterjährige Zinsperiode und setzt diesen in die Formel (6.12) anstelle von $\frac{i}{m}$ ein.

6.4.2   Nichtübereinstimmung von Zins- und Tilgungsperiode

Bei unterjähriger (nachschüssiger) Annuitätentilgung mit m Rückzahlungen pro Zinsperiode in Höhe von a und angenommener linearer Verzinsung innerhalb einer Zinsperiode ergibt sich die entsprechende Annuität A für die Zinsperiode aus der Beziehung

$$A = a \cdot \left[m + \frac{(m-1)}{2} \cdot i \right], \qquad (6.13)$$

die der Formel zur Berechnung der Jahresersatzrate (nachschüssiger Fall) entspricht.

Beispiel:
Eine Schuld von 50 000 € soll bei 9 % Verzinsung p. a. durch sechs konstante jährliche Annuitäten getilgt werden. Wie groß ist die jährliche Annuität und wie groß ist
die Rate a zu wählen, wenn die Zahlungen jeden Monat (jeweils am Monatsende)
erfolgen sollen?

Konstante Annuitäten liegen im Falle der Annuitätentilgung vor. Mit den gegebenen Größen $i = 9\,\%$, $n = 6$ und $S_0 = 50\,000$ erhält man somit aus Beziehung
(6.7) das Ergebnis

$$A = S_0 \cdot \frac{q^n(q-1)}{q^n - 1} = 50\,000 \cdot \frac{1{,}09^6 \cdot 0{,}09}{1{,}09^6 - 1} = 11\,146\,.$$

Es ist also jährlich (nachschüssig) ein Betrag von 11 146 € zu zahlen.

Ferner erhält man – ausgehend von dem eben erzielten Ergebnis – durch Umstel-
lung der Formel (6.13) nach der Größe a für $m = 12$ den Wert $a = \dfrac{A}{12 + \frac{11}{2} \cdot 0{,}09}$
$= 892{,}04$. Die monatliche Rate beträgt demnach rund 892 €.

Bei Verwendung obiger Formeln kann die Zinsperiode ein Jahr betragen oder aber auch
selbst unterjährig sein. Ein typischer Fall wären monatliche Ratenzahlungen bei vierteljährlicher oder jährlicher Verzinsung.

Umgekehrt kann bei gegebener Annuität A aus (6.13) die pro Rückzahlungsperiode
(z. B. jeden Monat) zu zahlende Rate a bestimmt werden.

Beispiel:
Für ein Darlehen ist eine monatliche Annuität von 1000 € und vierteljährliche Zins-
abrechnung mit 1,5 % vereinbart. Welcher Betrag wäre alternativ vierteljährlich zu
entrichten?

Die den monatlichen Annuitäten entsprechende vierteljährliche Annuität beträgt gemäß Beziehung (6.13), die der Formel zur Berechnung der Jahresersatzrate (nachschüssiger Fall) entspricht,

$$A = 1000 \cdot \left[3 + \frac{3-1}{2} \cdot 0{,}015\right] = 3015\,\text{€}.$$

6.4.3 Unterjährige Verzinsung und jährliche Annuität

Bei jährlicher Tilgung und unterjähriger Verzinsung ist eine Anpassung der unterjährigen Zinsperioden an die jährliche Tilgungsperiode über den Effektivzinssatz zweckmäßig. Einer m-maligen unterjährigen Verzinsung mit dem Zinssatz i_m entspricht, wie wir bereits wissen, ein effektiver Jahreszinssatz i_{eff} von

$$i_{\text{eff}} = [(1+i)^m - 1]$$

(vgl. Beziehung (4.7); im vorliegenden Fall ist i_m anstelle von $\frac{i}{m}$ einzusetzen).

Beispiel:
Für ein Darlehen in Höhe von 125 000 € sind eine vierteljährliche Verzinsung mit 2,25 % und jährliche Tilgung vereinbart. Die Tilgungsdauer beträgt 24 Jahre. Man bestimme die jährlich nachschüssig zahlbare Annuität.

Mithilfe des effektiven Jahreszinssatzes $i_{\text{eff}} = (1 + 0{,}0225)^4 - 1 = 0{,}0930833$ ermittelt man die jährliche Annuität:

$$125\,000 \cdot \frac{1{,}0930833^{24} \cdot 0{,}0930833}{1{,}0930833^{24} - 1} = 13\,193{,}87\ [\text{€}].$$

In praktischen Situationen der Kredit- und Darlehensvergabe kommen oftmals weit kompliziertere Modelle zur Anwendung, in denen Gebühren oder Zuschläge auftreten, tilgungsfreie Zeiten möglich sind usw. In all diesen Fällen weicht die vereinbarte Nominalverzinsung von der tatsächlich zugrunde liegenden Effektivverzinsung ab. Deren – in der Regel aufwändige – Berechnung erfolgt stets mithilfe des Äquivalenzprinzips (s. Abschn. 6.5).

Die Zinsschuldtilgung spielt vor allem im Zusammenhang mit festverzinslichen Wertpapieren in der Kursrechnung eine große Rolle (vgl. Kap. 7).

6.5   Renditeberechnung und Anwendungen

6.5.1   Auszahlung mit Disagio

Oftmals werden (z. B. aus steuerlichen Gründen) Darlehen nicht in voller Höhe, sondern mit einem Abschlag (Disagio, Damnum) ausgezahlt. Damit der Kunde dabei keinen Verlust erleidet, wird der Finanzierung anstelle des marktüblichen Zinssatzes ein ermäßigter Nominalzinssatz zugrunde gelegt. Da Darlehensvereinbarungen oftmals nur über einen Zeitraum fest vereinbart werden, der kürzer ist als die Zeit bis zur vollständigen Tilgung, sind sowohl die Restschuld am Ende des Vertragszeitraumes als auch der anfängliche, sich auf eben diesen Zeitraum beziehende, effektive Jahreszinssatz von Interesse.

Beispiel:

Ein mittels Annuitätentilgung bei jährlichen Annuitäten rückzahlbares Darlehen der Höhe S_0 wird nur zu 95 % ausgezahlt, der auf die Restschuld zu zahlende Nominalzinssatz sei 5 % p. a. und die anfängliche, d. h. im 1. Jahr zu zahlende Tilgung betrage 1 %. Diese zwischen Bank und Kunden getroffenen Vereinbarungen sollen fünf Jahre gelten; danach ist gegebenenfalls eine neue Vereinbarung zu treffen. Wie groß ist die nach fünf Jahren verbleibende Restschuld S_5 und wie hoch ist der anfängliche effektive Jahreszinssatz?

Zunächst stellt man fest, dass die jährlich zu zahlende (konstante) Annuität natürlich auch gleich der im 1. Jahr ist und somit 6 % des Darlehens beträgt, d. h. $A = 0{,}06 S_0$. Ferner kommt lediglich der Betrag von $0{,}95 S_0$ zur Auszahlung. Die eigentliche Schuld $S_0 = S_0^B$ soll als Bruttoschuld, die tatsächlich ausgezahlte Summe $S_0^N = 0{,}95 S_0$ als Nettoschuld bezeichnet werden.

Die Restschuld nach fünf Jahren beläuft sich entsprechend der Beziehung (6.10) mit $k = 5$, $q = 1{,}05$ und $A = 0{,}95 S_0$ auf

$$S_5 = S_0 \left(1{,}05^5 - 0{,}06 \cdot \frac{1{,}05^5 - 1}{0{,}05} \right) = 0{,}944744 \cdot S_0$$

---

und ist damit nur unwesentlich geringer als die Nettoauszahlung. Hat man also beispielsweise ein Darlehen von 100 000 € aufgenommen, so werden nur 95 000 € ausgezahlt, während nach fünf Jahren noch eine Restschuld von 94 474,40 € besteht. Und dabei mussten in den fünf Jahren insgesamt 30 000 € an Zinsen und Tilgung gezahlt werden. C'est la vie!

Fragt man nach dem anfänglichen effektiven Jahreszinssatz dieses Darlehens mit Disagio, so hat man von folgender Ausprägung des Äquivalenzprinzips auszugehen: Man setzt die Restschulden nach fünf Jahren, die sich zum einen bei Betrachtung des Bruttodarlehens und des Nominalzinssatzes und zum anderen bei Verwendung

des Nettodarlehens und des (gesuchten) Effektivzinssatzes ergeben, gleich (Endwertvergleich); die Bruttorestschuld wurde oben bereits berechnet ($q_{\text{eff}} = 1 + i_{\text{eff}}$):

$$S_k^B = S_0^B \cdot q^k - A \cdot \frac{q^k - 1}{q - 1} \stackrel{!}{=} S_k^N = S_0^N \cdot q_{\text{eff}}^k - A \cdot \frac{q_{\text{eff}}^k - 1}{q_{\text{eff}} - 1}.$$

Alternativ kann man mittels Barwertvergleich das Nettodarlehen gleich der Summe
der Barwerte aller zu leistenden Zahlungen (und Schulden) setzen, wobei mit dem
unbekannten Effektivzinssatz abgezinst wird:

$$S_0^N = A \cdot \frac{q_{\text{eff}}^k - 1}{q_{\text{eff}}^k \cdot (q_{\text{eff}} - 1)} + \frac{S_k^B}{q_{\text{eff}}^k}.$$

Speziell ergibt sich aus dem ersten Ansatz

$$S_5 = 0{,}944744 \cdot S_0 = 0{,}95 S_0 \cdot q_{\text{eff}}^5 - 0{,}06 S_0 \cdot \frac{q_{\text{eff}}^5 - 1}{q_{\text{eff}} - 1}.$$

Nach Multiplikation mit dem Nenner und Umformung entsteht eine Polynomgleichung 6. Grades bzw. die Funktion $f(q) = 0{,}95q^6 - 1{,}01q^5 - 0{,}944744q +$
$1{,}004744$, deren Nullstellen zu suchen sind (es wurde der Kürze halber $q = q_{\text{eff}}$
gesetzt). Da $q = 1$ offensichtlich eine Nullstelle ist, besitzt nach der Vorzeichenregel von Descartes (vgl. Abschn. 2.3) die Funktion f nur noch eine weitere positive
Nullstelle. Wegen des monoton fallenden Verhaltens von f in $[0, 1]$ und $f'(1) < 0$
muss die zweite Nullstelle, die zur gesuchten Rendite gehört, größer eins sein. Sie
soll mithilfe des Newton-Verfahrens (s. Abschn. 2.3) bestimmt werden, wozu die
Ableitung $f'(q) = 5{,}7q^5 - 5{,}05q^4 - 0{,}944744$ benötigt wird:

$$q_{k+1} = q_k - \frac{f(q_k)}{f'(q_k)}$$

k	q_k	$f(q_k)$	$f'(q_k)$
0	1,06	−0,0007	0,3076
1	1,0623	0,00004	0,3352
2	1,0622	0,000006	

Der gesuchte anfängliche Jahreszinssatz beträgt 6,22 %.

6.5.2 Monatliche Tilgungsraten

In der Praxis wird oftmals wie folgt vorgegangen: Die – durch Festlegung der Anfangstil-
gung – vorgegebene Jahresannuität wird durch 12 dividiert, als Zinssatz für einen Monat

wird der relative Zinssatz $\frac{p}{m}$ verwendet, der Tilgungsbetrag ändert sich von Monat zu Monat.

Beispiel:
Wie sieht ein Tilgungsplan für ein Darlehen über 200 000 € aus, das bei einer Verzinsung von 8 % p. a. und einer anfänglichen Tilgung von 3 % durch monatliche Raten zurückgezahlt werden soll?

Für das betrachtete Beispiel ergeben sich die folgenden Werte: Aus der Annuität $A = 22\,000$ wird die monatliche Annuität $a = \frac{A}{12} = 1833,33$ abgeleitet, der Zinssatz pro Monat beträgt $i_m = \frac{i}{12} = 0,6667\,\%$. Folglich lautet der Aufzinsungsfaktor $q = 1,006667$. Mit diesen Größen lässt sich der Tilgungsplan für die ersten Monate aufstellen:

k	S_{k-1}	Z_k	A_k	T_k	S_k
1	200 000,00	1333,33	1833,33	500,00	199 500,00
2	199 500,00	1330,00	1833,33	503,33	198 996,67
3	198 996,67	1326,64	1833,33	506,69	198 489,98
4	198 489,98	1323,27	1833,33	510,06	197 979,92
5	197 979,92	1319,87	1833,33	513,46	197 466,46
⋮	⋮	⋮	⋮	⋮	⋮

Der Jahres-Effektivzinssatz berechnet sich entsprechend Formel (4.7) aus Abschn. 4.3 zu $i_{\text{eff}} = \left(1 + \frac{i}{12}\right)^{12} - 1 = \left(1 + \frac{0,08}{12}\right)^{12} - 1 = 8,30\,\%$.

6.6 Aufgaben

1. Zitat aus A. Tschechow: Mein Leben – Die Erzählung eines Provinzbewohners: „Im vergangenen Jahr hatte ich bei ihr einen halben Hunderter geborgt, und jetzt zahle ich ihr jeden Monat einen Rubel."
   Man nehme lineare Verzinsung im unterjährigen Bereich an und zinse innerhalb eines Jahres auf, um den Effektivzinssatz dieser Finanzierungsvereinbarung zu berechnen, unter der Annahme, dass
   a) keine Tilgung erfolgt,
   b) die Schuld in 7 Jahren getilgt wird (Genauigkeit: ganze Prozent),
   c) die Schuld in 10 Jahren getilgt wird (Genauigkeit: ganze Prozent).
   d) Was würde sich bei Berechnung nach PAngV ergeben?
2. Anzeige in einer Zeitung:
   Ein Wahnzins-Angebot! Mehr muss Ihr Wunschkredit nicht kosten.
   Beispiel: Kreditsumme 5000 €, Laufzeit 60 Monate, monatliche Rate 98,48 €.

a) Wie muss entsprechend der Preisangabenverordnung der Effektivzinssatz eines solchen Ratenkredits berechnet werden?

b) Wurde der in der Anzeige im Kleingedruckten genannte Effektivzinssatz von 6,99 % p. a. korrekt angegeben?

3. Dagobert D. soll ein Darlehen von 100 000 € (Verzinsung 7 % p. a.) mittels Annuitätentilgung innerhalb von 15 Jahren tilgen.

a) Wie hoch ist die Restschuld nach sieben Jahren?

b) In welchem Jahr ist erstmals der Tilgungsbetrag höher als der zu zahlende Zinsbetrag?

4. Frau Mann nimmt ein Darlehen über 100 000 € auf, das mit 5 % p. a. verzinst und im ersten Jahr mit 2 % der Darlehenssumme getilgt werden soll (Modell Annuitätentilgung).

a) Nach wie vielen Jahren ist das Darlehen vollständig getilgt?

b) Wie viel hat Frau Mann in dieser Zeit insgesamt (ungefähr) bezahlt?

5. Ein Darlehen von 100 000 € wird nur zu 96 % ausgezahlt. Der Zinssatz beträgt 6 %, die anfängliche Tilgung 1 %. Es wurde Annuitätentilgung vereinbart.

a) Welche Restschuld besteht nach fünf Jahren?

b) Welche Summe hat der Schuldner in den ersten fünf Jahren insgesamt bezahlt?

c) Wie hoch ist der anfängliche effektive Jahreszinssatz (bezogen auf die ersten fünf Jahre)? Genauigkeit: Eine Nachkommastelle.

6. Eine Unternehmerin benötigt für eine Investition 80 000 €. Sie kann bei einem Zinssatz von 6 % eine jährliche Zahlung von höchstens 12 000 € verkraften. Kann sie bei Annuitätentilgung das Darlehen in acht Jahren vollständig zurückzahlen?

7. Die ABC & Co. GmbH hat ein Darlehen in Höhe von 600 000 € aufgenommen, das in sechs Jahren durch Annuitätentilgung bei einer jährlichen Verzinsung von 5 % getilgt werden soll.

a) Wie hoch ist die Annuität?

b) Wie hoch ist die 4. Tilgungsrate?

c) Welche Restschuld verbleibt für die ABC-Gesellschaft am Ende des 4. Jahres?

6.7 Lösung der einführenden Probleme

1. nein;
2. 7270,87 €;
3. $T_k = T_1 q^{k-1}$, $Z_k = A - T_1 q^{k-1}$, $S_k = S_0 q^k - A \cdot \frac{q^k - 1}{q - 1}$;
4. 35 Jahre;
5. $i_{\text{eff}} = 5,12 \%$

Weiterführende Literatur

1. Bosch, K.: Finanzmathematik (7. Auflage), Oldenbourg, München (2007)

2. Bühlmann, N., Berliner, B.: Einführung in die Finanzmathematik, Bd. 1, Haupt, Bern (1997)

3. Grundmann, W., Luderer, B.: Finanzmathematik, Versicherungsmathematik, Wertpapieranalyse. Formeln und Begriffe (3. Auflage), Vieweg + Teubner, Wiesbaden (2009)

4. Hettich, G., Jüttler H., Luderer, B.: Mathematik für Wirtschaftswissenschaftler und Finanzmathematik (11. Auflage), Oldenbourg Wissenschaftsverlag, München (2012)

5. Ihrig, H., Pflaumer, P.: Finanzmathematik: Intensivkurs. Lehr- und Übungsbuch (10. Auflage), Oldenbourg, München (2008)

6. Kruschwitz, L.: Finanzmathematik: Lehrbuch der Zins-, Renten-, Tilgungs-, Kurs- und Renditerechnung (5. Auflage), Oldenbourg, München (2010)

7. Luderer, B.: Mathe, Märkte und Millionen: Plaudereien über Finanzmathematik zum Mitdenken und Mitrechnen, Springer Spektrum, Wiesbaden (2013)

8. Luderer, B., Nollau, V., Vetters, K.: Mathematische Formeln für Wirtschaftswissenschaftler (8. Auflage), Springer Gabler, Wiesbaden (2015)

9. Luderer, B., Paape, C., Würker, U.: Arbeits- und Übungsbuch Wirtschaftsmathematik. Beispiele, Aufgaben, Formeln (6. Auflage), Vieweg + Teubner, Wiesbaden (2011)

10. Luderer, B., Würker, U.: Einstieg in die Wirtschaftsmathematik (9. Auflage), Springer Gabler, Wiesbaden (2014)

11. Pfeifer, A.: Praktische Finanzmathematik: Mit Futures, Optionen, Swaps und anderen Derivaten (5. Auflage), Harri Deutsch, Frankfurt am Main (2009)

12. Tietze J.: Einführung in die Finanzmathematik. Klassische Verfahren und neuere Entwicklungen: Effektivzins- und Renditeberechnung, Investitionsrechnung, derivative Finanzinstrumente (12. Auflage), Springer Spektrum, Wiesbaden (2015)

13. Wessler, M.: Grundzüge der Finanzmathematik, Pearson Studium, München (2013)

Kursrechnung

In der Kursrechnung geht es darum, den fairen *Kurs* (oder fairen *Preis*) eines Zahlungsstroms, wie er in der untenstehenden Abbildung dargestellt ist, bei gegebener (Markt-)
Rendite zu berechnen. Dieser Preis stellt unter den vorhandenen Renditemöglichkeiten
ein Äquivalent zu den durch den Zahlungsstrom festgelegten zukünftigen Zahlungen dar.

Umgekehrt kann man bei gegebenem Preis die Rendite berechnen, die mit dem Zahlungsstrom erzielt wird. Dies stellt eine besonders anspruchsvolle Aufgabe in dem Fall
dar, dass die Laufzeit der Anleihe nicht ganzzahlig ist und die Kuponzahlungen mehrfach
pro Jahr erfolgen. Die international am weitesten verbreitete Methode ist die Ermittlung
der ISMA-Rendite.[1]

Diese oder ähnliche Probleme werden eine Rolle spielen:

- Eine Anleihe im Nominalwert von 1000 € mit einem Kupon von 4 % besitzt eine
  Restlaufzeit von sieben Jahren. Der Marktzinssatz für Papiere dieser Laufzeit liegt bei
  2,25 %. Wie lautet der faire Preis der Anleihe?
- Eine Bundesanleihe mit einem Nominalzinssatz von 3,5 % und einer Laufzeit von sechs
  Jahren wird zum Kurs von 105,51 (Prozent) verkauft. Wie hoch ist ihre Rendite?
- Wie lautet die ISMA-Rendite einer Anleihe (Nominalwert 100 €, Rückzahlung 100 €)
  mit halbjährlichen Kuponzahlungen in Höhe von 3 €, die eine Restlaufzeit von vier
  Jahren und sieben Monaten aufweist und zu einem Clean Price von 102 € verkauft
  wird?

Nachdem Sie dieses Kapitel bearbeitet haben, werden Sie in der Lage sein

- zu erklären, was der Kurs einer Anleihe bedeutet und in welchen Fällen er von 100
  Prozent abweicht,
- die ISMA-Rendite einer Anleihe mit gebrochener Restlaufzeit mithilfe numerischer
  Methoden zu ermitteln,

---

[1] ISMA = International Securities Market Association.

© Springer Fachmedien Wiesbaden 2015

B. Luderer, *Starthilfe Finanzmathematik*, Studienbücher Wirtschaftsmathematik,
DOI 10.1007/978-3-658-08425-7_7

- das Äquivalenzprinzip (speziell den Barwertvergleich) zur Bestimmung der Rendite einer Geldanlage bzw. des Effektivzinssatzes eines Darlehens auszunutzen.

7.1 Kurs eines allgemeinen Zahlungsstroms

Gegeben sei der in Abb. 7.1 dargestellte allgemeine Zahlungsstrom.

Der zunächst nur allgemein beschriebene Zahlungsstrom wird im Weiteren konkretisiert, indem verschiedene Finanzprodukte wie z. B. Anleihe, Zerobond (Null-Kupon-Anleihe), Zeitrente, ewige Rente usw. betrachtet werden. Dabei verwenden wir die folgenden Symbole:

$p = p_{\text{nom}}$	Kupon, Nominalzinssatz (in Prozent)
$i = i_{\text{eff}}$	Zinssatz, Rendite
P	Preis, Kurswert, Barwert
C	Kurs (in Prozent)
Z_k	Zahlung zum Zeitpunkt $k, k = 1, \ldots, n$

Aus praktischer Sicht bilden sich Kurse am Markt (beispielsweise an der Börse) durch das Wechselspiel von Angebot und Nachfrage heraus. Abweichend davon kann man den Kurs/Preis eines betrachteten Zahlungsstroms auch mithilfe eines sinnvoll vorgegebenen Zinssatzes berechnen (beispielsweise kann man den aktuellen Marktzinssatz nehmen). Diese theoretisch berechnete Größe wird *fairer Preis* genannt.

Je nachdem, ob nun der individuell berechnete Preis (welche Rendite man für die Rechnung verwendet, ist eine sehr subjektive Entscheidung) dann niedriger oder höher als der tatsächliche Preis ausfällt, kann man seine Kauf- oder Verkaufsentscheidung treffen.

Sowohl in der Umgangssprache, im praktischen Leben als auch in verschiedenen Publikationen zur Finanzmathematik ist der Sprachgebrauch nicht immer ganz eindeutig. Aus diesem Grund sollen zunächst zwei Definitionen von in diesem Kapitel wichtigen Begriffen angegeben werden:

Abb. 7.1 Allgemeiner Zahlungsstrom

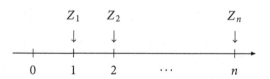

Definition 1:

Unter dem in Prozent gemessenen *Kurs C* verstehen wir den mithilfe des Markt-
zinses berechneten Barwert aller durch ein Wertpapier mit Nominalwert 100
generierten zukünftigen Zahlungen.

Definition 2:

Als *Preis (Kurswert) P* eines Wertpapiers bezeichnen wir den mithilfe des Markt-
zinses berechneten Barwert aller zukünftigen Zahlungen. Es gilt damit die Beziehung $P = \frac{C}{100} \cdot$ Nominalwert.

Bemerkungen:

1. Es gibt zahlreiche Synonyme. So wird der Marktzins oft auch als Realzins oder
   (Markt-)Rendite bezeichnet; anstelle von Kurswert werden auch die Begriffe Markt-
   wert oder Realkapital verwendet (mitunter auch – etwas unpräzise – der Begriff Kurs).
   Schließlich sind statt des Begriffs *Nominalwert* auch die Bezeichnungen *Nennwert*
   oder *Nominalkapital* gebräuchlich.
2. Bei „normalen" Wertpapieren, die mit einem fixen Kupon, also einem festen (jährlichen) Zinssatz und einer Rückzahlung von 100 % ausgestattet sind und sonst keine
   weiteren Besonderheiten aufweisen, ist – wie man leicht nachrechnen kann – der mithilfe des Nominalzinssatzes berechnete Barwert gleich dem Nominalwert (vgl. auch
   das Beispiel in Abschn. 10.1). In diesem Fall kann man den Kurs auch so definieren:

$$C = 100 \cdot \frac{\text{Marktwert}}{\text{Nennwert}} = 100 \cdot \frac{\text{Barwert bei Marktzins}}{\text{Barwert bei Nominalzins}}.$$

Gilt dabei $C = 100$, so sagt man, die Anleihe notiere zu *pari*, bei $C > 100$ *über pari*,
bei $C < 100$ *unter pari*.

Falls jedoch die Rückzahlung nicht zu 100 %, sondern mit Aufschlag oder Abschlag
(Agio / Disagio) erfolgt, hat dieses Verhältnis wenig Aussagekraft, sodass es sinnvoller
ist, den Preis bzw. Kurswert direkt gemäß obiger Definition zu berechnen.

Es sei nun, wie oben beschrieben, der (Markt-)Zinssatz (die Rendite) i bekannt und ein
Zahlungsstrom mit festen Zeitpunkten und Zahlungen gegeben. Für den Anfang soll
vorausgesetzt werden, dass die Zahlungszeitpunkte ganzzahlig sind. Der faire Preis ist
nun nichts anderes als der Barwert des Zahlungsstroms. Unter Nutzung der in Kap. 4

angestellten Überlegungen und insbesondere der – mehrfach angewendeten – Barwertformel bei geometrischer Verzinsung ergibt sich

$$P = \sum_{k=1}^{n} \frac{Z_k}{(1+i)^k} \, . \tag{7.1}$$

Im nachfolgenden Abschnitt werden ausgewählte konkrete Finanzprodukte untersucht,
die sich als Spezialfälle des allgemeinen Zahlungsstroms und damit der Barwertformel
(7.1) darstellen.

7.2   Kurs konkreter festverzinslicher Finanzinstrumente

7.2.1   Kurs einer endfälligen Anleihe

Eine Anleihe mit ganzzahliger Laufzeit n und einem Nominalbetrag von 100 (das ist eine
bequeme, standardisierende Annahme zur Vereinfachung der Rechnung) wirft jährlich
Zinsen in Höhe von $p = p_{\text{nom}}$ ab (*Kupon*); am Ende der Laufzeit erfolgt eine Rückzahlung
der Höhe R (die oftmals ebenfalls 100 beträgt, mitunter aber auch von 100 abweicht, vgl.
Abb. 7.2).

Zu beachten ist, dass es sich bei der Marktrendite $i = i_{\text{markt}}$ und dem Nominalzinssatz
$p = p_{\text{nom}}$ – im Unterschied zu früheren Kapiteln – hier um zwei sachlich verschiedene
Größen handelt, die deshalb im Allgemeinen auch nicht durch die Beziehung $i = \frac{p}{100}$
miteinander verbunden sind.

Betrachtet man nur die Kuponzahlungen, so liegt eine nachschüssige Rente der Höhe p
vor, deren Barwert entsprechend der Barwertformel der nachschüssigen Rentenrechnung

$$B_n^{\text{nach}} = p \cdot \frac{(1+i)^n - 1}{(1+i)^n \cdot i}$$

beträgt. Hinzu kommt die über n Jahre abzuzinsende Rückzahlung, deren Barwert entsprechend der Barwertformel bei geometrischer Verzinsung

$$K_0 = \frac{R}{(1+i)^n}$$

lautet. Somit ergibt sich (bei gegebenen Parametern p, n und R) der faire Kurs (Kurswert)

Abb. 7.2 Zahlungsstrom einer
Anleihe

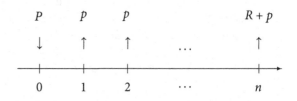

der Anleihe zu

$$P = \frac{1}{(1+i)^n} \left[p \cdot \frac{(1+i)^n - 1}{i} + R \right]. \qquad (7.2)$$

Zur Renditeberechnung von Anleihen sowohl mit ganzzahliger Laufzeit als auch mit beliebiger Restlaufzeit siehe Abschn. 7.4.

Beispiel:
Welchen Preis besitzt eine Anleihe im Nominalwert 100 mit einem Kupon von $p = 6{,}50$, einer Restlaufzeit von acht Jahren und einer Rückzahlung von 102, wenn der Marktzinssatz $i = 4{,}82\,\%$ beträgt?

Es ist Formel (7.2) anzuwenden. Entsprechend dieser Beziehung ergibt sich ein Kurs von

$$P = \frac{1}{1{,}0482^5} \left[6{,}50 \cdot \frac{1{,}0482^5 - 1}{0{,}0482} + 102 \right] = 108{,}89.$$

Will man folglich eine Anleihe im Nominalwert 5000 € kaufen, so hat man den Kurswert $50 \cdot 108{,}89 = 5444{,}50$ € zu zahlen.

7.2.2 Kurs eines Zerobonds

Ein Zerobond weist lediglich eine Einzahlung und eine Auszahlung auf, Zinsen werden während der gesamten Laufzeit nicht ausgezahlt, sondern verrechnet. Er wird deshalb auch *Null-Kupon-Anleihe* genannt. Der Zahlungsstrom eines Zerobonds ist in Abb. 7.3 dargestellt.

Aus der Beziehung (7.2) erhält man mit $p = 0$ unmittelbar

$$P = \frac{R}{(1+i)^n} = \frac{R}{q^n}, \qquad (7.3)$$

was der Barwertformel bei geometrischer Verzinsung entspricht. Sie kann auch ohne Weiteres auf nichtganzzahlige Laufzeiten n übertragen werden.

Abb. 7.3 Zahlungen eines Zerobonds

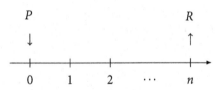

Beispiel:
Welchen Preis hat ein Zerobond mit Nominalwert 2000 € bei einer (Rest-)Laufzeit
von zehn Jahren und einem Zinssatz von $i = 5{,}75\,\%$?
Mit den gegebenen Größen berechnet man leicht $P = \frac{2000}{1{,}0575^{10}} = 1143{,}47$, d. h.,
man hat heute 1143,47 € zu zahlen, um in 10 Jahren 2000 € in Empfang nehmen
zu können.

Andere Betrachtungsweise: Die Rückzahlung R werde jetzt dadurch festgelegt, dass
eine Schuld S aufgenommen und über $a + n$ Jahre zum Zinssatz p_{nom} verzinst wird, d. h.,
es gelte $R = S \cdot q_{\text{nom}}^{a+n}$ mit $q_{\text{nom}} = 1 + i_{\text{nom}}$ mit $i_{\text{nom}} = \frac{1}{100} \cdot p_{\text{nom}}$; vgl. die Endwertformel
bei geometrischer Verzinsung. Dann liegt der in Abb. 7.4 dargestellte Zahlungsstrom vor.

Wird nun die Geldanlage zum Zeitpunkt a von einem Dritten übernommen, der eine
reale Verzinsung bzw. Rendite von i_{real} erwartet (weil z. B. die augenblickliche marktüb-
liche Verzinsung bei i_{real} liegt), so lässt sich der Kaufpreis der übernommenen Schuld
entsprechend der Formel (7.3) wie folgt ermitteln:

$$P_{\text{real}} = \frac{R}{q_{\text{real}}^n} = \frac{S \cdot q_{\text{nom}}^{a+n}}{q_{\text{real}}^n} = S q_{\text{nom}}^a \cdot \left(\frac{q_{\text{nom}}}{q_{\text{real}}}\right)^n. \qquad (7.4)$$

Der erste Faktor in (7.4) stellt den Zeitwert der Schuld S zum Zeitpunkt a dar, der zweite das Verhältnis der Aufzinsungsfaktoren q_{nom} und q_{real} bei Nominal- und Realverzin-
sung, bezogen auf die Restlaufzeit von n Jahren. Damit hat der in Prozenten ausgedrückte
Kurs C als Verhältnis der Zeitwerte zum Zeitpunkt a bei Real- und bei Nominalverzinsung den Wert

$$C = 100 \cdot \frac{P_{\text{real}}}{P_{\text{nom}}} = 100 \cdot \frac{1}{S q_{\text{nom}}^a} \cdot S q_{\text{nom}}^a \left(\frac{q_{\text{nom}}}{q_{\text{real}}}\right)^n = 100 \cdot \left(\frac{q_{\text{nom}}}{q_{\text{real}}}\right)^n.$$

Dasselbe Ergebnis erhält man natürlich auch, wenn der Zeitwert zum Zeitpunkt a durch
Abzinsen des (fest vereinbarten) Endwertes $R = S \cdot q_{\text{nom}}^{a+n}$ über n Perioden ermittelt wird,
wobei die Diskontierung entsprechend mit dem Real- oder dem Nominalzinssatz erfolgt.
Man sieht unmittelbar, dass $C > 100$ (über pari) bei $q_{\text{real}} < q_{\text{nom}}$ und $C < 100$ (unter
pari) bei $q_{\text{real}} > q_{\text{nom}}$ gilt; bei Gleichheit der Zinssätze ist $C = 100$. Ferner überlegt man
sich leicht, dass bei fixierten Größen i_{nom} und i_{real} mit abnehmender Restlaufzeit n der
Kurs C gegen 100 strebt.

Abb. 7.4 Übernahme einer
Schuld durch einen Dritten

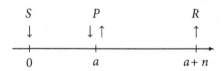

Beispiel:
Alicia borgt sich von Beate 1000 € für sieben Jahre. Unter Freundinnen vereinbaren sie einen Zinssatz von 4 % p. a., sodass nach sieben Jahren $R = 1000 \cdot 1{,}04^7 = 1315{,}93$ € zurückzuzahlen wären. Nach vier Jahren kommt Beate selbst in finanzielle Schwierigkeiten und gibt deshalb den von Alicia unterschriebenen Schuldschein an Cäsar weiter. Da die Marktzinsen inzwischen deutlich gestiegen sind, erwartet dieser eine Verzinsung von 6,5 %. Wie viel erhält Beate von Cäsar und wie viel wird Cäsar später von Alicia zurückerhalten?

Nach vier Jahren ist Alicias Schuld auf $S \cdot q_{\text{nom}}^4 = 1000 \cdot 1{,}04^4 = 1169{,}86$ € angewachsen. Entsprechend (7.4) ist dieser Wert mit $\left(\frac{q_{\text{nom}}}{q_{\text{real}}}\right)^n = \left(\frac{1{,}04}{1{,}065}\right)^3 = 0{,}9312177$ zu multiplizieren, was $P = 1089{,}39$ € ergibt. Diese Summe zahlt Cäsar an Beate. Nach drei Jahren erhält er die vereinbarte Rückzahlung in Höhe von $R = 1315{,}93$ € von Alicia zurück.

7.2.3 Kurs einer Anleihe mit unterjährigen Kuponzahlungen

Oftmals erfolgen Kuponzahlungen (Zinszahlungen) unterjährig, d. h. mehrfach jährlich, natürlich in geringerer Höhe. Ist also ein jährlicher Kupon von p vereinbart und erfolgen pro Jahr m Zinszahlungen, so haben diese in der Regel die Höhe $\frac{p}{m}$ (vgl. den Begriff des relativen unterjährigen Zinssatzes in Abschn. 4.3), vgl. Abb. 7.5.

Solche Anleihen trifft man besonders häufig auf den US-amerikanischen Finanzmärkten an, wo halb- oder vierteljährliche Kuponzahlungen üblich sind.

Zur Ermittlung des fairen Preises einer solchen Anleihe kann man die kürzeren, unterjährigen Perioden als Basisperioden mit Kuponzahlung $\frac{p}{m}$ nehmen. Die Laufzeit beträgt dann $n \cdot m$ Perioden. Als Rendite für die kurzen Perioden kommen entweder der *äquivalente* Zinssatz $\widehat{i}_m = \sqrt[m]{1+i} - 1$ oder der *relative* Zinssatz $i_m = \frac{i}{m}$ in Betracht (vgl. Abschn. 4.3). Analog zu (7.2) ergibt sich folglich als Preis der Anleihe

$$P = \frac{1}{(1+i)^{nm}}\left[\frac{p}{m} \cdot \frac{(1+i)^{nm} - 1}{i} + R\right]. \tag{7.5}$$

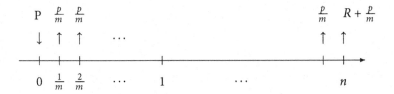

Abb. 7.5 Anleihe mit unterjährigen Kuponzahlungen

Beispiel:

(vgl. Beispiel in Abschn. 7.2.1)

Welchen Preis besitzt eine Anleihe mit Nominalwert 100, Jahreskupon 6,50, acht Jahren Restlaufzeit, Rückzahlung 100 und halbjährlicher Kuponzahlung bei einer Marktrendite von $i = 4{,}82\%$?

Es gilt $m = 2$, der Halbjahreskupon beträgt 3,25, die Periodenzahl $n \cdot m = 16$ und die Halbjahresrendite je nach Berechnungsmethode entweder

$$\widehat{i}_m = \sqrt[m]{1+i} - 1 = \sqrt{1{,}0482} - 1 = 2{,}38\%$$

oder

$$i_m = \frac{i}{m} = \frac{0{,}482}{2} = 2{,}41\%.$$

Im ersten Falle resultiert aus (7.5) ein Preis von $P = 111{,}46$, im zweiten Fall ergibt sich $P = 111{,}04$.

Da die Methoden zur Preisberechnung im unterjährigen Fall nicht eindeutig festgelegt sind, ist die Verwendung weiterer Methoden denkbar und üblich (vgl. z. B. die Überlegungen in den Abschn. 3.3 und 6.4 sowie in Bosch (2007), Kap. 6). Die Frage ist immer, was in der Praxis gebräuchlich oder per Gesetz festgelegt ist.

7.2.4   Kurs einer Anleihe mit gebrochener Laufzeit

Im Normalfall erfolgt der Kauf einer Anleihe nicht gerade zu einem Zinsfälligkeitstermin, sondern irgendwann zwischen zwei solchen Zeitpunkten. Wir nehmen im Weiteren an, die betrachtete Anleihe weise eine Restlaufzeit von n ganzen Jahren (oder Perioden) zuzüglich des gebrochenen Anteils $\tau \in (0, 1)$ auf; siehe Abb. 7.6. Die Berechnung von τ kann dabei nach verschiedenen Usancen erfolgen; vgl. Abschn. 3.5).

Die Vorgehensweise ist dann folgende: Zunächst werden alle Zahlungen (Kupons und Schlussrückzahlung) auf den Zeitpunkt 1 abgezinst, danach wird dieser Betrag noch um die Zeit τ diskontiert.

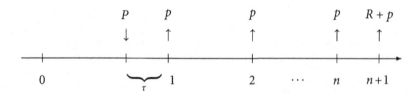

Abb. 7.6   Zahlungsstrom einer Anleihe mit gebrochener Laufzeit

Je nachdem, ob für den gebrochenen Zeitraum lineare Verzinsung oder geometrische Verzinsung (Zinseszins) angewendet wird (beide Vorgehensweisen sind gebräuchlich), erhält man in Analogie zu Formel (7.2) und unter Berücksichtigung der Barwertformel bei geometrischer bzw. linearer Verzinsung unter Verwendung der Marktrendite i folgende Vorschriften zur Berechnung des Preises[2]:

Bei Verwendung der geometrischen Verzinsung in der angebrochenen Periode erhält man

$$P = \frac{1}{(1+i)^{n+\tau}} \left[p \cdot \frac{(1+i)^{n+1} - 1}{i} + R \right], \qquad (7.6)$$

während sich bei linearer Verzinsung innerhalb der angebrochenen Periode

$$P = \frac{1}{1+i\tau} \cdot \frac{1}{(1+i)^n} \left[p \cdot \frac{(1+i)^{n+1} - 1}{i} + R \right] \qquad (7.7)$$

ergibt.

Man beachte, dass in der eckigen Klammer im Unterschied zu Formel (7.2) anstelle von $(1+i)^n$ der Term $(1+i)^{n+1}$ deshalb auftaucht, weil hier Papiere mit n ganzen und einer angebrochenen Periode betrachtet werden, weshalb insgesamt $n+1$ Perioden in die Rechnung einzubeziehen sind. Die Anpassung der für nichtganzzahlige Laufzeiten gültigen Beziehungen (7.6) und (7.7) an die sich auf ganzzahlige Laufzeiten beziehende Formel (7.2) hat dann so zu geschehen, dass $\tau := 1$ und $n := n - 1$ gesetzt werden.

Schließlich sei noch bemerkt, dass die oben beschriebenen Verfahren zur Preisberechnung von Anleihen mit unterjähriger Kuponzahlung und ganzzahliger Restlaufzeit direkt auf solche mit nichtganzzahliger Restlaufzeit übertragen werden können, indem die Kuponzahlung p durch $\frac{p}{m}$ und die Periodenzahl n durch die tatsächliche Anzahl kurzer Perioden ersetzt werden. Dabei ist zu beachten, dass die Größe τ jetzt den Anteil an der **kurzen** Periode verkörpert und nicht der entsprechende Anteil der ursprünglichen, langen Zinsperiode ist. Die kurze Periode hat nach Konstruktion eine Länge von $\frac{1}{m}$. Ferner muss der Jahreszinssatz, wie in Abschn. 7.2.3 beschrieben, mithilfe des äquivalenten oder relativen unterjährigen Zinssatzes auf die kurze Periode umgerechnet werden.

Beispiel:
a) Daniel kauft eine Anleihe mit folgenden Kenngrößen: Kupon 6,50, Nominalwert 100, Rückzahlung 100, Restlaufzeit 8 Jahre und 8 Monate. Die Marktrendite betrage $i = 4,82\,\%$. Wie viel hat er zu zahlen?

---

[2] Dies ist der so genannte Dirty Price; vgl. Renditeberechnung in Abschn. 7.4.3. Achtung: Hier ist der Marktzinssatz gegeben und der (theoretische) Preis wird berechnet:

b) Wie lautet der Preis der Anleihe, wenn anstelle des jährlichen Kupons von 6,50 halbjährlich 3,25 gezahlt wird?

Zu a) Wendet man für die gebrochene Periode der Länge $\tau = \frac{8}{12}$ die geometrische Diskontierung an, so ergibt sich bei Anwendung von Beziehung (7.6) der Preis

$$P = \frac{1}{1{,}0482^{8{,}667}} \cdot \left[6{,}5 \cdot \frac{1{,}0482^9 - 1}{0{,}0482} + 100 \right] = 113{,}81;$$

zinst man linear ab, so erhält man entsprechend Formel (7.7) einen fairen Preis von

$$P = \frac{1}{1 + 0{,}0482 \cdot \frac{2}{3}} \cdot \frac{1}{1{,}0482^8} \cdot \left[6{,}5 \cdot \frac{1{,}0482^9 - 1}{0{,}0482} + 100 \right] = 113{,}78.$$

Zu b) Wie im Beispiel aus Abschn. 7.2.3 bereits berechnet, beträgt der äquivalente Halbjahreszinssatz $\widehat{i}_2 = 2{,}38\,\%$ und der relative Halbjahreszinssatz $i_2 = 2{,}41\,\%$.
Mit $m = 2$, $\frac{p}{m} = 3{,}25$, $n = 17$ und $\tau = \frac{2}{6} = \frac{1}{3}$ ergibt sich bei Verwendung des äquivalenten Zinssatzes von 2,38 % in Analogie zu (7.5) und (7.6) bei geometrischer Diskontierung der Preis

$$P = \frac{1}{1{,}0238^{17{,}333}} \cdot \left[3{,}25 \cdot \frac{1{,}0238^{18} - 1}{0{,}0238} + 100 \right] = 114{,}40,$$

während bei Anwendung der linearen Verzinsung unter Beachtung von (7.5) und (7.7) ein Preis von

$$P = \frac{1}{1 + 0{,}0238 \cdot \frac{1}{3}} \cdot \frac{1}{1{,}0238^{17}} \cdot \left[3{,}25 \cdot \frac{1{,}0238^{18} - 1}{0{,}0238} + 100 \right] = 114{,}39$$

resultiert.
Legt man der Rechnung hingegen den relativen Halbjahreszinssatz von 2,41 % zugrunde, erhält man entsprechend $P = 113{,}95$ bei geometrischer und bei $P = 113{,}94$ bei linearer Diskontierung innerhalb der gebrochenen Periode.
Wie man sieht, hängt die subjektive Bewertung der betrachteten Anleihe, d. h. die Ermittlung des fairen Preises von der verwendeten Methode ab. Diese ist durchaus nicht immer eindeutig vorgegeben.

Abb. 7.7 Zahlungsstrom einer ewigen Rente

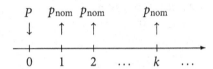

7.2.5 Kurs einer ewigen Rente

Der Preis einer ewigen Rente (mit Nominalwert 100, siehe Abb. 7.7) hängt nicht von der Laufzeit ab, da diese unendlich ist. Vielmehr wird er nur von dem zu zahlenden Kupon (in Prozent angegebener Nominalzinssatz) p_{nom} und der Marktrendite (Realzins) i_{markt} bestimmt, wobei beiden Größen p_{nom} und i_{markt} nicht durch die Beziehung $i = \frac{p}{100}$ verknüpft sind; es handelt sich um grundsätzlich verschiedene Dinge.

Der korrekte Preis einer ewigen Rente, die jemand zu einem beliebigen, mit einem Zinsfälligkeitstermin zusammenfallenden Zeitpunkt erwirbt, hängt folglich nur von p_{nom} und der Marktrendite für (unendlich) lange laufende Wertpapiere ab (US-Treasury-Bonds mit 30 Jahren Laufzeit können beispielsweise einen guten Anhaltspunkt liefern) und beträgt nach Formel (5.9)

$$P = \frac{p_{nom}}{i_{markt}}. \tag{7.8}$$

Die Berechnung des Preises einer ewigen Rente ist somit denkbar unkompliziert, weshalb man dieses Modell vereinfachend als gute Näherung für sehr lang laufende Papiere nehmen kann.

> **Beispiel:**
> Eine ewige Rente mit einem Nominalwert von 10 000 €, die einen Kupon $p = 6$ zahlt, wird nach gewisser Zeit von einem Erwerber übernommen, der – auf Grund der allgemeinen Marktlage – eine Verzinsung von 7,5 % p. a. fordert. Wie viel hat er zu zahlen?
>
> Aus der (für einen Nominalwert von 100 gültigen) Formel (7.8), wobei im vorliegenden Fall die jährliche Zinszahlung $6 \cdot 100 = 600$ € beträgt, erhält man leicht den Wert $P = \frac{600}{0,075} = 8000$ €.

7.2.6 Kurs eines Forward Bonds

Hierbei handelt es sich um eine Anleihe, deren Laufzeit erst in der Zukunft (zum Zeitpunkt a) beginnt, deren Parameter p (Kupon), R (Rückzahlung) und P_a (in a zu zahlender Preis) aber bereits heute bekannt und vereinbart sind (siehe Abb. 7.8).

Abb. 7.8 Zahlungsstrom eines
Forward Bonds

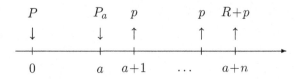

Um den heutigen Preis zu bestimmen, berechnet man zunächst analog zu Formel (7.2) den fairen Kurs für den Zeitpunkt a, subtrahiert den jetzt schon fixierten zu zahlenden Preis P_a und zinst das Ergebnis über a Jahre ab (vgl. die Barwertformel bei geometrischer Verzinsung). Im Resultat erhält man

$$P = \frac{1}{(1+i)^a}\left[-P_a + \frac{1}{(1+i)^n}\left(p\cdot\frac{(1+i)^n-1}{i}+R\right)\right]. \qquad (7.9)$$

Beispiel:
Ein Unternehmen erwartet in zwei Jahren einen größeren Kapitalzufluss, der über zehn Jahre angelegt werden soll. Eine Bank bietet hierfür eine Anleihe mit einem Kupon von $p = 7$, die bei einem Nominalwert 100 eine Rückzahlung von 101 nach zehn Jahren Laufzeit bietet und deren in zwei Jahren zu zahlender Forward-Preis $P_a = 109,10$ beträgt. Wie viel hat man zu zahlen, wenn mit einem Kalkulationszinssatz von 5,80 % gerechnet wird? (Der tatsächliche Anlagebetrag und der tatsächlich zu zahlende Preis werden dann als Vielfaches der beschriebenen „Standard"-Anleihe ausgedrückt.) Für die gegebenen Werte erhält man nach Einsetzen in die Beziehung (7.9) den Preis

$$P = \frac{1}{1,058^2}\left[-109,1 + \frac{1}{1,058^{10}}\left(7\cdot\frac{1,058^{10}-1}{0,058}+101\right)\right] = 0,34.$$

Eigentlich müsste sich $P = 0$ ergeben, wenn P_a als fairer Preis bei gegebenem Zinssatz i ermittelt wird. Da aber zukünftige Zinssätze unbekannt und laufzeitabhängig sind und zweitens sich Preise durch Angebot und Nachfrage am Finanzmarkt herausbilden, kann es in der Praxis durchaus zu geringfügigen Abweichungen kommen.

7.3 Bewertung von Aktien

Während der Kurs von festverzinslichen Wertpapieren in Prozent des Nennwertes angegeben wird (*Prozentnotierung*), handelt es sich bei dem Kurs für Aktien um eine so genannte *Stücknotierung*.

Abb. 7.9 Dividendenzahlungen einer Aktie

Im Unterschied zur Preisberechnung bei festverzinslichen Wertpapieren, wie sie bisher betrachtet wurde und wo die zukünftigen Zahlungsströme bereits zum Zeitpunkt $t = 0$ feststehen, sind die zu erwartenden (Dividenden-)Zahlungen ungewiss. Um trotzdem den theoretischen Preis einer Aktie ermitteln zu können, muss man von Schätzungen der künftigen Dividendeneinkünfte ausgehen.

Die Indizes $1, 2, \ldots, k$ in Abb. 7.9 bezeichnen die Zeitpunkte künftiger Dividendenzahlungen D_k; die Abstände zwischen ihnen können, müssen aber nicht unbedingt ein Jahr betragen.

Im Weiteren sollen zwei einfache Modelle zur Ermittlung des theoretischen Preises einer Aktie vorgestellt werden, wobei die Bewertung jeweils unmittelbar nach einer Dividendenzahlung erfolgen soll. (Die tatsächlichen Aktienkurse – die von den theoretischen unter Umständen stark abweichen können – bilden sich an der Börse durch Angebot und Nachfrage heraus, wobei vielerlei weitere Einflussgrößen, nicht zuletzt psychologischer Natur, eine Rolle spielen.)

Modell 1:

Die Dividendenzahlungen seien in allen kommenden Perioden konstant: $D_k = D$, $k = 1, 2, \ldots$ Mit P_k soll der Kurs der Aktie zum Zeitpunkt k bezeichnet werden, P_0 ist also der augenblickliche Kurs. Er ist gleich der abgezinsten Summe aus Aktienwert und Dividende zum Zeitpunkt $k = 1$, wobei die Diskontierung mit dem ebenfalls für die Zukunft als konstant vorausgesetzten aktuellen Zinssatz i für eine Periode erfolgt:

$$P_0 = \frac{P_1 + D_1}{1 + i}.$$

Analog gilt

$$P_1 = \frac{P_2 + D_2}{1 + i}, \quad P_2 = \frac{P_3 + D_3}{1 + i} \quad \text{usw.}$$

Unter Berücksichtigung der Annahme $D_k = D$ sowie der Beziehung (5.9) ergibt sich somit für den heutigen Aktienkurs

$$P_0 = \frac{D_1}{1 + i} + \frac{D_2}{(1 + i)^2} + \ldots + \frac{D_k}{(1 + i)^k} + \ldots = \sum_{k=1}^{\infty} \frac{D}{(1 + i)^k} = \frac{D}{i}. \tag{7.10}$$

Beispiel:

Für absehbare Zeit ist pro Aktie der Süß- und Sauerstoff AG mit einer jährlichen Dividendenzahlung in Höhe von 2 € zu rechnen. Als Kalkulationszinssatz werde mit 6 % p. a. gerechnet. Wie lautet der theoretische Aktienpreis?

Aus Formel (7.10) ergibt sich ein theoretischer Preis von $P_0 = \frac{2}{0,06} = 33,33$ €.

Modell 2:

Die Dividendenzahlungen mögen sich dynamisch nach dem Gesetz $D_k = D \cdot (1+s)^k$, $k = 1, 2, \ldots$, entwickeln, wobei s der *Dynamisierungsfaktor* sei (so bedeutet z. B. $s = 0,05$ eine jährliche Steigerung um 5 %). Ferner gelte $s < i$.

In diesem Fall liegt die bereits früher betrachtete Situation einer dynamischen Rente vor (vgl. Abschn. 5.5). Damit beträgt der theoretische Aktienkurs (= Barwert der dynamischen Rente) laut Beziehung (5.11)

$$P_0 = D \cdot \frac{1+s}{1+i} + D \cdot \frac{(1+s)^2}{(1+i)^2} + \ldots = D \cdot \sum_{k=1}^{\infty} \left(\frac{1+s}{1+i} \right)^k = D \cdot \frac{1+s}{i-s}. \qquad (7.11)$$

Beispiel:

Die Max&Moritz AG zahlte in diesem Jahr eine Dividende von 1 € pro Aktie und verspricht ihren Aktionären für die Zukunft eine jährliche Steigerung um 4 %. Welchen theoretischen Kurs hat die Aktie, wenn mit einer Verzinsung von 6 % p. a. gerechnet wird?

Aus (7.11) ergibt sich $P_0 = 1 \cdot \frac{1,04}{0,06-0,04} = 52$ €.

Bemerkung: Für $s \geq i$ ist Formel (7.11) nicht anwendbar; in diesem Fall würde ein Wert von $P_0 = \infty$ resultieren, was offensichtlich keinen Sinn ergibt.

7.4 Renditeberechnung

Während in den vorigen Abschnitten die (Markt-)Rendite als gegeben vorausgesetzt war, besteht ein in der Praxis häufig zu lösendes Problem darin, bei bekanntem Preis eines Finanzproduktes, der sich zum Beispiel an der Börse im Spiel von Angebot und Nachfrage herausgebildet hat, und bei fixierten sonstigen Parametern dessen Rendite (= Effektivverzinsung) i_{eff} zu bestimmen. Dies ist die zu Abschn. 7.2 umgekehrte Fragestellung. Zu ihrer Lösung können die bereits oben hergeleiteten Beziehungen genutzt werden. Generell gilt: Je höher der Kurs eines Wertpapiers, desto niedriger dessen Rendite und umgekehrt.

7.4.1 Rendite eines Zerobonds

Durch Umstellung von (7.3) erhält man leicht

$$i_{\text{eff}} = \sqrt[n]{\frac{R}{P}} - 1 \, . \tag{7.12}$$

Beispiel:
Ein Zerobond mit 3,5 Jahren Laufzeit und einem Nominalwert von $R = 100$ wird zum Preis von 82,60 angeboten. Welche Rendite wirft er ab?
Aus Beziehung (7.12) ergibt sich $i = \left(\frac{100}{82,60}\right)^{\frac{1}{3,5}} - 1 = 0,0561 = 5,61\,\%$.

Rendite einer ewigen Rente: Aus (7.8) erhält man unmittelbar

$$i_{\text{eff}} = \frac{p_{\text{nom}}}{P} \, . \tag{7.13}$$

Beispiel:
Eine ewige Rente, die einen jährlichen Kupon von $p = 5$ aufweist, kann günstig zum Preis von $P = 91,25$ erworben werden. Welche Rendite erbringt sie?
Aus (7.13) resultiert $i_{\text{eff}} = \frac{5}{91,25} = 0,0548 = 5,48\,\%$.

7.4.2 Rendite einer Anleihe mit ganzzahliger Laufzeit

Es wird eine Anleihe ohne jegliche Besonderheit betrachtet (sog. *Plain Vanilla Bond*), speziell erfolgen die Zinszahlungen jährlich.

Multipliziert man Beziehung (7.2) mit den beiden Nennern $(1 + i)^n$ und i und setzt man $q = 1 + i$, so erhält man nach kurzer Umformung die Beziehung

$$P q^n (q - 1) - p q^n + p - R(q - 1) = 0 \, .$$

Formt man noch etwas um und bezeichnet die linke Seite als Funktion $f(q)$, ergibt sich

$$f(q) = P q^{n+1} - (P + p)q^n - Rq + (p + R) = 0 \, . \tag{7.14}$$

Dies ist eine Polynomgleichung höheren, nämlich $(n+1)$-ten Grades. Solche Gleichungen sind ab 5. Grad nur in Spezialfällen und für 3. und 4. Grad nur schwer explizit lösbar, weswegen numerische Näherungsverfahren (siehe Abschn. 2.3) ein probates Mittel zum Finden der Lösungen von (7.14) darstellen. Dies ist gleichbedeutend mit dem Auffinden von Nullstellen der auf der linken Seite stehenden Funktion $f(q)$.

Hierfür eignen sich in erster Linie das Newton-Verfahren mit einer guten Startnäherung q_0, die man beispielsweise mithilfe der linearen Interpolation (siehe Abschn. 2.3) finden kann. Im Übrigen kann man die Methode der linearen Interpolation auch direkt auf Beziehung (7.2) anwenden, indem man Probewerte q (bzw. i) in die rechte Seite einsetzt und das Resultat mit der linken Seite vergleicht.

Von Bedeutung ist die Frage, wie viele (positive) Lösungen die Beziehung (7.14) besitzt. Nach dem Hauptsatz der Algebra können es maximal $n+1$ sein. Gäbe es tatsächlich mehrere positive Wurzeln, so wäre unklar, welche davon als die gesuchte Rendite anzusehen ist. Hier hilft die Vorzeichenregel von Descartes (siehe Abschn. 2.3) weiter. Notiert man die Vorzeichen der von Null verschiedenen Koeffizienten des Polynoms in (7.14), so ergibt sich die Folge $+--+$, die zwei Wechsel aufweist. Somit kann es zwei oder keine positiven Nullstellen geben (und nur solche kommen für die Rendite in Frage). Durch „scharfes Hinsehen" erkennt man, dass $q_1 = 1$ eine Lösung ist (in Wahrheit ist dies eine Scheinlösung, denn die Beziehung (7.2) ist für $q = 1$ bzw. $i = 0$ gar nicht definiert). Demnach muss es zwei positive Nullstellen von (7.14) geben, und die zweite Nullstelle liefert die gesuchte Rendite.

Man kann auch zeigen, dass die zweite Nullstelle q_2 größer als eins ist. In der Tat, es gilt $f(0) = p + R > 0$, $f(1) = 0$ und mit $f'(q) = (n+1)Pq^n - n(P+p)q^{n-1} - R$ ergibt sich $f'(1) = (n+1)P - n(P+p) - R = P - (np+R) < 0$; letztere Ungleichung gilt unter vernünftigen Voraussetzungen an die eingehenden Größen P, p, R, denn $R + np$ stellt die Gesamtrückzahlung dar, während P durch die Diskontierung eben dieser Größen entsteht und damit kleiner ist. Da also der Anstieg in $q = 1$ negativ und andererseits der Grenzwert von f für $x \to \infty$ Unendlich ist (hier ist die höchste Potenz entscheidend), muss die zweite Nullstelle q_2 rechts von 1 liegen.

Beispiel:

Eine Bundesobligation mit einer Laufzeit von fünf Jahren und einer jährlichen Zinszahlung von 4,25 % wird zum Emissionskurs $P = 99,40$ ausgegeben (der Nominalwert und die Rückzahlung seien gleich 100). Welche Rendite kann man mit dieser Geldanlage erzielen?

Aus dem Ansatz

$$99,40 = \frac{1}{q^5}\left(4,25 \cdot \frac{q^5 - 1}{q - 1} + 100\right),$$

der der Beziehung (7.2) entspricht, erhält man für $q = 1,05$ mit 96,75 einen zu kleinen Wert auf der rechten Seite, für $q = 1,04$ ergibt sich der zu große Wert

101,11. Lineare Interpolation liefert aus dem Verhältnis $\frac{96,75-101,11}{1,05-1,04} = \frac{96,75-99,40}{1,05-q_0}$ den Näherungswert $q_0 = 1,044$.

Dieser Startwert q_0 soll nun mithilfe des Newton-Verfahrens (siehe Abschn. 2.3) weiter verbessert werden. Dazu formen wir die obige Beziehung durch Multiplikation mit den Nennern q^5 und $q - 1$ um und erhalten $99,40q^5(q - 1) = 4,25(q^5 - 1) + 100(q - 1)$. Hieraus ergibt sich die Funktion

$$f(q) = 99,40q^6 - 103,65q^5 - 100q + 104,25$$

mit

$$f'(q) = 596,4q^5 - 518,25q^4 - 100,$$

deren Nullstelle zu bestimmen ist. Das Newton-Verfahren läuft nun wie folgt ab:

$$q_{k+1} = q_k - \frac{f(q_k)}{f'(q_k)}$$

k	q_k	$f(q_k)$	$f'(q_k)$
0	1,044	0,003276	24,013
1	1,04386	−0,000062	23,847
2	1,04386		

Im vorliegenden Fall stagniert das Verfahren bereits nach dem 2. Schritt, da die mittels linearer Interpolation gewonnene Anfangslösung sehr genau ist. Die gesuchte Rendite beträgt damit $i_{\text{eff}} = 4,39\,\%$. (Wer über einen programmierbaren Taschenrechner verfügt, hat es am einfachsten: Aus den Beziehungen (7.2) bzw. (7.14) lässt sich die Lösung problemlos direkt berechnen.)

7.4.3 Rendite einer Anleihe mit gebrochener Laufzeit

Bei Verwendung der Formeln (7.6) bzw. (7.7) ist folgende Besonderheit zu beachten: Der Preis einer Anleihe ist an den Wertpapierbörsen zumeist als so genannter *Clean Price* (*Nettopreis*) notiert; hinzu kommen die *Stückzinsen* für den bereits verstrichenen Teil der ersten Zinsperiode zwischen letztem Kupontermin (Zinsfälligkeitsdatum) und dem Kauftag. Dieser Teil besitzt die Länge $1 - \tau$ (vgl. Abb. 7.6).[3] Die Stückzinsen selbst sind ein an den Verkäufer der Anleihe zu zahlendes Entgelt dafür, dass bereits nach einer nicht vollständigen Zinsperiode der volle Zinsbetrag (*Kupon*) an den Besitzer der Anleihe gezahlt wird.

---

[3] Die konkrete Berechnung von τ bzw. $1 - \tau$ hängt von den verwendeten Usancen (vgl. Abschn. 3.5) sowie eventuell zu beachtenden Sonderregeln ab.

Entsprechend der Zinsformel bei linearer Verzinsung (3.1) betragen sie $S = (1 - \tau)p$. Clean Price plus Stückzinsen ergeben zusammen den *Dirty Price* (*Bruttopreis*), der tatsächlich zu zahlen ist.

Deshalb lautet der Ansatz, aus dem die Rendite einer Anleihe mit gebrochener Restlaufzeit berechnet werden kann, je nach verwendeter Methode

$$P + S = \frac{1}{(1 + i)^{n+\tau}} \left[p \cdot \frac{(1 + i)^{n+1} - 1}{i} + R \right] \tag{7.15}$$

bzw.

$$P + S = \frac{1}{1 + i\tau} \cdot \frac{1}{(1 + i)^n} \left[p \cdot \frac{(1 + i)^{n+1} - 1}{i} + R \right]. \tag{7.16}$$

Erfolgt die Kuponzahlung unterjährig, gemäß den getroffenen Vereinbarungen also m-mal pro Zinsperiode, so hat man den neuen Kupon $\frac{p}{m}$ anstelle des ursprünglichen Kupons p in die Formeln einzusetzen und für n die tatsächliche Zahl (kurzer) Perioden, die dann entsprechend größer ist, zu nehmen.

Weiterhin entsteht die Frage, wie die für die kurze Periode (der Länge $\frac{1}{m}$) aus (7.15) bzw. (7.16) ermittelte Rendite i_m auf die ursprüngliche Periode der Länge 1 (zumeist ein Jahr) umzurechnen ist. Zwei Umrechnungsmethoden bieten sich sofort an und sind auch in der Praxis gebräuchlich (vgl. unterjährige Verzinsung):

Umrechnung mittels geometrischer Verzinsung, d. h.

$$i = (1 + i_m)^m - 1$$

oder Umrechnung mittels linearer Verzinsung:

$$i = m \cdot i_m.$$

Es sind natürlich noch weitere Methoden denkbar.

Die Kombination aus Formel (7.15) mit der geometrischen Umrechnung der Periodenrendite wird ISMA-Rendite genannt. Sie hat sich international am stärksten durchgesetzt.

Beispiel:

Es soll die ISMA-Rendite einer Anleihe mit folgenden Daten ermittelt werden: $N = R = 100$ (Nominalwert = Rückzahlung), Restlaufzeit vier Jahre und sieben Monate, Clean Price $P = 102$. Für die Kuponzahlung soll es drei Varianten geben:

a) jährliche Zahlung eines Kupons von $p = 6$,
b) halbjährliche Zahlung eines Kupons von $\frac{p}{2} = 3$,
c) vierteljährliche Zahlung eines Kupons von $\frac{p}{4} = 1{,}5$.

Zu a) Hier gilt $n = 4$, $\tau = \frac{7}{12}$, $1 - \tau = \frac{5}{12}$, woraus sich Stückzinsen in Höhe von $S = 6 \cdot \frac{5}{12} = 2{,}5$ ergeben. Die Formel (7.15) führt dann auf den Ansatz

$$102 + 2{,}5 = \frac{1}{q^{4{,}58333}} \left[6 \cdot \frac{q^5 - 1}{q - 1} + 100 \right],$$

aus dem man mittels eines einfachen Probierverfahrens (bevorzugt lineare Interpolation/Sekantenverfahren; das Newton-Verfahren ist ebenfalls möglich) das Folgende erhält:

k	q_k	rechte Seite
1	1,05	106,472
2	1,056	104,039
3	1,055	104,439
4	1,048	104,520
5	1,049	104,479

Die gesuchte ISMA-Rendite beträgt also 5,48 %.

Zu b) In diesem Fall lauten die relevanten Größen $n = 9$, $\tau = \frac{1}{6}$, $1 - \tau = \frac{5}{6}$, $S = 3 \cdot \frac{5}{6} = 2{,}5$. Somit ergibt sich der Ansatz

$$102 + 2{,}5 = \frac{1}{q^{9{,}16667}} \left[3 \cdot \frac{q^{10} - 1}{q - 1} + 100 \right].$$

Dieser liefert (nach einem ebensolchen Probierverfahren) die Halbjahresrendite $i_2 = 2{,}75\,\%$, aus der sich diese Jahresrendite ergibt:

$$i = (1 + i_2)^2 - 1 = 5{,}58\,\%.$$

Zu c) Es gilt $n = 18$, $\tau = \frac{1}{3}$, $1 - \tau = \frac{2}{3}$, $S = 1{,}5 \cdot \frac{2}{3} = 1$. Aus dem Ansatz

$$102 + 1 = \frac{1}{q^{18{,}33333}} \left[1{,}5 \cdot \frac{q^{19} - 1}{q - 1} + 100 \right]$$

resultiert die Vierteljahresrendite $i_4 = 1{,}38\,\%$, die gemäß Formel (4.7) eine Jahresrendite von $i = (1 + i_4)^4 - 1 = 5{,}63\,\%$ nach sich zieht.

Vergleicht man die Jahresrenditen der drei Teilaufgaben, so erkennt man, dass bei festem Nettopreis von 102 der jährliche Kupon die geringste Rendite aufweist, gefolgt vom halb- und vierteljährlichen Kupon. Das kann auch nicht verwundern, denn bei gleichen Gesamtauszahlungen erfolgen die Kuponzahlungen in b) und c) (zumindest teilweise) eher, was günstiger für den Investor ist. Damit muss die zugrunde liegende Rendite aber höher sein.

7.5   Aufgaben

1. Ein Anleger erwirbt eine Anleihe mit einer Restlaufzeit von sechs Jahren und einem Kupon von 3,5 % im Nennwert von 15 000 €.
   a) Wie viel hat er zu zahlen, wenn der Marktzinssatz für Anleihen dieser Laufzeit 3,75 % beträgt?
   b) Der Kurs der Anleihe betrage 101. Welche Rendite erbringt die Anleihe (Genauigkeit: eine Nachkommastelle)?

2. Ein anderer Anleger erwirbt eine Anleihe mit einer Restlaufzeit von fünf Jahren und einem Kupon von 4 % im Nennwert von 20 000 €.
   a) Wie lautet die Funktion, welche für die konkrete Anleihe den Kurs in Abhängigkeit vom Marktzinssatz beschreibt?
   b) Man berechne den fairen Preis (= theoretischer Kurs) der Anleihe bei einem Marktzinssatz von 4,28 %?
   c) Wie ändert sich (näherungsweise) der Kurs der Anleihe, wenn sich der Marktzinssatz von $i_{markt} = 0,0428$ um Δi ändert? Man beschreibe zunächst verbal, wie sich die Kursänderung berechnen lässt. Anschließend soll die Rechnung für die konkrete Änderung $\Delta i = 0,07\,\%$ ausgeführt werden.
   d) Man vergleiche mit dem exakten neuen Kurs und interpretiere das erhaltene Ergebnis.

3. Man weise nach, dass der Kurs eines Zerobonds für fallende Restlaufzeit, d. h. für $n \to \infty$, gegen 100 strebt.

4. Gegeben seien zwei Anleihen mit einer Restlaufzeit von je drei Jahren und einem Kupon von 6 % bzw. 12 %. Außerdem sei die Zinsstrukturkurve bekannt: Die Spot Rates für ein, zwei und drei Jahre lauten $s_1 = 10\,\%$, $s_2 = 11\,\%$ und $s_3 = 12\,\%$ (vgl. Abschn. 11.1).
   a) Man bewerte beide Anleihen mittels der obigen Spot Rates.
   b) Man berechne die Effektivzinssätze beider Anleihen mittels der in a) erzielten Bewertungen. Welche Schlussfolgerung ergibt sich?

5. Für eine Anleihe mit ganzzahliger Restlaufzeit n und Kupon p wurde für gegebenen Preis P_0 die zugehörige Rendite i_0 mithilfe eines numerischen Verfahrens berechnet. Wie kann man bei Änderung des Preises um ΔP die Renditeänderung (näherungsweise) beschreiben?

7.6   Lösung der einführenden Probleme

1. 1112,18 €;
2. 2,50 %;
3. 5,58 %

Weiterführende Literatur

1. Bosch, K.: Finanzmathematik (7. Auflage), Oldenbourg, München (2007)

2. Bühlmann, N., Berliner, B.: Einführung in die Finanzmathematik, Bd. 1, Haupt, Bern (1997)

3. Grundmann, W., Luderer, B.: Finanzmathematik, Versicherungsmathematik, Wertpapieranalyse. Formeln und Begriffe (3. Auflage), Vieweg + Teubner, Wiesbaden (2009)

4. Kruschwitz, L.: Finanzmathematik: Lehrbuch der Zins-, Renten-, Tilgungs-, Kurs- und Renditerechnung (5. Auflage), Oldenbourg, München (2010)

5. Luderer, B.: Mathe, Märkte und Millionen: Plaudereien über Finanzmathematik zum Mitdenken und Mitrechnen, Springer Spektrum, Wiesbaden (2013)

6. Luderer, B., Nollau, V., Vetters, K.: Mathematische Formeln für Wirtschaftswissenschaftler (8. Auflage), Springer Gabler, Wiesbaden (2015)

7. Luderer, B., Würker, U.: Einstieg in die Wirtschaftsmathematik (9. Auflage), Springer Gabler, Wiesbaden (2014)

8. Pfeifer, A.: Praktische Finanzmathematik: Mit Futures, Optionen, Swaps und anderen Derivaten (5. Auflage), Harri Deutsch, Frankfurt am Main (2009)

9. Tietze J.: Einführung in die Finanzmathematik. Klassische Verfahren und neuere Entwicklungen: Effektivzins- und Renditeberechnung, Investitionsrechnung, derivative Finanzinstrumente (12. Auflage), Springer Spektrum, Wiesbaden (2015)

Abschreibungen 8

Eng mit der Zins- und Zinseszinsrechnung verbunden ist die wirtschaftlich relevante Problematik von Abschreibungen. *Abschreibungen* bringen die Wertminderung von Anlagegütern (d. h. mehrjährig nutzbare Wirtschaftsgüter) zum Ausdruck. Die Differenz aus dem Anfangswert (Anschaffungspreis bzw. Herstellungskosten) und den (jährlichen[1]) Abschreibungen ergibt den jeweiligen *Buchwert* für das betreffende Anlagegut. Nach der Ermittlung der Wertminderung unterscheidet man folgende Arten von Abschreibungen: *lineare* Abschreibungen (gleiche Jahresbeträge), *degressive* Abschreibungen (fallende Jahresbeträge), *leistungsabhängige* Abschreibungen. Letztere sind dadurch charakterisiert, dass die Wertminderung an der jährlichen Nutzung ausgerichtet ist; sie bleiben – wegen der fehlenden finanzmathematischen Fundierung – im Weiteren ausgeklammert.

Gesetzliche Vorschriften, insbesondere § 7 des Einkommensteuergesetzes (EStG), sind zu beachten. Da sich diese Vorschriften immer wieder ändern, sind die im Folgenden beschriebenen mathematischen Modelle unter Umständen nicht alle anwendbar oder enthalten gesetzlich nicht zulässige Annahmen.

Diese oder ähnliche Probleme werden eine Rolle spielen:

- Zur Erhöhung der Produktivität kauft ein Unternehmen eine Werkzeugmaschine. Im Laufe der Zeit verliert diese an Wert. Welche finanzmathematischen Methoden gibt es, um diese Wertminderung bilanztechnisch darzustellen?
- Schreibt man geometrisch-degressiv ab, so sind die Abschreibungsbeträge zunächst hoch und fallen dann von Jahr zu Jahr, während die Beträge bei linearer Abschreibung in jedem Jahr konstant sind. Zu welchem Zeitpunkt sollte man von geometrisch-degressiver zu linearer Abschreibung übergehen, sofern das durch den Gesetzgeber überhaupt zugelassen wird?

---

[1] Aus praktischer Sicht ist es sinnvoll, als Grundperiode ein Jahr zu nehmen.

© Springer Fachmedien Wiesbaden 2015
B. Luderer, *Starthilfe Finanzmathematik*, Studienbücher Wirtschaftsmathematik,
DOI 10.1007/978-3-658-08425-7_8

Nachdem Sie dieses Kapitel durchgearbeitet haben, werden Sie in der Lage sein

- die verschiedenen Arten von Abschreibungsmöglichkeiten zu erläutern,
- Anlagegüter sowohl linear als auch degressiv abzuschreiben,
- den optimalen Zeitpunkt für den Übergang von geometrisch-degressiver zu linearer Abschreibung zu berechnen.

Für die weitere Darstellung der linearen und degressiven Abschreibungen wird folgende Symbolik verwendet:

n	Nutzungsdauer (in Jahren)
$A = R_0$	Anfangswert
w_k	Wertminderung; Abschreibung im k-ten Jahr, $k = 1, \ldots, n$
R_k	Buchwert nach k Jahren, $k = 0, 1, 2, \ldots, n$
R_n	Restwert nach n Jahren (Ende der Nutzungsdauer)
W	gesamte Wertminderung (Abschreibungssumme) während der Nutzungsdauer: $W = A - R_n = \sum w_k$
s	Abschreibungsprozentsatz (in Prozent)

8.1 Lineare Abschreibung

Bei der *linearen* Abschreibung wird die insgesamt während der Nutzungsdauer eines Anlagegutes erwartete Wertminderung (Anfangswert abzüglich eines eventuellen Restwertes am Ende der Nutzungsdauer) gleichmäßig auf die gesamte Nutzungsdauer verteilt (vgl. Abb. 8.1). Die jährliche Wertminderung ist somit konstant (d. h. $w_1 = w_2 = \ldots = w_n$) und wird im Weiteren kurz mit w bezeichnet.

Die jährliche Abschreibung bestimmt sich somit aus der Beziehung

$$w = \frac{A - R_n}{n}, \tag{8.1}$$

und die Gesamtabschreibung für den betrachteten Zeitraum von n Perioden beträgt entsprechend

$$W = n \cdot w. \tag{8.2}$$

Die Buchwerte am Ende des Jahres k bilden eine arithmetische Folge mit dem Anfangswert A und einer konstanten Differenz von $-w$, wobei gilt

$$R_k = A - k \cdot w. \tag{8.3}$$

Abb. 8.1 Lineare Abschreibung auf Restwert $R_n > 0$ (**a**) bzw. $R_n = 0$ (**b**)

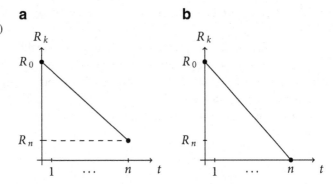

Speziell erhält man für den Restwert R_n am Ende der Nutzungsdauer einen Betrag von

$$R_n = A - n \cdot w. \tag{8.4}$$

Die Größe $s = 100 \cdot \frac{w}{A}$ wird als *Abschreibungsprozentsatz* bezeichnet.

Beispiel:
Der Anschaffungspreis eines Anlagegutes beläuft sich auf 93 000 €. Nach 12-jähriger Nutzungsdauer wird mit einem Restwert von 3000 € gerechnet.

Mit $n = 12$, $A = 93\,000$ und $R_{12} = 3000$ ergibt sich entsprechend (8.1) und (8.3) als jährliche Abschreibung $w = \frac{1}{12} \cdot (93\,000 - 3000) = 7500$ €, während der Restwert nach neun Jahren $93\,000 - 9 \cdot 7500 = 25\,500$ € beträgt. Damit erhält man die nachstehende Folge der jährlichen Buchwerte und Abschreibungen:

Jahr	Buchwert zu Jahresbeginn	Abschreibung	Buchwert am Jahresende
1	93 000	7500	85 500
2	85 500	7500	78 000
3	78 000	7500	70 500
⋮	⋮	⋮	⋮
12	10 500	7500	3000

8.2 Degressive Abschreibung

Die *degressive* Abschreibung ist durch monoton fallende Jahresbeträge gekennzeichnet. Nach der Entwicklung der im Zeitablauf abnehmenden Abschreibungsbeträge wird zwischen *arithmetisch degressiver* (Spezialfall: *digitale* Abschreibung) und *geometrisch degressiver* Abschreibung differenziert.

8.2.1 Arithmetisch degressive Abschreibung

Bei der *arithmetisch degressiven* Abschreibung nehmen die Abschreibungsbeträge um jeweils den gleichen Betrag d ab. Somit entsprechen die jährlichen Abschreibungsbeträge einer arithmetischen Zahlenfolge mit dem Anfangswert w_1 (Abschreibung im ersten Jahr) und der konstanten Differenz d.

Die Abschreibung im k-ten Jahr und der Buchwert an dessen Ende lauten dann

$$w_k = w_1 - (k-1) \cdot d, \qquad R_k = \frac{k}{2}(w_1 + w_k), \tag{8.5}$$

$k = 1, \ldots, n$.

Die während der gesamten Nutzungsdauer eintretende Wertminderung $W = A - R_n$ entspricht einer arithmetischen Reihe mit Anfangswert w_1, Endwert $w_1 - (n-1) \cdot d$ und n Gliedern. Entsprechend der Beziehung (2.10) beläuft sie sich auf

$$W = \sum_{i=1}^{n} w_i = \frac{n}{2} \cdot [w_1 + w_1 - (n-1) \cdot d] = n \cdot w_1 - \frac{n \cdot (n-1) \cdot d}{2}. \tag{8.6}$$

Aus Beziehung (8.6) ergibt sich durch Umformung für den Reduktionsbetrag der Abschreibungen:

$$d = 2 \cdot \frac{n \cdot w_1 - (A - R_n)}{n \cdot (n-1)}. \tag{8.7}$$

Der Anfangswert der Abschreibungen w_1 genügt dabei wegen $d \geq 0$, $w_n \geq 0$ den beiden Ungleichungen

$$\frac{A - R_n}{n} \leq w_1 \leq 2 \cdot \frac{A - R_n}{n}$$

zu erfüllen. In der Tat, aus $d \geq 0$ folgt

$$nw_1 - (A - R_n) \geq 0 \quad \implies \quad nw_1 \geq A - R_n \quad \implies \quad w_1 \geq \frac{A - R_n}{n}.$$

Weiterhin zieht die Voraussetzung $w_n \geq 0$ mit $w_n = w_1 - (n-1)d$ die folgende Ungleichungskette nach sich:

$$w_1 - (n-1)d \geq 0 \quad \implies \quad w_1 \geq (n-1)d = \frac{2nw_1 - 2(A - R_n)}{n}$$

$$\implies \quad nw_1 \geq 2nw_1 - 2(A - R_n) \quad \implies \quad nw_1 \leq 2(A - R_n)$$

$$\implies \quad w_1 \leq 2 \cdot \frac{A - R_n}{n}.$$

Beispiel:

Eine Druckmaschine besitzt einen Anfangswert von $120\,000\,€$ und soll in sieben Jahren arithmetisch fallend auf den Restwert von $8000\,€$ abgeschrieben werden. Als Wertminderung für das erste Jahr wird ein Betrag von $29\,200\,€$ zugrunde gelegt.

Wie entwickeln sich die Abschreibungen und die Buchwerte?

Mit $n = 7$, $A = 120\,000$, $R_7 = 8000$ und $w_1 = 29\,200$ berechnet man aus (8.7) $d = 2 \cdot \frac{7 \cdot 29\,200 - (120\,000 - 8000)}{7 \cdot 6} = 4400$. Der Abschreibungsbetrag im 4. Jahr lautet entsprechend (8.5) $w_4 = 29\,200 - (4 - 1) \cdot 4400 = 16\,000$. Als Folge der jährlichen Buchwerte und Abschreibungen ergibt sich:

Jahr	Buchwert zu Jahresbeginn	Abschreibung	Buchwert am Jahresende
1	$120\,000 = A$	29 200	90 800
2	90 800	24 800	66 000
3	66 000	20 400	45 600
4	45 600	16 000	29 600
5	29 600	11 600	18 000
6	18 000	7200	10 800
7	10 800	2800	$8000 = R_n$

8.2.2 Digitale Abschreibung

Die *digitale* Abschreibung stellt einen Sonderfall der arithmetisch degressiven Abschreibung dar, bei welcher der Abschreibungsbetrag im letzten Jahr der Nutzungsdauer dem jährlichen Minderungsbetrag der Abschreibungen entspricht, d. h. $w_n = d$ bzw. $w_{n+1} = 0$. Sie verbindet die Vorteile der degressiven Abschreibung mit denen der linearen Abschreibung.

Die Folge der jährlichen Abschreibungsbeträge bildet wiederum eine arithmetische Folge mit dem Anfangswert $w_1 = n \cdot d$, der Differenz $-d$ und der Gliederzahl n. Wegen $w_n = d$ ergibt sich aus der Formel (8.5) die Beziehung $w_1 = n \cdot d$ und damit

$$w_k = (n - k + 1) \cdot d. \tag{8.8}$$

Die während der gesamten Nutzungsdauer eintretende Wertminderung entspricht einer arithmetischen Reihe mit Anfangswert $w_1 = nd$, Endwert $w_n = d$ und n Gliedern (vgl. Beziehung (2.10)):

$$W = A - R_n = \sum_{k=1}^{n} w_k = \frac{n}{2}(nd + d) = \frac{n(n+1)}{2} \cdot d.$$

Hieraus ergibt sich nach einfacher Umformung für den Reduktionsbetrag der Abschreibungen

$$d = \frac{2 \cdot (A - R_n)}{n \cdot (n + 1)} \tag{8.9}$$

sowie der Abschreibungsbetrag im ersten Jahr

$$w_1 = \frac{2(A - R_n)}{n + 1}. \tag{8.10}$$

Schließlich ist es nicht schwer, den Buchwert nach k Jahren zu ermitteln (auf die Herleitung soll hier verzichtet werden). Dieser beträgt

$$R_k = A - \frac{k(A - R_n)}{n(n + 1)} \cdot (2n + 1 - k). \tag{8.11}$$

Beispiel:
Ein Anlagegut besitzt einen Herstellungswert von 30 000 €. Sein voraussichtlicher Restwert nach Ablauf der Nutzungsdauer von sieben Jahren beläuft sich auf 2000 €. Man ermittle die jährlichen Abschreibungen und Buchwerte bei Verwendung der Methode der digitalen Abschreibung.

Aus (8.9) ergibt sich mit $n = 7$ zunächst $d = \frac{2 \cdot (30\,000 - 2000)}{7 \cdot (7 + 1)} = 1000$, woraus z. B. der Abschreibungsbetrag im 5. Jahr gemäß (8.8) und der Buchwert am Ende des 5. Jahres entsprechend (8.11) ermittelt werden können:

$$w_5 = (7 - 5 + 1) \cdot 1000 = 3000,$$
$$R_5 = 30\,000 - \frac{5 \cdot 28\,000}{7 \cdot 8} \cdot (2 \cdot 7 + 1 - 5) = 5000.$$

Als Folge der jährlichen Buchwerte und Abschreibungen ergibt sich:

Jahr	Buchwert zu Jahresbeginn	Abschreibung	Buchwert am Jahresende
1	30 000	7000	23 000
2	23 000	6000	17 000
3	17 000	5000	12 000
4	12 000	4000	8000
5	8000	3000	5000
6	5000	2000	3000
7	3000	1000	2000

8.2.3 Geometrisch degressive Abschreibung

Bei der *geometrisch degressiven* Abschreibung wird in jedem Jahr ein bestimmter (konstanter) Prozentsatz p vom jeweiligen Buchwert des Vorjahres abgeschrieben. Damit bilden die Buchwerte eine (fallende) geometrische Folge mit dem Anfangswert A und dem Quotienten $q = 1 - \frac{s}{100}$ (vgl. Abb. 8.2).

Für die Berechnung des Restwertes nach k Jahren gilt folglich der Ansatz

$$R_k = A \cdot \left(1 - \frac{s}{100}\right)^k, \tag{8.12}$$

$k = 0, 1, \ldots, n$.

Speziell erhält man aus (8.12) die Beziehung

$$R_n = A \cdot \left(1 - \frac{s}{100}\right)^n,$$

woraus sich nach einigen elementaren Umformungen der *Abschreibungsprozentsatz s* bei vorgegebenem Anfangswert A und Restwert R_n sowie bekannter Nutzungsdauer n wie folgt errechnen lässt (vgl. die Formel (4.4) aus Kap. 4 zur Berechnung des Zinssatzes in der Zinseszinsrechnung):

$$s = 100 \cdot \left(1 - \sqrt[n]{\frac{R_n}{A}}\right). \tag{8.13}$$

Die jährlichen Abschreibungsbeträge entsprechen (wie auch die Buchwerte) einer fallenden geometrischen Folge mit dem Anfangswert $w_1 = A \cdot \frac{s}{100}$ und dem Quotienten $q = 1 - \frac{s}{100}$:

$$w_k = A \cdot \frac{s}{100} \cdot \left(1 - \frac{s}{100}\right)^{k-1}, \quad k = 1, \ldots, n. \tag{8.14}$$

Abb. 8.2 Geometrisch degressive Abschreibung

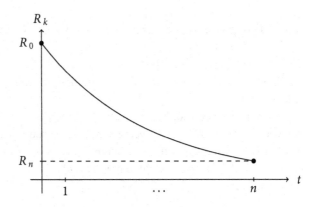

Beispiel:

Eine Werkzeugmaschine mit einem Anschaffungswert von 120 000 € soll geometrisch degressiv in zehn Jahren auf den Restwert von 19 000 € abgeschrieben
werden.

Aus (8.13) ergibt sich der Abschreibungsprozentsatz

$$p = 100 \cdot \left(1 - \sqrt[10]{\frac{19\,000}{120\,000}} \right) = 16{,}83$$

Die Abschreibung im 5. Jahr beträgt gemäß (8.14) $w_5 = 120\,000 \cdot 0{,}1683 \cdot 0{,}8317^4 = 9663{,}45$ und der Restbuchwert nach fünf Jahren entsprechend (8.12) $R_5 = 120\,000 \cdot 0{,}8317^5 = 47\,754{,}55$. Als Folge der jährlichen Buchwerte und Abschreibungen ergibt sich (die Zwischenrechnung erfolgt hier mit höherer Genauigkeit als zwei Nachkommastellen):

Jahr	Buchwert zu Jahresbeginn	Abschreibung jährlich	Abschreibung kumulativ	Buchwert am Jahresende
1	120 000,00	20 198,17	20 198,17	99 801,83
2	99 801,83	16 798,45	36 996,62	83 003,38
3	83 003,38	13 970,97	50 967,59	69 032,41
4	69 032,41	11 619,40	62 586,99	57 413,01
5	57 413,01	9663,64	72 250,63	47 749,37
6	47 749,37	8037,08	80 287,71	39 712,29
7	39 712,29	6684,30	86 972,01	33 027,99
8	33 027,99	5559,21	92 531,22	27 468,78
9	27 468,78	4623,49	97 154,71	22 845,29
10	22 845,29	3845,29	101 000,00	19 000,00
Summe:		101 000,00		

8.3 Übergang von degressiver zu linearer Abschreibung

Entsprechend den gesetzlichen Vorschriften (EStG § 7) ist der Übergang von der geometrisch degressiven zur linearen Abschreibung in gewissen Fällen möglich, umgekehrt
jedoch nicht.

Um möglichst früh hohe Abschreibungsbeträge geltend machen zu können, ist es (unter
der Voraussetzung $R_n = 0$) zweckmäßig, die Abschreibungen bis zum Jahr $\lceil k \rceil$ geometrisch degressiv und danach linear vorzunehmen (vgl. Abb. 8.3). Hierbei ist $k = n - \frac{100}{s}$
und $\lceil z \rceil$ die kleinste ganze Zahl, die größer oder gleich z ist (was für positive Zahlen der
Aufrundung entspricht).

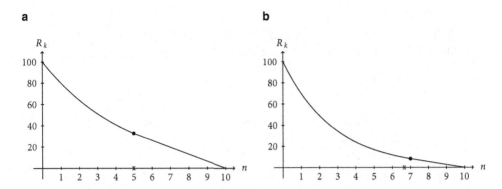

Abb. 8.3 Übergang von degressiver zu linearer Abschreibung. **a** k ganzzahlig, **b** k nicht ganzzahlig

Um diese Aussage nachzuweisen, wollen wir untersuchen, wann der Abschreibungsbetrag bei linearer Abschreibung (für die Restlaufzeit von $n - k$ Jahren) den bei geometrischer übersteigt. Letzteres bedeutet

$$w_{\text{lin}} = \frac{R_k}{n - k} \geq w_{\text{geom}} = R_k \cdot \frac{s}{100}.$$

Hieraus erhält man leicht die Ungleichungen

$$\frac{100}{s} \geq n - k \quad \text{bzw.} \quad k \geq n - \frac{100}{s},$$

was gerade der obigen Vorschrift entspricht.

Beispiel:
Ein Anlagegut mit einem Anschaffungswert von 100 Geldeinheiten soll zunächst geometrisch degressiv, dann linear innerhalb von zehn Jahren auf den Restwert von null abgeschrieben werden. Der Abschreibungssatz betrage 20 bzw. 30 Prozent (dies muss nicht den gesetzlichen Vorschriften entsprechen).

a) $s = 20$

Jahr	Buchwert zu Jahresbeginn	Abschreibung (geometrisch degressiv)	Abschreibung (linear in Restlaufzeit)
1	100,000	20,000	100,000 : 10 = 10,000
2	80,000	16,000	80,000 : 9 = 8,889
3	64,000	12,800	64,000 : 8 = 8,000
4	51,200	10,240	51,200 : 7 = 7,314
5	40,960	8,192	40,960 : 6 = 6,827
6	32,768	6,554	32,768 : 5 = 6,554

Hier gilt $k = 10 - \frac{100}{20} = 5$ und folglich $\lceil k \rceil = 5$, sodass bis zum 5. Jahr degressiv abzuschreiben ist, ab dem 6. Jahr linear. Dabei gilt im 6. Jahr $w_{\text{degr}} = w_{\text{lin}}$.

b) $s = 30$

Jahr	Buchwert zu Jahresbeginn	Abschreibung (geometrisch degressiv)	Abschreibung (linear in Restlaufzeit)
1	100,000	30,000	$100,000 : 10 = 10,000$
2	70,000	21,000	$70,000 : \ 9 = \ 7,778$
3	49,000	14,700	$49,000 : \ 8 = \ 6,125$
4	34,300	10,290	$34,300 : \ 7 = \ 4,900$
5	24,010	7,203	$24,010 : \ 6 = \ 4,002$
6	16,807	5,042	$16,807 : \ 5 = \ 3,361$
7	11,765	3,529	$11,765 : \ 5 = \ 2,941$
8	8,236	2,471	$8,236 : \ 5 = \ 2,745$

Hier gilt $k = 10 - \frac{100}{30} = 6,667$ und folglich $\lceil k \rceil = 7$, sodass bis zum 7. Jahr degressiv abzuschreiben ist, ab dem 8. Jahr linear. Dabei gilt im 8. Jahr $w_{\text{degr}} < w_{\text{lin}}$.

8.4 Aufgaben

1. Man zeige, dass die Folge der jährlichen Buchwerte für ein Anlagegut mit einem Anschaffungswert von 48 000 €, einem geschätzten Liquidationserlös von 1400 € und einer Nutzungsdauer von acht Jahren bei linearer Abschreibung eine arithmetische Folge darstellt.

2. Für die Beschaffung einer Maschine sind 275 000 € aufzuwenden. Die Nutzungsdauer beträgt voraussichtlich acht Jahre. Bestimmen Sie die jährliche Abschreibung und den Restbuchwert nach sechs Jahren bei linearer Abschreibung, wenn mit einem Liquidationserlös von 5000 € gerechnet werden kann.

3. Man berechne für ein Anlagegut mit einem Anschaffungswert von 26 500 €, einem Restwert von 1300 € und einer Nutzungsdauer von sechs Jahren die Abschreibung im 5. Jahr und den Buchwert nach fünf Jahren bei

   a) linearer Abschreibung,
   b) arithmetisch-degressiver Abschreibung mit einer Wertminderung im ersten Jahr von 8200 €,
   c) digitaler Abschreibung,
   d) geometrisch-degressiver Abschreibung.

4. Ein Anlagegut mit einem Anschaffungswert von 450 000 € soll in acht Jahren auf den Restwert von 18 000 € abgeschrieben werden. Wie groß ist der Abschreibungsprozentsatz bei geometrisch-degressiver Abschreibung? Wie groß sind der Abschreibungsbetrag im sechsten Jahr und der Buchwert nach sechsjähriger Einsatzdauer?

8.5 Lösung der einführenden Probleme

1. Abschreibung (lineare, degressive u. a.);
2. $\lceil k \rceil$ mit $k = n - \frac{100}{s}$

Weiterführende Literatur

1. Bosch, K.: Finanzmathematik (7. Auflage), Oldenbourg, München (2007)

2. Hettich, G., Jüttler H., Luderer, B.: Mathematik für Wirtschaftswissenschaftler und Finanzmathematik (11. Auflage), Oldenbourg Wissenschaftsverlag, München (2012)

3. Kruschwitz, L.: Finanzmathematik: Lehrbuch der Zins-, Renten-, Tilgungs-, Kurs- und Renditerechnung (5. Auflage), Oldenbourg, München (2010)

4. Luderer, B., Nollau, V., Vetters, K.: Mathematische Formeln für Wirtschaftswissenschaftler (8. Auflage), Springer Gabler, Wiesbaden (2015)

5. Pfeifer, A.: Praktische Finanzmathematik: Mit Futures, Optionen, Swaps und anderen Derivaten (5. Auflage), Harri Deutsch, Frankfurt am Main (2009)

6. Tietze, J.: Einführung in die Finanzmathematik. Klassische Verfahren und neuere Entwicklungen: Effektivzins- und Renditeberechnung, Investitionsrechnung, derivative Finanzinstrumente (12. Auflage), Springer Spektrum, Wiesbaden (2015)

Investitionsrechnung

9

Die Investitionsrechnung stellt Modelle, Methoden und Verfahren zur Beurteilung der Wirtschaftlichkeit von Investitionen bereit. Wegen ihrer engen Beziehungen zur Finanzmathematik, insbesondere zur Zinseszinsrechnung, sollen nachstehend die beiden wichtigsten Methoden zur Beurteilung mehrperiodiger Investitionen, die Kapitalwertmethode und die Methode des internen Zinsfußes, näher betrachtet werden. Beide besitzen vielfältige Anwendungen in der wirtschaftlichen Praxis.

Diese oder ähnliche Probleme werden eine Rolle spielen:

- Eine über drei Jahre laufende Investition erfordert einen sofortigen, einmaligen Aufwand von 200 000 €, während am Ende des 1., 2. und 3. Jahres jeweils Gewinne von 80 000 € erwartet werden. Sollte die Investition bei einem Kalkulationszinssatz von 8 % realisiert werden oder lieber nicht?
- Ein Unternehmen steht vor der Frage, eine Ersatzinvestition durchzuführen, wofür es drei vernünftige Varianten gibt. Welche der drei ist den anderen beiden vorzuziehen?
- Unter welchen Voraussetzungen kann gesichert werden, dass eine Investition genau einen internen Zinsfuß besitzt?

Nachdem Sie dieses Kapitel durchgearbeitet haben, werden Sie in der Lage sein

- den Kapitalwert einer Sach- oder Finanzinvestition zu berechnen,
- in Abhängigkeit vom Kapitalwert zu entscheiden, wann eine Investition durchgeführt werden sollte und wann nicht,
- den internen Zinsfuß einer geplanten Investition zu ermitteln und in Abhängigkeit von diesem Aussagen über die Wirtschaftlichkeit der Investition zu treffen,
- die beiden Zugänge „Kapitalwertmethode" und „Methode des internen Zinsfußes" miteinander zu vergleichen sowie Vor- und Nachteile beider aufzuzeigen.

© Springer Fachmedien Wiesbaden 2015
B. Luderer, *Starthilfe Finanzmathematik*, Studienbücher Wirtschaftsmathematik,
DOI 10.1007/978-3-658-08425-7_9

9.1 Kapitalwertmethode

Hierbei handelt es sich um ein mehrperiodiges Verfahren der Investitionsrechnung, das auf der Berechnung und dem Vergleich von Barwerten basiert.

Alle mit einer Investition verbundenen zukünftigen Einnahmen und Ausgaben (oder Ein- und Auszahlungen) werden einander gegenübergestellt. Da – wie bereits mehrfach betont wurde – zu unterschiedlichen Zeitpunkten fällige Zahlungen nur dann vergleichbar sind, wenn man sie auf einen gemeinsamen Zeitpunkt bezieht, wird hierbei so vorgegangen, dass alle Einnahmen und Ausgaben mittels eines vorgegebenen Kalkulationszinssatzes auf den Zeitpunkt Null abgezinst werden. Mit anderen Worten, es werden – zwecks Vergleichs – die Barwerte von Zahlungsströmen berechnet, um aus deren Größe Schlussfolgerungen hinsichtlich der Realisierung der Investition zu ziehen.

Abbildung 9.1 verdeutlicht die als gegeben angenommenen Einnahmen E_k und Ausgaben A_k sowie deren zeitliche Lage.

In der Regel entstehen Ausgaben ab dem Zeitpunkt 0, Einnahmen hingegen werden erst in späteren Perioden erwartet (und jeweils dem Periodenende zugerechnet). Wie auch früher schon (z. B. im Kap. 5) wird ein Zeitraum von n Perioden betrachtet.

Die verwendeten Größen haben folgende Bedeutung:

E_k, A_k, C_k	Einnahmen, Ausgaben und Einnahmeüberschüsse zum Zeitpunkt k, $k = 0, 1, \ldots, n$
K_E, K_A, C	Kapitalwert der Einnahmen, Ausgaben bzw. der Investition
i	(Kalkulations-)Zinssatz
$q = 1 + i$	Aufzinsungsfaktor

Der Kapitalwert der Einnahmen K_E stellt die Summe der Barwerte aller Einnahmen dar, analoges gilt für den Kapitalwert der Ausgaben K_A als Summe der Barwerte aller Ausgaben. Schließlich ist der Kapitalwert der Einnahmeüberschüsse definiert als Summe der Barwerte aller Einnahmeüberschüsse und damit gleich der Differenz aus den Kapitalwerten von Einnahmen und Ausgaben.

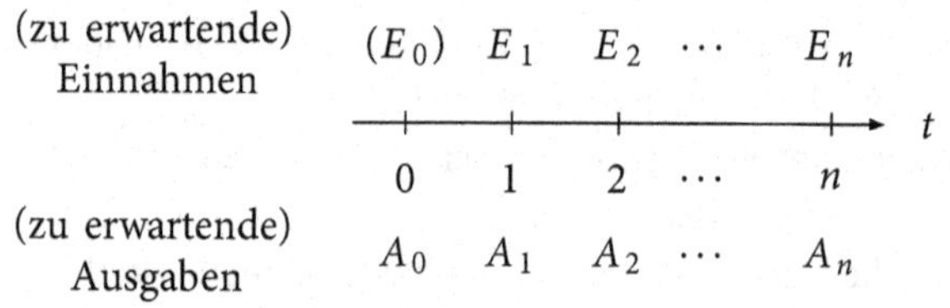

Abb. 9.1 Einnahmen und Ausgaben einer Investition

(zu erwartende) Einnahmen
$(E_0) \quad E_1 \quad E_2 \quad \cdots \quad E_n$

(zu erwartende) Ausgaben
$A_0 \quad A_1 \quad A_2 \quad \cdots \quad A_n$

$0 \quad 1 \quad 2 \quad \cdots \quad n$

Damit gelten die folgenden Beziehungen:

$$C = K_E - K_A, \qquad C_k = E_k - A_k,$$

$$K_E = \sum_{k=0}^{n} \frac{E_k}{q^k} = E_0 + \frac{E_1}{q} + \frac{E_2}{q^2} + \ldots + \frac{E_n}{q^n},$$

$$K_A = \sum_{k=0}^{n} \frac{A_k}{q^k} = A_0 + \frac{A_1}{q} + \frac{A_2}{q^2} + \ldots + \frac{A_n}{q^n},$$

$$C = \sum_{k=0}^{n} \frac{C_k}{q^k} = C_0 + \frac{C_1}{q} + \frac{C_2}{q^2} + \ldots + \frac{C_n}{q^n}.$$

Für den Kapitalwert der Investition können drei Fälle eintreten: Ist $C > 0$, so ist die Investition vorteilhafter als eine Anlage zum Kalkulationszinssatz i; bei $C = 0$ erbringt die Investition eine Verzinsung in Höhe von i; im Falle $C < 0$ wird von der Investition die Verzinsung von i Prozent nicht erreicht.

Eine Investition wird somit nach der Kapitalwertmethode als vorteilhaft bewertet, wenn ihr Kapitalwert C nichtnegativ ist, d. h., wenn entweder $C > 0$ oder aber $C = 0$ gilt.

Stehen mehrere Investitionen zur Auswahl, wird derjenigen mit dem höchsten Kapitalwert der Vorzug gegeben, wobei selbstverständlich ebenfalls die Beziehung $C \geq 0$ zu fordern ist.

Beispiel:
Für eine Investition soll anhand des Einnahmen- und Ausgabenplans eine Entscheidung über deren Realisierung getroffen werden. Dabei soll ein Kalkulationszinsfuß von 8 % angenommen werden:

Periode k	Einnahmen E_k	Ausgaben A_k	Einnahmeüberschüsse C_k	$\dfrac{1}{1{,}08^k}$	Barwerte der Einnahmeüberschüsse
0	150 000	435 000	−435 000	1,00000	−435 000
1	150 000	45 000	105 000	0,92593	97 223
2	180 000	60 000	120 000	0,85734	102 881
3	210 000	80 000	130 000	0,79383	103 198
4	190 000	70 000	120 000	0,73503	88 204
5	170 000	65 000	105 000	0,68058	71 461
Kapitalwert der Investition (Summe der Barwerte) C :					27 967

Die Investition ist als vorteilhaft einzuschätzen, da sie wegen der Beziehung $C > 0$ eine höhere Verzinsung als der angenommene Kalkulationszinssatz von 8 % erwarten lässt.

9.2 Methode des internen Zinsfußes

Bei der *Methode des internen Zinsfußes* wird ermittelt, bei welchem Zinssatz der Kapitalwert einer Investition gerade null ist. Dieser Zinssatz wird meist als *interner Zinsfuß* bezeichnet. Unter Zugrundelegung des internen Zinsfußes entspricht der Barwert der Einnahmen dem Barwert der Ausgaben.

Der interne Zinsfuß ist somit als Lösung der Gleichung $C = 0$ bzw. $K_A = K_E$ zu ermitteln, was der Nullstellenbestimmung einer Polynomgleichung n-ten Grades entspricht. Im Falle einer quadratischen Gleichung ist dies ein einfaches Problem.

Beispiel:
Gesucht ist der interne Zinsfuß der folgenden Investition:

Zeitpunkt k	Einnahmen E_k	Ausgaben A_k	Einnahmeüberschüsse C_k
0	0	48 200	−48 200
1	48 000	23 000	25 000
2	56 000	26 000	30 000

Aus dem Ansatz $C = 0$, d. h. $-48\,200 + 25\,000 \cdot \frac{1}{q} + 30\,000 \cdot \frac{1}{q^2} = 0$, ergibt sich die (im vorliegenden Beispiel quadratische) Gleichung $48\,200q^2 - 25\,000q - 30\,000 = 0$ zur Bestimmung von q bzw. des unbekannten internen Zinsfußes $i = q - 1$. Deren Umformung und Auflösung führt auf $q^2 - 0{,}51867q - 0{,}62241 = 0$, woraus sich $q_{1,2} = 0{,}259335 \pm \sqrt{0{,}68966}$ ergibt. Aus der ersten Lösung $q_1 = 1{,}089796$ resultiert der interne Zinsfuß $i = 8{,}98\,\%$, während $q_2 < 0$ ausscheidet.

Für eine eventuelle Investitionsentscheidung ist der ermittelte interne Zinsfuß i mit einem Referenzzinssatz r zu vergleichen, der die erwartete Mindestrendite ausdrückt. Dieser Vergleich der Zinssätze kann ergeben, dass die geforderte Mindestverzinsung überschritten ($i > r$), gerade angenommen ($i = r$) oder nicht erreicht wird ($i < r$). Stehen mehrere Investitionen zur Auswahl, dann ist diejenige Investitionsalternative vorzuziehen, welche den höchsten internen Zinsfuß besitzt.

Sofern in der entstehenden Polynomgleichung n-ten Grades $n > 2$ ist, kann der interne Zinsfuß i. Allg. nur näherungsweise, allerdings beliebig genau, berechnet werden (siehe hierzu Abschn. 2.3).

Beispiel:

Eine Unternehmung steht vor der Entscheidung, eine Erweiterungsinvestition durchzuführen oder zu unterlassen. Die Planung der Investitionseinnahmen und -ausgaben führte zu folgenden Werten (in Mill. Euro):

Jahr	Einnahmen	Ausgaben
0	0	60
1	15	10
2	33	2
3	45	6

Man ermittle den Kapitalwert der Investition bei einem Kalkulationszinsfuß von $i = 8\%$ und $i = 11\%$ und entscheide, ob die Investition vorteilhaft ist. Ferner berechne man den internen Zinsfuß.

Aus $C = -60 + \frac{5}{q} + \frac{31}{q^2} + \frac{39}{q^3}$ mit $q = 1+i$ ergibt sich für $i = 8\%$ (d. h. $q = 1,08$) der Wert $C = 2,17$, während für $i = 11\%$ (also $q = 1,11$) der Wert $C = -1,82$ resultiert. Bei einem Kalkulationszinssatz von $i = 8\%$ ist die Investition demnach vorteilhaft, bei $i = 11\%$ sollte sie lieber unterlassen werden.

Die Umstellung der oben aufgestellten Kapitalwertgleichung führt für $C = 0$ auf die zu lösende Polynomgleichung dritten Grades

$$60q^3 - 5q^2 - 31q - 39 = 0.$$

Unter Berücksichtigung der bereits erzielten Ergebnisse muss der interne Zinsfuß, der auf Grund der Vorzeichenregel von Descartes (Abschn. 2.3) eindeutig ist, zwischen 8 und 11 % liegen. Mittels eines numerischen Verfahrens (z. B. Newton-Verfahren mit Startwert $q_0 = 11 - \frac{11-8}{-1,82-2,17} \cdot 2,17 = 9,37$, der aus der linearen Interpolation resultiert) ermittelt man $i^* = 9,59\%$ als internen Zinsfuß.

Abschließend noch einige Bemerkungen zu den beiden beschriebenen Methoden der Investitionsrechnung.

Zunächst ist allen beiden das Merkmal gemeinsam, dass die zu erwartenden Einnahmen und Ausgaben zukunftbezogene Werte darstellen, sodass eine gewisse Unsicherheit in den Berechnungsmethoden enthalten ist. Mathematische Methoden können dabei helfen, die Zukunftswerte möglichst genau vorherzusagen. Für die oben betrachteten Modelle werden diese Größen jedoch als bekannt vorausgesetzt. Auch der bei der Kapitalwertmethode zugrunde zu legende Kalkulationszinssatz ist – unter Einbeziehung möglichst vieler Informationen – so sorgfältig wie möglich festzulegen.

Ferner wird in den Methoden üblicherweise so vorgegangen, dass für die Berechnung des Barwertes der Einnahmen und der Ausgaben der gleiche Wert des Kalkulationszinsfußes verwendet wird, eine Annahme, die für die Praxis nicht sehr realistisch ist. Eine Verfeinerung des betrachteten Modells kann hier Abhilfe schaffen, wobei sich aus mathematischer Sicht keine prinzipiell neuen Aspekte ergeben.

Vergleicht man verschiedene Investitionen, die sich in der absoluten Höhe wie auch in der Periodenzahl unterscheiden, so können die beiden Methoden zu unterschiedlichen Resultaten führen, da die Zielstellungen (möglichst hohe Rendite bzw. möglichst hoher Kapitalwert) verschiedener Natur sind. Letzterer wird mitunter noch der Nachteil angelastet, dass es keinen oder auch mehrere interne Zinsfüße (als Lösung einer entsprechenden Polynomgleichung) geben kann, was sich nicht oder nur schwer interpretieren lässt. Allerdings gibt es eine Reihe von Situationen, in denen man nachweisen kann, dass es wirklich nur eine Lösung der Polynomgleichung, also nur eine Rendite gibt. Die oben betrachteten Situationen mit jeweils einer einmaligen Anschaffungsausgabe und nachfolgenden Einnahmen gehören (aus Monotoniegründen) dazu.

Schließlich wird mitunter der Einwand erhoben, die Berechnung des internen Zinsfußes sei aus mathematischer Sicht sehr kompliziert, zumindest bei drei und mehr Perioden. Im Zeitalter der Taschenrechner und Computer kann man diesen Einwand jedoch nicht mehr gelten lassen.

9.3 Aufgaben

1. Eine Unternehmung steht vor der Entscheidung, eine Erweiterungsinvestition durchzuführen oder zu unterlassen. Die Planung der zu erwartenden Mehreinnahmen und -ausgaben lieferte folgende Werte:

Zeitpunkt	Einnahmen	Ausgaben
0	0	850 000
1	250 000	50 000
2	300 000	60 000
3	320 000	70 000
4	310 000	80 000
5	290 000	100 000

Welche Entscheidung ist bei einer Mindestverzinsung von 9 % zu treffen?

2. Gegeben sei eine Investition mit folgenden geplanten Einnahmen und Ausgaben:

Zeitpunkt	Einnahmen	Ausgaben
0	0	30 000
1	14 000	5000
2	8000	3000
3	17 000	7000
4	21 000	4000

   a) Ermitteln Sie den Kapitalwert der Investition bei einem angenommenen Kalkulationszinsfuß von 8,5 %.
   b) Bestimmen Sie den Kapitalwert bei einem Kalkulationszinssatz von $i = 11\,\%$ und $i = 12\,\%$. Welcher interne Zinsfuß ergibt sich unter Berücksichtigung dieser Werte näherungsweise bzw. exakt?

3. Interpretieren Sie den Kauf einer Anleihe als (Finanz-)Investition. Unterscheiden Sie dabei die beiden Fälle, dass entweder der Marktzinssatz $i = i_{markt}$ oder der Kurs der Anleihe gegeben ist.

4. Für eine Investition werden folgende Einnahmen und Ausgabe erwartet (alle Werte in Euro):

Jahr	0	1	2	3	4	5
Einnahmen	0	3000	5000	4000	?	2000
Ausgaben	8000	2000	1000	2000	1000	500

Wie hoch müssten die Einnahmen im 4. Jahr mindestens sein, damit sich die Investition bei einem zugrunde liegenden Kalkulationszinssatz von 8 % lohnt?

9.4 Lösung der einführenden Probleme

1. ja;
2. die Ersatzinvestition mit dem höchsten Kapitalwert;
3. beispielsweise für eine Standardinvestition, die eine anfängliche Ausgabe, danach nur positive Einnahmenüberschüsse aufweist

Weiterführende Literatur

1. Bosch, K.: Finanzmathematik (7. Auflage), Oldenbourg, München (2007)

2. Hass, O., Fickel N.: Finanzmathematik – Finanzmathematische Methoden der Investitionsrechnung, Oldenbourg Wissenschaftsverlag, München (2012)

3. Hettich, G., Jüttler H., Luderer, B.: Mathematik für Wirtschaftswissenschaftler und Finanzmathematik (11. Auflage), Oldenbourg Wissenschaftsverlag, München (2012)

 4. Ihrig, H., Pflaumer, P.: Finanzmathematik: Intensivkurs. Lehr- und Übungsbuch (10. Auflage), Oldenbourg, München (2008)

 5. Kruschwitz, L.: Finanzmathematik: Lehrbuch der Zins-, Renten-, Tilgungs-, Kurs- und Rendierechnung (5. Auflage), Oldenbourg, München (2010)

 6. Luderer, B., Nollau, V., Vetters, K.: Mathematische Formeln für Wirtschaftswissenschaftler (8. Auflage), Springer Gabler, Wiesbaden (2015)

 7. Luderer, B., Paape, C., Würker, U.: Arbeits- und Übungsbuch Wirtschaftsmathematik. Beispiele, Aufgaben, Formeln (6. Auflage), Vieweg + Teubner, Wiesbaden (2011)

 8. Luderer, B., Würker, U.: Einstieg in die Wirtschaftsmathematik (9. Auflage), Springer Gabler, Wiesbaden (2014)

 9. Pfeifer, A.: Praktische Finanzmathematik: Mit Futures, Optionen, Swaps und anderen Derivaten (5. Auflage), Harri Deutsch, Frankfurt am Main (2009)

10. Tietze J.: Einführung in die Finanzmathematik. Klassische Verfahren und neuere Entwicklungen: Effektivzins- und Renditeberechnung, Investitionsrechnung, derivative Finanzinstrumente (12. Auflage), Springer Spektrum, Wiesbaden (2015)

11. Wessler, M.: Grundzüge der Finanzmathematik, Pearson Studium, München (2013)

Renditeberechnung in praktischen Situationen 10

Die Ermittlung der Effektivverzinsung stellt eine der zentralen Aufgaben der Finanzmathematik dar, ist aber aus mathematischer Sicht wohl auch eine der schwierigsten, die insbesondere dem Anfänger auf diesem Gebiet nicht leicht fällt. Auf Grund der Vielzahl möglicher Situationen, die in der Praxis auftreten, wäre es ein aussichtsloses Unterfangen, alle entsprechenden Modelle auch nur einigermaßen vollständig beschreiben zu wollen.

Deshalb wird hier der Weg beschritten, zusätzlich zu den in den einzelnen Kapiteln bereits enthaltenen Fragestellungen zur Renditeermittlung weitere praktische Probleme zu untersuchen. Dabei soll vor allem die Fähigkeit des Lesers geschult werden, selbstständig mathematische Modelle aufzustellen. Grundlage dafür bilden die in den vorhergehenden Kapiteln vorgestellten Bausteine und Formeln, in erster Linie die Barwertformeln der Zins- und Zinseszinsrechnung sowie der Rentenrechnung. Diese kommen in fast jedem Modell vor.

Die Basis der Modellierung bildet in jedem Fall das *Äquivalenzprinzip* in dieser oder jener Form, meist in der Ausprägung des *Barwertvergleichs*. In jedem konkreten Fall ist es außerordentlich nützlich, alle Zahlungen in ihrer zeitlichen Abfolge an einem Zeitstrahl grafisch darzustellen.

Schließlich hat man noch zu beachten, dass in diesem Kapitel der in früheren Kapiteln stets vorausgesetzte Zusammenhang $i = \frac{p}{100}$ zwischen Zinssatz i als Absolutgröße und Zinssatz p in Prozent in aller Regel nicht gilt, da $p = p_{\text{nom}}$ den Nominalzinssatz (Kupon), $i = i_{\text{eff}}$ hingegen den gesuchten Effektivzinssatz (die Rendite) verkörpert. Dies sind verschiedene Dinge.

Nachdem Sie dieses Kapitel durchgearbeitet haben, werden Sie in der Lage sein

- die Wirkungsweise ausgewählter Finanzprodukte zu beschreiben,
- für konkrete Finanzprodukte oder Zahlungsvarianten die Zahlungen an einem Zeitstrahl darzustellen,
- zu beschreiben, was man unter dem Äquivalenzprinzip, speziell dem Barwertvergleich, versteht,

© Springer Fachmedien Wiesbaden 2015
B. Luderer, *Starthilfe Finanzmathematik*, Studienbücher Wirtschaftsmathematik,
DOI 10.1007/978-3-658-08425-7_10

- den Barwertvergleich zu nutzen, um mit dessen Hilfe die Rendite bzw. Effektivverzinsung von Produkten zu berechnen,
- darzustellen, worin die Grundidee der Effektivzinsberechnung laut Preisangabenverordnung besteht.

10.1   Sparkassenkapitalbriefe und Bundesobligationen

Ein Bürger beauftragt seine Sparkasse, ihm für 3000 € Bundesobligationen (Laufzeit fünf Jahre, jährliche Zinszahlungen in Höhe von 4,80 % des Nominalkapitals, nach fünf Jahren Rückzahlung des Nominalkapitals) bei der Bundesbank zu kaufen.

Da diese zur Zeit einen Ausgabekurs von 100 aufweisen, wird ihre Rendite ebenfalls mit 4,80 % angegeben. Der Sparkassenangestellte, der gern ein Produkt des eigenen Hauses an den Mann bringen möchte, preist dagegen Sparkassenkapitalbriefe mit derselben Laufzeit und jährlichen Zinszahlungen von 4,60 % mit den Worten an: „Die Rendite der Sparkassenkapitalbriefe ist beträchtlich **höher** als 4,60 % (und auch höher als 4,80 %), denn Sie können die ausgezahlten Zinsen ja wieder anlegen." Stimmt das?

Abgesehen davon, dass beide Produkte dieselbe Struktur der Zahlungsströme aufweisen (weswegen der direkte Vergleich beider sofort zu Gunsten der Bundesobligationen ausfällt, siehe Abb. 10.1), soll nachstehend durch Anwendung des Äquivalenzprinzips nachgewiesen werden, dass die Rendite i_{eff} in beiden Fällen gleich dem Nominalzinssatz i_{nom} ist. Dabei wird von dem in der Abbildung dargestellten, etwas allgemeineren Zahlungsstrom ausgegangen.

Die Größe K steht hier für den Nominalwert, während Z die zu zahlenden Zinsen bezeichnet (mitunter auch Kupon genannt). Zunächst gilt $Z = K \cdot i_{\text{nom}}$; ferner wird $q_{\text{eff}} = 1 + i_{\text{eff}}$ gesetzt. Der Barwert der Einzahlung beträgt offensichtlich K, während bei einer Verzinsung mit dem unbekannten Zinssatz i_{eff} der Barwert aller Rückzahlungen

$$\frac{K}{q_{\text{eff}}^{n}} + Z \cdot \frac{q_{\text{eff}}^{n} - 1}{q_{\text{eff}}^{n}(q_{\text{eff}} - 1)}$$

lautet (vgl. Formel (7.2)). Gleichsetzen und Division durch K liefert

$$1 = \frac{1}{q_{\text{eff}}^{n}}\left(1 + i_{\text{nom}} \cdot \frac{q_{\text{eff}}^{n} - 1}{q_{\text{eff}} - 1}\right) \implies q_{\text{eff}}^{n} = 1 + i_{\text{nom}} \cdot \frac{q_{\text{eff}}^{n} - 1}{q_{\text{eff}} - 1}$$

$$\implies q_{\text{eff}}^{n} - 1 = i_{\text{nom}} \cdot \frac{q_{\text{eff}}^{n} - 1}{q_{\text{eff}} - 1} \implies 1 = \frac{i_{\text{nom}}}{q_{\text{eff}} - 1}.$$

Abb. 10.1 Zahlungsstrom
einer Anleihe

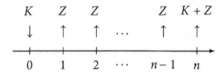

Bei der letzten Umformung wurde durch $q_{eff}^n - 1$ dividiert, was legitim ist, wenn man von der sinnvollen Voraussetzung $i_{eff} \neq 0$ ausgeht. Aus der letzten Beziehung resultiert $q_{eff} = 1 + i_{nom}$, das heißt $i_{eff} = i_{nom}$.

Die Rendite (der Effektivzinssatz) ist also gleich dem Nominalzinssatz, und der Sparkassenangestellte hatte Unrecht.

Gleichzeitig bietet sich folgende Interpretation der Rendite an. Legt man alle Rückzahlungen zu einem Zinssatz an, der gleich der Rendite ist, so können alle vereinbarten Zahlungen gewährleistet werden. Damit stellt die Rendite lediglich eine Rechengröße dar, wenn auch die allgemein übliche; ob sie durch die Geldanlage letztendlich realisiert werden kann, ist nicht von vornherein klar (denn die Verzinsung von Geldanlagen ist erstens laufzeitabhängig, zweitens sind Zinssätze am Markt stets Schwankungen unterworfen).

10.2   Verzinsung eines Sofortdarlehens

Ein Bausparer erhält von seiner Bausparkasse ein Sofortdarlehen in Höhe von $S = 100\,000\,€$, das zum jährlichen Nominalzinssatz $i_{nom} = 7{,}60\,\%$ zu verzinsen ist, aber keiner laufenden Tilgung unterliegt, sondern mit einem Bausparvertrag gekoppelt ist. Wenn dieser bis zur vereinbarten Höhe angespart ist, wird es aus der Bausparsumme auf einmal in voller Höhe getilgt. Die Zahlung der Zinsen erfolgt in vorschüssigen monatlichen Raten der Höhe $r = \frac{1}{12} \cdot S \cdot i_{nom}$. Welcher Effektivverzinsung entspricht der Darlehensvertrag?

Unter Beachtung der Formel zur Berechnung der Jahresersatzrate (vorschüssiger Fall) lässt sich der gesuchte Effektivzinssatz i_{eff} aus dem Ansatz

$$S \cdot i_{eff} = \frac{1}{12} \cdot S \cdot i_{nom}(12 + 6{,}5 \cdot i_{eff}) \tag{10.1}$$

bestimmen, wobei hier dem Äquivalenzprinzip der Endwertvergleich der jährlichen Zinszahlungen zugrunde liegt. Löst man (10.1) nach i_{eff} auf, so ergibt sich nach kurzen Umformungen

$$i_{eff} = \frac{12 \cdot i_{nom}}{12 - 6{,}5 i_{nom}},$$

was für die konkreten Daten des Problems $i_{eff} = 0{,}07926$, also $i_{eff} = 7{,}93\,\%$ liefert.

10.3   Rendite von Kommunalobligationen

Sebastian hat zu seinem 18. Geburtstag Geldgeschenke von insgesamt 2000 € bekommen und möchte sie für ca. zwei Jahre so anlegen, dass sie möglichst hohe Zinsen bringen. Der freundliche Bankangestellte bietet ihm als festverzinsliche Wertpapiere so genannte *Kommunalobligationen* an.

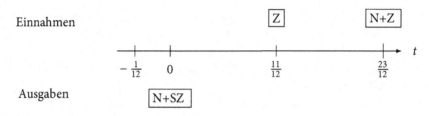

Abb. 10.2 Zahlungen der betrachteten Kommunalobligation

Sebastian lässt sich alles genau erklären. „Diese Wertpapiere werden jährlich mit 8,75 % verzinst, das ist der Nominalzins", erläutert der Angestellte. „Da sie vor reichlich acht Jahren ausgegeben wurden und eine Laufzeit von zwei Jahren besitzen, beträgt ihre Restlaufzeit knapp 2 Jahre, exakt ein Jahr und elf Monate. Das bedeutet, heute in 11 Monaten würden bei einer Anlage von $N = 2000 \,€$ Zinsen für ein Jahr in Höhe von $Z = 2000 \cdot 0,0875 = 175 \,€$ gezahlt, und ein Jahr später erfolgt eine Zinszahlung in gleicher Höhe sowie die Rückzahlung des Nominalbetrages." (vgl. Abb. 10.2)

„Fein", denkt Sebastian, „da bekomme ich ja schon nach elf Monaten und nicht erst, wie allgemein üblich, nach einem Jahr die vollen Zinsen." „Natürlich müssen sie für die zeitliche Differenz zwischen Zins- bzw. Fälligkeitstermin und dem heutigen Kaufdatum Stückzinsen, d. h. die Zinsdifferenz, zahlen", fährt da der Bankangestellte fort. „Entsprechend den Regeln der linearen Verzinsung betragen diese $S = 2000 \cdot 0,0875 \cdot \frac{30}{360} = 14,58 \,€$."

„Und wie hoch ist die Rendite (die effektive oder tatsächliche Verzinsung) dieser Kommunalobligationen?", fragt Sebastian weiter. „Im vorliegenden Fall würde sie 8,72 % betragen", erhält er zur Antwort.

„Seltsam", denkt Sebastian, denn der Kurs des Wertpapiers (vgl. Kap. 7), der gewissermaßen das Verhältnis zwischen Nominal- und Marktzins unter Berücksichtigung der Restlaufzeit angibt, ist mit $C = 100$ angegeben. Müsste da nicht die Rendite gleich der Nominalverzinsung sein?

Das Äquivalenzprinzip gibt die korrekte Antwort. Dazu hat man alle Leistungen des Gläubigers (Sebastian) den Gesamtleistungen des Schuldners (Bank) gegenüberzustellen, was besonders anschaulich am Zeitstrahl deutlich gemacht werden kann:

Am einfachsten und allgemein üblich ist der Barwertvergleich, d. h. das Gegenüberstellen aller Zahlungen zum Zeitpunkt $t = 0$ (Tag des Wertpapierkaufs).

Für den Gläubiger ist die Sache klar. Da die Zahlung von 2014,58 € zum Zeitpunkt $t = 0$ erfolgt, stellt sie auch gleichzeitig den Barwert dar.

Zur Ermittlung des Barwertes aller Schuldnerleistungen bei unbekannter Rendite ist die Barwertformel bei linearer Verzinsung zweimal nacheinander anzuwenden. Zunächst wird der nach 23 Monaten fällige Betrag von $N + Z = 2175 \,€$ um ein Jahr abgezinst, wozu die Zinszahlung von $Z = 175 \,€$ zu addieren ist.

Diese Summe muss nun nochmals um elf Monate abgezinst werden, was nach Gleichsetzung von Gläubiger- und Schuldnerleistungen auf die Beziehung

$$2014{,}58 = \left(\frac{2175}{1 + i_{\text{eff}}} + 175 \right) \cdot \frac{1}{1 + \frac{11}{12} \cdot i_{\text{eff}}}$$

führt. Daraus kann nach Umformung die Größe i_{eff} als Lösung der quadratischen Gleichung $i_{\text{eff}}^2 + 1{,}9961454\, i_{\text{eff}} - 0{,}181632 = 0$ bestimmt werden. Aus der Lösungsformel (2.4) ergibt sich

$$i_{1,2} = -\frac{1{,}9961454}{2} \pm \sqrt{\frac{1{,}9961454^2}{4} + 0{,}1816323} = -0{,}998\,073 \pm 1{,}085256.$$

Damit erhalten wir die Lösung $i_{\text{eff}} = 0{,}08718$ sowie eine weitere, negative und für das betrachtete Problem entfallende Lösung. Die gesuchte Rendite beträgt also tatsächlich 8,72 %, wie vom Bankangestellten angegeben.

10.4 Bonussparplan

Oftmals wird für regelmäßige Sparleistungen (Sparplan) eine Belohnung in Form eines Bonus auf alle eingezahlten Beträge gewährt, der am Ende der Laufzeit zusätzlich zu den fest vereinbarten Zinsen gezahlt wird. Von Interesse ist dann die Effektivverzinsung der Geldanlage.

Für Sparpläne sind vorschüssige Zahlungen typisch. Wendet man deshalb die Formel zur Berechnung der Jahresersatzrate für das erste Jahr an, ergibt sich bei regelmäßigen Zahlungen von r und dem Zinssatz i ein Endwert von $E = r(12 + 6{,}5 \cdot i)$. Im zweiten Jahr entsteht nochmals derselbe Wert, hinzu kommt der mit dem Faktor $1 + i$ aufgezinste Endwert des ersten Jahres sowie der Bonus B. Insgesamt erhält man dann nach dem zweiten Jahr

$$E_{2,\text{ges}} = r \cdot (12 + 6{,}5 \cdot i) \cdot [(1 + i) + 1] + B. \tag{10.2}$$

Spinnt man diesen Faden für eine beliebige Anzahl n von Jahren fort und koppelt die Formel zur Berechnung der Jahresersatzrate (vorschüssiger Fall) für $m = 12$ mit der Endwertformel der nachschüssigen Rentenrechnung, so ergibt sich:

$$E_{n,\text{ges}} = r \cdot (12 + 6{,}5 \cdot i) \cdot \frac{(1 + i)^n - 1}{i} + B. \tag{10.3}$$

Um den Effektivzinssatz zu ermitteln, ist zunächst für gegebene Größen i, r und B der Wert E_n zu berechnen und anschließend aus der Gleichung

$$r \cdot (12 + 6{,}5 \cdot i_{\text{eff}}) \cdot \frac{(1 + i_{\text{eff}})^n - 1}{i_{\text{eff}}} = E_{n,\text{ges}} \tag{10.4}$$

mithilfe eines numerischen Näherungsverfahrens die Größe i_{eff} zu bestimmen.

Beispiel:

Miriam schließt mit ihrer Sparkasse einen Bonussparplan ab, gemäß dem sie jeweils zu Monatsbeginn 20 € einzahlt und jährlich 4 % Zinsen sowie in Abhängigkeit von der Laufzeit die folgenden Boni auf alle eingezahlten Beträge erhält:

Laufzeit (in Jahren)	1	2	5	8	10
Bonus (in Prozent)	–	1	5	10	20

Über welchen Endwert kann sich Miriam nach zwei Jahren bzw. nach zehn Jahren freuen? Welche Rendite wirft die Geldanlage bei den beiden genannten Laufzeiten ab?

a) 2 Jahre: Laut Beziehung (10.2) ergibt sich

$$E_2 = 20 \cdot (12 + 6{,}5 \cdot 0{,}04) \cdot (1 + 0{,}04) + 0{,}01 \cdot 20 \cdot 24 = 259{,}81 \text{ €.}$$

Die Rendite der Geldanlage lässt sich als Spezialfall von Gleichung (10.4) aus der Beziehung

$$20(12 + 6{,}5 \cdot i)(1 + i) = 259{,}81$$

berechnen. Diese führt auf eine quadratische Gleichung mit einer ausscheidenden negativen Lösung und der gesuchten Rendite von $i_{\text{eff}} = 0{,}0526 = 5{,}26\,\%$.

b) 10 Jahre: Der Endwert beträgt gemäß der Formel (10.3)

$$E_{10,\text{ges}} = 20 \cdot (12 + 6{,}5 \cdot 0{,}04) \cdot \frac{1{,}04^{10} - 1}{0{,}04} + 0{,}2 \cdot 20 \cdot 120 = 3423{,}90 \text{ €.}$$

Die Rendite lässt sich gemäß (10.3) aus dem Ansatz

$$20 \cdot (12 + 6{,}5 \cdot i_{\text{eff}}) \cdot \frac{(1 + i_{\text{eff}})^{10} - 1}{i_{\text{eff}}} = 3423{,}90$$

mithilfe eines numerischen Näherungsverfahrens (beispielsweise mit dem Sekantenverfahren, also mehrmaliger linearer Interpolation) zu 6,90 % berechnen (vgl. Tabelle). Da wegen des Bonus die Rendite offensichtlich höher als der Nominalzinssatz von 4 % ist, beginnen wir mit $i_{\text{eff}} = 6\,\%$:

i_{eff}	linke Seite
0,06	3266,20
0,07	3441,68
0,069	3423,68
0,0691	3425,47

10.5 Vermögensbildung mittels Aktienfonds

Aus einem (etwas älteren) Leserbrief an ein Fondsjournal:

> Sie berichten über deutsche Aktienfonds, die in den vergangenen 10 Jahren einen Gewinn von 230 Prozent erzielten. Andererseits berichten Sie über Vermögensbildung mittels deutscher Aktienfonds durch regelmäßiges Sparen von 100 DM im Monat, was nach 10 Jahren auf 23 294 DM führte.
>
> Habe ich in der Schule richtig zu rechnen gelernt? Die Einzahlungen betragen $100 \times 12 \times 10 = 12\,000$ DM, sodass ein Gewinn von 11 294 DM verbleibt, was „nur" 94,1 % entspricht.
>
> Dr. X., Gifhorn

Hat Herr Dr. X. recht?

Ein Gewinn von 230 % bedeutet $K_{10} = 3{,}3 \cdot K_0$. Entsprechend der Endwertformel bei geometrischer Verzinsung ergibt sich aus

$$K_{10} = K_0 \cdot q^{10} \stackrel{!}{=} 3{,}3 \cdot K_0$$

der Wert $q = \sqrt[10]{3{,}3} = 1{,}1268$, d. h. eine jährliche Rendite von 12,68 %.

Regelmäßiges (vorschüssiges) Sparen führt bei derselben Rendite unter Beachtung der Formel zur Berechnung der Jahresersatzrate (vorschüssiger Fall) und der Endwertformel der nachschüssigen Rentenrechnung auf einen Endwert von

$$E_{10} = 100 \cdot (12 + 6{,}5 \cdot 0{,}1268) \cdot \frac{1{,}1268^{10} - 1}{0{,}1268} = 23\,258.$$

Nein, es gibt keinen Widerspruch (die unbedeutenden Abweichungen beruhen auf Rundungsfehlern). Herr Dr. X. hat falsche Überlegungen angestellt, indem er den Faktor Zeit nicht beachtete und gedanklich alle Einzahlungen auf den Zeitpunkt Null legte.

10.6 Effektivverzinsung von Ratenkrediten nach der alten Preisangabenverordnung von 1985

Die Preisangabenverordnung vom 14. 3. 1985 (PAngV 1985) ist selbstverständlich aus gesetzlicher Sicht veraltet, denn sie stellte nur bis zum Jahr 2000 die gesetzliche Grundlage zur Berechnung von Effektivzinssätzen dar (zur Neufassung siehe Abschn. 10.7). Aus finanzmathematischer Sicht ist sie aber nach wie vor interessant und stellt ein gutes Übungsbeispiel zur Anwendung der verschiedensten Bausteine dar, die in den vorangehenden Kapiteln bereitgestellt wurden.

Nach der PAngV 1985 ist die angebrochene Zinsperiode an das Ende des Kreditzeitraums zu legen. Ferner ist lineare Verzinsung anzuwenden. Exemplarisch soll nachstehend ein Ratenkredit mit Gebühren betrachtet werden.

Ein Verbraucherkredit soll durch monatliche nachschüssige Raten zurückgezahlt werden, jeder Monat wird zu 30 Tagen, das Jahr zu 360 Tagen gerechnet. Die Zeitpunkte, an denen Zinsen berechnet werden, sollen nach jeweils einem Jahr ab Kreditaufnahme bzw. zum Stichtag der letzten Monatsrate liegen. Die Raten sollen alle gleich groß sein. Innerhalb eines Jahres soll lineare Verzinsung zur Anwendung kommen. Die sofort fälligen Bearbeitungsgebühren und der nominelle monatliche Zinssatz beziehen sich auf die ursprüngliche Kredithöhe.

Es werden die nachstehenden Bezeichnungen verwendet:

K	Nettokredithöhe
g	Bearbeitungsgebühren (in Prozent)
p_m	nomineller Monatszinssatz (in Prozent)
n	Anzahl der vollen Jahre
m	Anzahl der Restmonate
$M = 12n + m$	Laufzeit in Monaten

Die Berechnung des Effektivzinssatzes $i = i_{\text{eff}}$ sowie des Aufzinsungsfaktors $q = q_{\text{eff}}$ geschieht dann wie immer mithilfe des Äquivalenzprinzips, das im vorliegenden Fall die folgende Form hat:

$$K = K \cdot \frac{1 + \frac{g}{100} + M \cdot \frac{p_m}{100}}{M} \cdot \left(\frac{12 + 5{,}5i}{q^n} \cdot \frac{q^n - 1}{q - 1} + \frac{\left(1 + \frac{m-1}{24} \cdot i\right) m}{\left(1 + \frac{m}{12} \cdot i\right) q^n} \right). \qquad (10.5)$$

Diese Beziehung ist (gegebenenfalls nach Division durch K) mithilfe eines numerischen Näherungsverfahrens zu lösen. Die genaue Analyse sowie die Bestätigung der Richtigkeit von Beziehung (10.5) wird dem Leser überlassen, wir wollen lediglich einige Hinweise geben.

Der Bruttokredit K_B setzt sich zusammen aus dem Nettokredit, der Gebühr und den Zinsen für M Monate, was insgesamt

$$K_B = K \left(1 + \frac{g}{100} + m \cdot \frac{p_m}{100} \right)$$

ergibt. Dividiert man diesen Betrag durch die Anzahl der Monate, erhält man die monatlich zu zahlende Rate; dies ist der Faktor vor der großen Klammer. Innerhalb der Klammer erkennt man im ersten Summanden die Formel für den Barwert einer nachschüssigen Rente über n Jahre, wobei die monatlichen Zahlungen mithilfe der Jahresersatzrate (nachschüssiger Fall) der jährlichen Verzinsung angepasst wurden.

Der zweite Summand entsteht wie folgt: Die Zahlungen der m Restmonate werden auf das Ende der Kreditvereinbarung, d. h. den Zeitpunkt der letzten Monatsrate unter

Nutzung einer zur Jahresersatzrate (nachschüssiger Fall) analogen Formel aufgezinst, anschließend um m Monate linear und um n Jahre geometrisch abgezinst (Barwertformeln bei linearer bzw. geometrischer Verzinsung).

Beispiel:

Frau B. wird beim Kauf seines neuen Mittelklassewagens das folgende Finanzierungsangebot unterbreitet: Laufzeit 1 Jahr und 3 Monate, monatliche Nominalverzinsung von 0,5 %, Bearbeitungsgebühr 2 %.

Welcher Effektivzinssatz liegt der Finanzierung zugrunde?

Zunächst soll mit einer Überschlagsrechnung begonnen werden: 0,5 % Zinsen monatlich entsprechen etwa 6 % Zinsen jährlich. Allerdings werden die Zinsen auf die volle Nettokreditsumme gezahlt, während die Schulden im Durchschnitt nur ungefähr den halben Nettokredit betragen, sodass sich der Jahreszinssatz in etwa verdoppelt. Hinzu kommen die Gebühren von 2 %, die ebenfalls auf die volle Kreditsumme genommen werden. Man kann also insgesamt mit 15 bis 16 % Effektivverzinsung rechnen.

Setzt man die Werte $g = 2$, $M = 15$, $p_m = 0,5$ in die Beziehung (10.5) ein und ermittelt man die Lösung mithilfe eines numerischen Näherungsverfahrens oder – wie es im vorliegenden Fall möglich ist – mithilfe der Lösungsformel für quadratische Gleichungen, so erhält man den Wert $i = i_{\text{eff}} = 0{,}149918$, also einen Effektivzinssatz von 14,99 %, was mit der oben durchgeführten Überschlagsrechnung sehr gut übereinstimmt.

10.7 Effektivverzinsung von Ratenkrediten nach der Preisangabenverordnung von 2000

10.7.1 Kostenbestandteile nach Preisangabenverordnung

Bei der Berechnung von Effektivzinssätzen (Renditen) sind eine Reihe von gesetzlichen Vorschriften zu beachten. Die wesentlichsten sind nachfolgend zusammengestellt:[1]

Einzubeziehen sind:

- Nominalzins
- Zinssollstellungstermine
- Tilgungshöhe
- tilgungsfreie Zeiträume

---

[1] Vgl. Neufassung der Preisangabenverordnung vom 28. 7. 2000 (BGBl. I S. 1244); Begründung zur ersten Verordnung zur Änderung der Preisangabenverordnung (Bundestagsdrucksache 56/92 vom 3. 4. 1992).

- Disagio und Agio
- Bearbeitungsgebühr und Verwaltungsbeiträge
- Maklerprovision und sonstige Kreditvermittlungskosten
- Zahlungstermine entsprechend individuellem Angebot bzw. Vereinbarung
- Annuitäten-Zuschussdarlehen, sofern sie mit dem Kredit eine Einheit bilden
- Zusatzdarlehen, zur Finanzierung eines Disagios oder Agios u.ä., sofern sie mit dem Kredit eine Einheit bilden
- von den Zahlungsterminen abweichende Tilgungsverrechnungstermine
- Höhe der Restschuld
- Kosten einer Restschuldversicherung (speziell Risikolebensversicherung), die der Kreditgeber zwingend als Bedingung für den Kredit vorschreibt, mit der Prämie, die der Kreditnehmer tatsächlich zu bezahlen hat
- Inkassokosten (nicht jedoch im Zahlungsverkehr übliche Lastschriftkosten)

Nicht einzubeziehen sind:
- Bereitstellungszinsen und Teilzahlungs-Zinsaufschläge
- Aufwendungen, die im Zusammenhang mit der Absicherung des Darlehens individuell unterschiedlich anfallen (z. B. Notariatsgebühren, Grundbuchkosten für die Bestellung von Hypotheken und Grundschulden, Schätzgebühren; letztere jedoch nur, wenn auch tatsächlich eine Schätzung vorgenommen wird und die Höhe der Gebühr marktüblich ist)
- Ansparleistungen (z. B. Bausparkredite); Eigenleistungen (z. B. Anzahlungen bei Abzahlungskaufkrediten); Mitgliedschaften u. ä. Vorleistungen des Kreditnehmers, die nur die Voraussetzung für die Kreditgewährung bilden, die Abwicklung des eigentlichen Kredits aber nicht unmittelbar beeinflussen
- Prämien einer Kapitallebensversicherung, die der späteren Tilgung des Kredits dienen
- Kontoführungsgebühren in marktüblichem Umfang

10.7.2   Berechnung des Effektivzinssatzes nach PAngV

In der Neufassung der Preisangabenverordnung vom 28. 7. 2000 (BGBl I S. 1244) wird in § 6 sowie im Anhang die Vorgehensweise zur Ermittlung des (anfänglichen) effektiven Jahreszinssatzes von Krediten vorgeschrieben.

m	Anzahl der Einzelzahlungen des Darlehens (Darlehensabschnitte)
n	Anzahl der Tilgungszahlungen (inklusive Zahlungen von Kosten)

t_k der in Jahren oder Jahresbruchteilen ausgedrückte Zeitabstand zwischen dem Zeitpunkt der ersten Darlehensauszahlung und dem Zeitpunkt der Darlehensauszahlung mit der Nummer k, $k = 1, \ldots, m$; $t_1 = 0$

t'_j der in Jahren oder Jahresbruchteilen ausgedrückte Zeitabstand zwischen dem Zeitpunkt der ersten Darlehensauszahlung und dem Zeitpunkt der Tilgungszahlung oder Zahlung von Kosten mit der Nummer j, $j = 1, \ldots, n$

A_k Auszahlungsbetrag des Darlehens mit der Nummer k, $k = 1, \ldots, m$

A'_j Betrag der Tilgungszahlung oder einer Zahlung von Kosten mit der Nummer j, $j = 1, \ldots, n$

Ansatz zur Berechnung des effektiven Jahreszinssatzes i (Äquivalenzprinzip):

$$\sum_{k=1}^{m} \frac{A_k}{(1+i)^{t_k}} = \sum_{j=1}^{n} \frac{A'_j}{(1+i)^{t'_j}} .$$

- Die von Kreditgeber und Kreditnehmer zu unterschiedlichen Zeitpunkten gezahlten Beträge sind nicht notwendigerweise gleich groß und werden nicht notwendigerweise in gleichen Zeitabständen entrichtet.
- Anfangszeitpunkt ist der Tag der ersten Darlehensauszahlung ($t_1 = 0$).
- Die Zeiträume t_k und t'_j werden in Jahren oder Jahresbruchteilen ausgedrückt. Zugrunde gelegt werden für das Jahr 365 Tage, 52 Wochen oder 12 gleichlange Monate, wobei für letztere eine Länge von $\frac{365}{12} = 30,41\overline{6}$ Tagen angenommen wird.
- Der Vomhundertsatz ist auf zwei Dezimalstellen genau anzugeben; die zweite Dezimalstelle wird aufgerundet, wenn die folgende Ziffer größer oder gleich 5 ist.
- Der effektive Zinssatz wird entweder algebraisch oder mittels eines numerischen Näherungsverfahrens berechnet.

10.7.3 Demonstrationsbeispiele

Beispiel 1: Die Darlehenssumme beträgt 1000 € und wird 1,5 Jahre (d. h. 547,5 Tage oder 18 Monate oder 78 Wochen) nach Darlehensauszahlung in einer einzigen Zahlung in Höhe von 1200 € zurückgezahlt:

$$1000 = \frac{1200}{(1+i)^{\frac{547,5}{365}}} = \frac{1200}{(1+i)^{\frac{18}{12}}} = \frac{1200}{(1+i)^{\frac{78}{52}}}$$

Algebraische Lösung: $i = \left(\frac{1200}{1000}\right)^{\frac{2}{3}} - 1 \approx 12,92\,\%$.

Beispiel 2: Die Darlehenssumme beträgt 1000 €, jedoch behält der Darlehensgeber 50 € für Kreditwürdigkeitsprüfungs- und Bearbeitungskosten ein, sodass sich der Auszahlungsbetrag auf 950 € beläuft. Die Rückzahlung in Höhe von 1200 € erfolgt 1,5 Jahre nach Darlehensauszahlung:

$$950 = \frac{1200}{(1+i)^{\frac{547,5}{365}}} = \frac{1200}{(1+i)^{\frac{18}{12}}} = \frac{1200}{(1+i)^{\frac{78}{52}}}$$

Algebraische Lösung: $i = \left(\frac{1200}{950}\right)^{\frac{2}{3}} - 1 \approx 16,85\,\%$.

Beispiel 3: Die Darlehenssumme beträgt 1000 €, die in zwei Raten von jeweils 600 € nach einem bzw. nach zwei Jahren rückzahlbar sind:

$$1000 = \frac{600}{(1+i)^1} + \frac{600}{(1+i)^2}$$

Algebraische Lösung (quadratische Gleichung): $i = \frac{1}{10}(3 + \sqrt{69}) - 1 \approx 13,07\,\%$.

Beispiel 4: Die Darlehenssumme beträgt 1000 €. Der Darlehensnehmer hat folgende Raten zurückzuzahlen: nach 3 Monaten (0,25 Jahre bzw. 13 Wochen bzw. 91,25 Tage) 272 €, nach 6 Monaten 272 €, nach 12 Monaten 544 €:

$$1000 = \frac{272}{(1+i)^{\frac{3}{12}}} + \frac{272}{(1+i)^{\frac{6}{12}}} + \frac{544}{(1+i)^{\frac{12}{12}}}$$

Numerische Lösung (vgl. Abschn. 2.3): $i = 0,13185\ldots \approx 13,19\,\%$.

Beispiel 5: Die Darlehenssumme beträgt 4000 €, jedoch behält der Darlehensgeber 80 € für Bearbeitungskosten ein, sodass sich der Auszahlungsbetrag auf 3920 € beläuft. Die Darlehensauszahlung erfolgt am 28. 2. 2000. Der Darlehensnehmer hat folgende Raten zurückzuzahlen: 30 € am 30. 3. 2000, 1360 € am 30. 3. 2001, 1270 € am 30. 3. 2002, 1180 € am 30. 3. 2003, 1082,50 € am 28. 2. 2004:

$$3920 = \frac{30}{(1+i)^{\frac{1}{12}}} + \frac{1360}{(1+i)^{\frac{13}{12}}} + \frac{1270}{(1+i)^{\frac{25}{12}}} + \frac{1180}{(1+i)^{\frac{37}{12}}} + \frac{1082,50}{(1+i)^{\frac{48}{12}}}$$

Numerische Lösung (vgl. Abschn. 2.3): $i = 0,09958\ldots \approx 9,96\,\%$.

Beispiel 6: Die Darlehenssumme beträgt 10 000 € und die Darlehensauszahlung erfolgt am 15. 10. 1999. Der Darlehensnehmer hat folgende Raten zurückzuzahlen: jeweils am 15. eines Monats 1000 €, erstmals am 15. 11. 1999 und letztmals am 15. 3. 2000. Zusätzliche Zahlungen sind jeweils am Ende eines bestimmten Monats in folgender Höhe zu leisten:

25 € im Oktober 1999, 47,50 € im November 1999, 42,50 € im Dezember 1999, 37,50 €
im Januar 2000, 32,50 € im Februar 2000. Ferner sind 5031,67 € am 5. 4. 2000 zu zahlen:

$$10\,000 = \frac{1000}{(1+i)^{\frac{1}{12}}} + \frac{1000}{(1+i)^{\frac{2}{12}}} + \frac{1000}{(1+i)^{\frac{3}{12}}} + \frac{1000}{(1+i)^{\frac{4}{12}}} + \frac{1000}{(1+i)^{\frac{5}{12}}}$$
$$+ \frac{25}{(1+i)^{\frac{15}{365}}} + \frac{47,50}{(1+i)^{\frac{1}{12}+\frac{15}{365}}} + \frac{42,50}{(1+i)^{\frac{2}{12}+\frac{15}{365}}} + \frac{37,50}{(1+i)^{\frac{3}{12}+\frac{15}{365}}}$$
$$+ \frac{32,50}{(1+i)^{\frac{4}{12}+\frac{15}{365}}} + \frac{5031,67}{(1+i)^{\frac{5}{12}+\frac{20}{365}}}$$

Numerische Lösung (vgl. Abschn. 2.3): $i = 0,06174\ldots \approx 6,17\,\%$

10.8 Verlustausgleich nach Kursrutsch

Der Kurs der Aktie X fällt um $s\,\%$. Um wie viel Prozent muss der Kurs der Aktie steigen,
damit der alte Stand wieder erreicht wird? (Speziell überprüfe man $s = 5, s = 10, s = 20$,
$s = 50$.)

Aus dem Kurs P wird nach dem Fallen der neue Kurs $P_1 = \left(1 - \dfrac{s}{100}\right) P$. Nun ist ein
Wachstumsfaktor g gesucht, der der Beziehung

$$P_2 = \left(1 + \frac{g}{100}\right) P_1 = \left(1 - \frac{s}{100}\right)\left(1 + \frac{g}{100}\right) P = P$$

genügt. Nach kurzer Umformung ergibt sich

$$g = \frac{s}{1 - \frac{s}{100}}.$$

Für die speziell angegebenen Verminderungsprozentsätze s erhält man:

s	5	10	20	50
g	5,26	11,11	25	100

10.9 Aufgaben

1. Ein Einkaufsmarkt verspricht seinen Kunden, auf jeden Einkauf die Mehrwertsteuer
   zu erstatten. Wie viel Rabatt gewährt der Einkaufsmarkt seinen Kunden?
2. Frau F. will ihr Geld in Höhe von K über vier Jahre anlegen. Sie kann zwischen zwei
   Anlageformen entscheiden. Bei der ersten werden ihr auf ihr Kapital jährlich Zinsen in
   Höhe von 4,30 % angerechnet, aber nicht ausgezahlt. Bei der zweiten erfolgt jährlich
   eine Zinsauszahlung in Höhe von ebenfalls 4,30 %. Vergleichen Sie die Rendite beider
   Anlageformen.

3. Ein Modeversand wirbt mit folgendem Angebot: „Nutzen Sie eine Zahlpause von 100 Tagen für nur 2,25 % Aufschlag." (Gemeint ist: Zahlung in **einer** Summe 100 Tage nach Kauf.) Der Modeversand gibt die Effektivverzinsung mit 8,46 % an. Stimmt das? Mit welcher Zinsusance wurde gerechnet?

4. Ein anderer Modeversand wirbt für Kauf auf Ratenzahlung: „Zahlen Sie in drei Raten für nur 0,69 % Aufschlag pro Monat". Beim genaueren Lesen des „Kleingedruckten" erfährt man, dass drei nachschüssige Monatsraten, jeweils am Ende des ersten, zweiten und dritten Monats gemeint sind, wobei der Aufschlag insgesamt 2,07 % beträgt.
Berechnen Sie den effektiven Jahreszins dieses Ratenkauf-Angebots nach der gesetzlichen Vorschrift.

5. Ein Versandhaus bietet seinen Kunden als Alternative zur Sofortzahlung bequeme monatliche Ratenzahlungen an. Bei einem Kaufpreis von 100 € wird im Katalog bzw. im Internet die folgende Tabelle angegeben, wobei die 1. Rate 30 Tage nach Erhalt der Ware fällig wird und die weiteren Raten jeweils 30 Tage später:

	Anzahl der Monatsraten		
	3	6	12
Teilzahlungspreis (€)	102,04	103,60	106,72
Zinsaufschlag pro Monat (%)	0,68	0,60	0,56
i_{eff} (%)	?	12,93	12,85

Der Teilzahlungspreis ergibt sich als Kaufpreis × Zinsaufschlag × Zahl der Monate plus Kaufpreis, und die monatliche Rate ist gleich dem durch die Zahl der Monate dividierten Teilzahlungspreis. Gesucht ist der Effektivzinssatz i_{eff} bei drei Monaten. Bemerkung: Nutzt man den Online-Ratenrechner, so erfährt man, dass die monatlichen Raten gerundet werden: Die 1. Rate beträgt 34,04 €, die 2. und 3. betragen jeweils 34 €.

6. Herr G. gibt Frau H. einen Kredit in Höhe von S, rückzahlbar nach einem Jahr. Der Kredit soll mit dem Nominalzinssatz i verzinst werden. Herr G. verlangt allerdings, dass Frau H. monatliche Zahlungen (nachschüssig) in Höhe eines Zwölftels der geforderten Rückzahlung leistet. Welchem Effektivzinssatz entspricht diese Zahlungsweise? Was ergibt sich speziell für $i = i_{\text{nom}} = 6\,\%$?

7. Ein Möbelanbieter wirbt mit folgendem Angebot: „Kaufen Sie Ihre Polstergarnitur jetzt – und zahlen Sie bequem in vier Jahresraten (jeweils zum Jahresende) bei 0 % Verzinsung."
Welchen Rabatt räumt das Unternehmen den Kunden ein, wenn der aktuelle Marktzinssatz 6 % beträgt?

Weiterführende Literatur

1. Bosch, K.: Finanzmathematik (7. Auflage), Oldenbourg, München (2007)

2. Bühlmann, N., Berliner, B.: Einführung in die Finanzmathematik, Bd. 1, Haupt, Bern (1997)

3. Grundmann, W., Luderer, B.: Finanzmathematik, Versicherungsmathematik, Wertpapieranalyse. Formeln und Begriffe (3. Auflage), Vieweg + Teubner, Wiesbaden (2009)

4. Ihrig, H., Pflaumer, P.: Finanzmathematik: Intensivkurs. Lehr- und Übungsbuch (10. Auflage), Oldenbourg, München (2008)

5. Kruschwitz, L.: Finanzmathematik: Lehrbuch der Zins-, Renten-, Tilgungs-, Kurs- und Renditerechnung (5. Auflage), Oldenbourg, München (2010)

6. Luderer, B.: Mathe, Märkte und Millionen: Plaudereien über Finanzmathematik zum Mitdenken und Mitrechnen, Springer Spektrum, Wiesbaden (2013)

7. Luderer, B., Nollau, V., Vetters, K.: Mathematische Formeln für Wirtschaftswissenschaftler (8. Auflage), Springer Gabler, Wiesbaden (2015)

8. Luderer, B., Paape, C., Würker, U.: Arbeits- und Übungsbuch Wirtschaftsmathematik. Beispiele, Aufgaben, Formeln (6. Auflage), Vieweg + Teubner, Wiesbaden (2011)

9. Luderer, B., Würker, U.: Einstieg in die Wirtschaftsmathematik (9. Auflage), Springer Gabler, Wiesbaden (2014)

10. Pfeifer, A.: Praktische Finanzmathematik: Mit Futures, Optionen, Swaps und anderen Derivaten (5. Auflage), Harri Deutsch, Frankfurt am Main (2009)

11. Tietze J.: Einführung in die Finanzmathematik. Klassische Verfahren und neuere Entwicklungen: Effektivzins- und Renditeberechnung, Investitionsrechnung, derivative Finanzinstrumente (12. Auflage), Springer Spektrum, Wiesbaden (2015)

12. Wessler, M.: Grundzüge der Finanzmathematik, Pearson Studium, München (2013)

Bewertung ausgewählter Finanzprodukte

Zusätzlich zu den bisher behandelten Finanzprodukten sollen eine Reihe weiterer Produkte in diesem Kapitel analysiert werden. Außerdem geht es um die Frage, wie der Barwert eines allgemeinen Zahlungsstroms oder eines konkreten Produkts bestimmt werden kann, wenn nicht mehr ein einheitlicher, durchschnittlicher und laufzeitunabhängiger Zinssatz gegeben ist, sondern wenn der Zinssatz von der Dauer der Geldanlage oder Geldaufnahme abhängig ist, wie es am Markt üblich ist.

Dazu benötigt man Aussagen über die *Zinsstruktur*. Es stellt sich nämlich heraus, dass es in der Praxis keine einheitlichen Zinssätze gibt, sondern dass im Normalfall längerfristige Geldanlagen höhere Zinserträge erbringen als kurzfristige. Zur detaillierten Untersuchung dieses Phänomens benötigt man solche Begriffe wie *Spot Rate* oder *Forward Rate*.

Andererseits kann man bei gegebenem Preis eines Produkts nach dessen Rendite fragen. Ferner wollen wir möglichst einfach berechnen, welchen Einfluss eine Änderung des Zinssatzes auf den Barwert hat. Dies ist eine sehr wichtige Fragestellung, da Marktzinssätze praktisch in jedem Moment schwanken. Dazu kann man gewinnbringend *Risikokennzahlen* wie etwa den *Basispunktwert* oder die *modifizierte Duration* einsetzen.

Diese oder ähnliche Probleme werden eine Rolle spielen:

- Ein Vermögensverwalter muss möglichst einen guten Überblick über hohe Anlagesummen haben. Der Wert seiner Papiere hängt aber wesentlich vom aktuell herrschenden Marktzinssatz ab. Da sich dieser ständig ändert, möchte der Vermögensverwalter mit einfach berechenbaren Kennzahlen die Wertänderung schnell abschätzen können. Welche gibt es?
- Legt man sein Geld über zehn Jahre fest an, so erhält man dafür in der Regel einen höheren Zinssatz als für Geldanlagen über drei Jahre. Wie bezeichnet man diese unterschiedlichen Zinssätze und wie kann man sie aus marktgängigen Produkten ermitteln?

© Springer Fachmedien Wiesbaden 2015

B. Luderer, *Starthilfe Finanzmathematik*, Studienbücher Wirtschaftsmathematik, DOI 10.1007/978-3-658-08425-7_11

Nachdem Sie dieses Kapitel durchgearbeitet haben, werden Sie in der Lage sein

- mithilfe des Basispunktwertes abzuschätzen, wie sich der Barwert einer Anleihe ändert, wenn der Marktzinssatz um 25 Basispunkte steigt,
- den Unterschied zwischen Spot Rates und Forward Rates zu benennen,
- Spot Rates aus Zerobonds oder Anleihen zu berechnen,
- Spot Rates zur exakten Bewertung festverzinslicher Wertpapiere einzusetzen.

11.1   Zinsstrukturkurve, Spot Rates und Forward Rates

In der klassischen Finanzmathematik, die in den bisherigen Kapiteln Anwendung fand, wird stets ein einheitlicher Zinssatz unterstellt, der unabhängig von der Laufzeit der Geld-anlage oder -aufnahme ist. Das vereinfacht viele Rechnungen und erlaubt es in zahlreichen Fällen, aus der nachstehenden Barwertformel geschlossene und relativ einfache Formeln herzuleiten:

$$P = \sum_{k=1}^{n} \frac{Z_k}{(1+i)^k} \, . \tag{11.1}$$

In der Praxis sind Zinssätze jedoch meist abhängig von der Laufzeit. In aller Regel liegt ein sog. *normale Zinsstruktur* vor (vgl. Abb. 11.1, links: Je länger der Zeitraum, desto höher ist der Zinssatz. In seltenen Fällen (z. B. bei hohem kurzfristigen Geldbedarf) trifft man eine *inverse Zinsstruktur* an (Abb. 11.1, Mitte), d. h., mit höherer Anlagedauer sinkt der Zinssatz.[1] Ein einheitlicher, laufzeitunabhängiger Zinssatz (*flache Zinsstruktur*; s. Abb. 11.1, rechts) ist eher theoretischer Natur, wird aber dennoch oft für Berechnungen oder zur Beschreibung gleichmäßiger Veränderungen verwendet.

Weitere (Misch-)Formen von Zinskurven sind denkbar wie z. B. eine zunächst an-steigende, dann wieder abfallende, also „bucklige" oder auch eine S-förmig verlaufende Kurve.

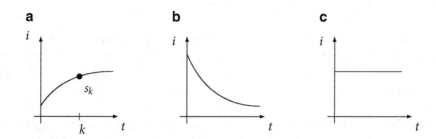

Abb. 11.1 Normale (**a**), inverse (**b**) und flache (**c**) Zinsstruktur

---

[1] Solch eine Situation trat z. B. in Deutschland Anfang der 1990er Jahre auf.

11.1.1 Spot Rates und Forward Rates

Im Weiteren konzentrieren wir uns auf normale Zinsstrukturen. Wie ist die Abb. 11.1a zu interpretieren?

Legt man heute, also in $t = 0$, Geld für k Zinsperioden an, so erhält man dafür einen jährlichen Zinssatz von s_k. Diese Größe nennt man *Spot Rate*. Sie kann hinsichtlich der Laufzeit von ganzen Zahlen auf reelle Zahlen t bzw. das Intervall $[0, t]$ verallgemeinert werden; die entsprechende Größe wird mit s_t bezeichnet.

Verwendet man die einer gegebenen Zinsstrukturkurve (Zerozinskurve) entsprechenden Spot Rates, so erhält man genauere, marktnähere Bewertungen für den Barwert eines Zahlungsstroms. Beziehung (11.1) geht dann in

$$P = \sum_{k=1}^{n} \frac{Z_k}{(1 + s_k)^k} \qquad (11.2)$$

über, sofern geometrische Verzinsung/Abzinsung angenommen wird. Leider lässt sich die Summenformel aufgrund der unterschiedlichen Zinssätze $s_k, k = 1, \ldots, n$, nicht zu einem geschlossenen Ausdruck vereinfachen.

Führt man die *Diskontierungsfaktoren* (*Abzinsungsfaktoren*) $d_k = \frac{1}{(1+s_k)^k}$, $k = 1, 2, \ldots, n$, ein, kann man Gleichung (11.2) auch so schreiben:

$$P = \sum_{k=1}^{n} Z_k \cdot d_k. \qquad (11.3)$$

Diese Beziehung lässt sich einerseits leicht von ganzzahligen Zeitpunkten k auf reelle Zeitpunkte t verallgemeinern und hat andererseits den Vorteil, dass neben der geometrischen Abzinsung auch andere Diskontierungsfaktoren verwendet werden können:

$$d_t = \frac{1}{1 + it} \quad \text{(lineare Abzinsung)}, \qquad d_t = \mathrm{e}^{-it} \quad \text{(stetige Abzinsung)}.$$

Neben den Spot Rates sind die sog. *Forward Rates* von Bedeutung. Dies sind Zinssätze für in der Zukunft liegende Zeiträume, die man sich mithilfe geeigneter Finanzprodukte heute schon sichern kann:

In der Abb. 11.2 sind a und b beliebige (reelle) Zeitpunkte, s_a und s_b die Spot Rates für die Zeiträume $[0, a]$ bzw. $[0, b]$ und $f_{a,b}$ die Forward Rate für den Zeitraum $[a, b]$.

Abb. 11.2 Spot Rates und Forward Rate

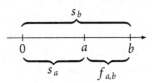

Bezeichnet man mit τ die Differenz von b und a (*Forward-Laufzeit*), d. h. $\tau = b - a$, und nimmt man geometrische Verzinsung an, so kann man die Forward Rate $f_{a,b}$ aus dem Ansatz

$$(1 + s_a)^a \cdot (1 + f_{a,b})^\tau = (1 + s_b)^b$$

berechnen (Endwertvergleich für eine Geldanlage der Höhe 1). Dies liefert nach kurzer Umformung, die dem Leser überlassen bleibt, die Beziehung

$$f_{a,b} = \sqrt[\tau]{\frac{(1 + s_b)^b}{(1 + s_a)^a}} - 1 = \sqrt[\tau]{\frac{d_a}{d_b}} - 1.$$

Für die ganzzahligen, aufeinanderfolgenden Zeitpunkte $a = k$ und $b = k + 1$ (woraus sich ein Differenzzeitraum der Länge $\tau = b - a = 1$ ergibt), erhält man speziell

$$f_{k,k+1} = \frac{(1 + s_{k+1})^{k+1}}{(1 + s_k)^k} - 1 = \frac{d_k}{d_{k+1}} - 1 = \frac{d_k - d_{k+1}}{d_{k+1}}. \tag{11.4}$$

Das ist die *Forward Rate im eigentlichen Sinne*.

Nimmt man im Unterschied zu oben nun lineare Verzinsung bzw. Abzinsung an, wie sie bei kurzfristigen Finanzgeschäften auf dem Geldmarkt oftmals üblich ist, so folgt aus dem Ansatz

$$(1 + s_a \cdot a)(1 + f_{a,b} \cdot \tau) = 1 + s_b \cdot b$$

die Beziehung

$$f_{a,b} = \left(\frac{1 + s_b \cdot b}{1 + s_a \cdot a} - 1 \right) \cdot \frac{1}{\tau} = \left(\frac{d_a}{d_b} - 1 \right) \cdot \frac{1}{\tau}. \tag{11.5}$$

11.1.2 Ermittlung von Spot Rates und Forward Rates

Sind die Spot Rates (und darauf basierend die Forward Rates) „einfach so" gegeben bzw. wie lassen sie sich ermitteln?

Im Grunde genommen sind die Spot Rates durch den Markt bestimmt, genauer, durch alle am Markt verfügbaren Finanzprodukte. Dies sind jedoch Zigtausende bzw. Hunderttausende. Durch Nutzung der Preise für diese realen Produkte könnte man die Spot Rates und damit die Zinsstrukturkurve gewinnen, was aber eine Herkulesaufgabe wäre. Daher gibt es nicht **die** Zinsstrukturkurve, sondern jedes (große) Finanz- oder Wirtschaftsforschungsinstitut hat seine eigene Kurve, die sich aus der Beobachtung ausgewählter

Abb. 11.3 Zahlungsstrom
eines Zerobonds

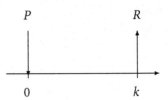

Produkte ergibt. Natürlich ähneln sich die verschiedenen Zinsstrukturkurven ziemlich stark, im Detail können sie allerdings durchaus etwas voneinander abweichen.

Im Übrigen sind Zinsstrukturkurven auf unterschiedlichen Märkten, d. h. für verschiedene Finanzprodukte, im Allgemeinen ebenfalls unterschiedlich.

Ermittlung von Spot Rates aus Zerobonds

Die einfachste Methode zur Ermittlung von Spot Rates besteht in der Analyse von Zerobonds. Ein Zerobond mit der Laufzeit k folgt dem in Abb. 11.3 dargestellten Schema von Zahlungen.

Einer Einzahlung in Höhe P (Preis, Kurs) im Zeitpunkt 0 steht eine Auszahlung der Höhe R (meist $R = 100$) gegenüber. Zwischenzeitliche Zinszahlungen erfolgen nicht, Zinsen werden jedoch verrechnet und angesammelt, wobei geometrische Verzinsung angewendet wird. Der Barwertvergleich

$$P = \frac{R}{(1 + s_k)^k}$$

führt nach Formelumstellung auf die Beziehung $(1 + s_k)^k = \dfrac{R}{P}$ bzw.

$$s_k = \sqrt[k]{\frac{R}{P}} - 1, \tag{11.6}$$

vgl. Formel (7.12).

> **Beispiel:**
> Gegeben seien die Preise von Zerobonds der Laufzeiten $k = 1, 2, 3$, jeweils mit Rückzahlung $R = 100$:
>
> | k | 1 | 2 | 3 |
> |---|---|---|---|
> | P | 97,94 | 95,37 | 92,59 |
>
> Aus der Formel (11.6) ergeben sich unmittelbar die Werte $s_1 = 2,10\,\%$, $s_2 = 2,40\,\%$, $s_3 = 2,60\,\%$ für die entsprechenden Spot Rates.

Abb. 11.4 Zahlungsstrom
einer Anleihe

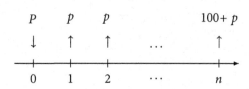

Leider gibt es am Markt nur relativ wenige Zerobonds und auch nicht immer mit der benötigten (Rest-)Laufzeit. Daher machen sich weitere Berechnungsmethoden erforderlich. Einige davon werden nachfolgend vorgestellt.

Ermittlung von Spot Rates aus gestaffelten Anleihen

Angenommen, es wurden n Anleihen im Nominalwert von je $N = 100$ ausgewählt, die folgende (Rest-)Laufzeiten besitzen:

1. Anleihe: 1 Jahr,   2. Anleihe: 2 Jahre,   ..., n-te Anleihe: n Jahre.

Jede Anleihe folgt dem in Abb. 11.4 dargestellten Zahlungsschema.

Das bedeutet: Am Ende jedes Jahres werden Zinsen in Höhe von p (Kupon) gezahlt, am Laufzeitende erfolgt zusätzlich die Rückzahlung von $N = 100$.

Bezeichnet man den Preis der Anleihe k mit P_k und ihre Zahlungen mit $p_k, p_k, ...,$ $p_k, 100 + p_k$ (p_k ist der Kupon der k-ten Anleihe) sowie mit

$$d_k = \frac{1}{(1 + s_k)^k} \tag{11.7}$$

die (unbekannten) Diskontierungsfaktoren zur Laufzeit k, $k = 1, ..., n$, so kann man das folgende lineare Gleichungssystem aufstellen:

$$
\begin{aligned}
(100 + p_1)d_1 &&&&&&&&= P_1 \\
p_2 d_1 &+& (100 + p_2)d_2 &&&&&&= P_2 \\
&&&&&&&&\vdots \\
p_n d_1 &+& p_n d_2 &+& ... &+& (100 + p_n)d_n &=& P_n
\end{aligned}
$$

Aus dessen Lösung, die wegen der Dreiecksgestalt leicht schrittweise berechnet werden kann, ermittelt man die Spot Rates s_k, $k = 1, ..., n$, vermittels der aus (11.7) resultierenden Formel

$$s_k = \sqrt[k]{\frac{1}{d_k}} - 1.$$

Das obige Gleichungssystem kann man auch folgendermaßen interpretieren: Die Anleihe wird in eine Summe von Zerobonds unterschiedlicher Laufzeit, jeweils bestehend aus den Zinszahlungen und der Schlussrückzahlung, zerlegt (sog. *Anleihe-Stripping*). Aus der ersten Anleihe wird dann über den Diskontierungsfaktor d_1 die Spot Rate s_1 berechnet. Diese wird in die zweite Zeile (die der zweiten Anleihe entspricht) eingesetzt, sodass ein Zerobond der Laufzeit zwei Jahre verbleibt. Daraus berechnet man s_2. Dieser Prozess wird in analoger Weise fortgesetzt, bis alle Spot Rates berechnet sind.

Beispiel:

Gegeben sind die Anleihen A_1, A_2, A_3 der Laufzeiten 1, 2 und 3 Jahre, die die Kupons $p_1 = 8$, $p_2 = 7$ und $p_3 = 8$, die Preise $P_1 = 100$, $P_2 = 96{,}54$ und $P_3 = 95$ sowie jeweils den Nominalwert $N = 100$ besitzen.

Wie lauten die Spot Rates s_1, s_2 und s_3?

Aus den gegebenen Daten erhält man das folgende lineare Gleichungssystem:

$$\begin{array}{rcrcrcl} 108d_1 & & & & & = & 100 \\ 7d_1 & + & 107d_2 & & & = & 96{,}54 \\ 8d_1 & + & 8d_2 & + & 108d_3 & = & 95 \end{array}$$

Da das vorliegende lineare Gleichungssystem eine spezielle Struktur besitzt (Dreiecksgestalt), kann man die Lösung am einfachsten Schritt für Schritt ermitteln. Aus A_1 berechnet man:

$$d_1 = \frac{100}{108} = 0{,}925926 \quad \Longrightarrow \quad s_1 = \frac{1}{d_1} - 1 = 8\,\%.$$

Aus A_2 folgt nunmehr:

$$7 \cdot 0{,}925926 + 107d_2 = 96{,}54 \quad \Longrightarrow \quad d_2 = \frac{90{,}058518}{107} = 0{,}841668.$$

Daraus erhält man $s_2 = \sqrt{\frac{1}{d_2}} - 1 = 9\,\%$. Aus A_3 ergibt sich schließlich:

$$8 \cdot 0{,}925926 + 8 \cdot 0{,}841668 + 108d_3 = 95 \quad \Longrightarrow \quad d_3 = \frac{80{,}859248}{108} = 0{,}748697,$$

woraus letztendlich $s_3 = \sqrt[3]{\frac{1}{d_3}} - 1 = 10{,}13\,\%$ folgt.

Es gibt zwei Nachteile dieser so einfachen Methode: Erstens muss man solche Anleihen finden, die genau ein Jahr, zwei Jahre, $\ldots$, n Jahre Restlaufzeit besitzen. Zweitens kann es zu einer bestimmten Laufzeit mehrere Anleihen geben. Welche ist dann die richtige?

Den ersten Nachteil kann man durch Auf- bzw. Abzinsen beheben, wenn die konkrete Anleihe nur **ungefähr** k Jahre läuft. Um den zweiten Nachteil zu umgehen, kann man zum Beispiel „viele" marktgängige Anleihen betrachten und die „besten" mithilfe einer linearen Optimierungsaufgabe bzw. eines Paars zueinander dualer Optimierungsaufgaben ermitteln (vgl. Grundmann/Luderer (2009), S. 122). Diese „besten", d. h. korrekt bewerteten Anleihen determinieren dann auch die gesuchten Spot Rates, während die restlichen Anleihen in der Regel überbewertet sind, also zu hohe Marktpreise haben (vgl. dazu Punkt 11.1.3).

Natürlich gibt es noch viele andere Herangehensweisen zur Ermittlung von Spot Rates, die auch von den betrachteten Märkten und Produkten abhängig sind. Insbesondere braucht man Methoden (wie z. B. lineare Interpolation der Zerosätze oder der Diskontierungsfaktoren) zur Berechnung von Spot Rates für gebrochene bzw. für sehr kurze Laufzeiten.

Ermittlung von Spot Rates aus Swap Rates von Kupon-Swaps

Ein Swap ist eine finanzielle Vereinbarung, bei der variable Zinsen gegen feste Zinsen getauscht werden (s. Abschn. 11.3). Der Festzinssatz (*Swap Rate*) r_k für einen Swap der Laufzeit k ist – bei gegebener Zinsstrukturkurve – dann gerade der Kupon einer zu 100 % notierenden Anleihe mit Rückzahlung 1 nach der Laufzeit von k Jahren.

Sind nun n Swaps mit der Laufzeit $1, \ldots, n$, und damit die Swap Rates r_k, $k = 1, \ldots, n$, gegeben, so können die Spot Rates iterativ nach folgender Vorschrift berechnet werden:

$$s_1 = r_1, \quad s_k = \sqrt[k]{\frac{1 + r_k}{1 - r_k \sum_{j=1}^{k-1} d_j} - 1}, \quad k = 2, \ldots, n. \tag{11.8}$$

Hierbei gilt, wie oben definiert,

$$d_j = \frac{1}{(1 + s_j)^j}. \tag{11.9}$$

$j = 1, \ldots, k$. Dieses Verfahren wird *Bootstrapping* genannt. Dabei werden die Spot Rates $s_1, s_2, \ldots, s_n$ schrittweise, gewissermaßen aus sich selbst heraus, berechnet, daher auch der Name[2].

Begründung: Führt man einen Barwertvergleich der Zahlungen auf der Festzinsseite eines Swaps mit zugrunde liegendem Nominalkapital 1 durch (vgl. Abschn. 11.3), ergibt

---

[2] Bootstrap, engl. *Stiefelschlaufe*. Ausgehend von der englischen Redewendung „pull oneself over a fence by one's bootstraps" zieht man sich selbst an seinen Stiefelschlaufen über einen Zaun, genauso wie sich Baron von Münchhausen an den eigenen Haaren aus dem Sumpf zog – eine unmögliche Aufgabe; vgl. Wikipedia „Bootstrapping".

sich zum einen eine Sofortzahlung von 1, zum anderen die Summe aller abgezinsten Zinszahlungen und des abgezinsten Nominalkapitals:

$$1 = r_k \cdot (d_1 + d_2 + \ldots + d_k) + 1 \cdot d_k. \tag{11.10}$$

Dabei ist r_k der Kupon des über k Jahre laufenden Swaps und d_j, $j = 1, \ldots, k$, sind die Diskontierungsfaktoren gemäß (11.9). Die Formel (11.10) kann man so umformulieren:

$$1 = r_k \cdot \sum_{j=1}^{k-1} d_j + \frac{1 + r_k}{(1 + s_k)^k}. \tag{11.11}$$

Sind nun bereits die Spot Rates $s_1, s_2, \ldots, s_{k-1}$ und damit $d_1, d_2, \ldots, d_{k-1}$ bekannt, so kann man s_k leicht aus (11.11) ermitteln:

$$\frac{1 + r_k}{(1 + s_k)^k} = 1 - r_k \cdot \sum_{j=1}^{k-1} d_j \quad \Longrightarrow \quad (1 + s_k)^k = \frac{1 + r_k}{1 - r_k \cdot \sum_{j=1}^{k-1} d_j}.$$

Hieraus folgt unmittelbar die Formel (11.8).

Beispiel:
Die Swap Rates für Swaps der Laufzeiten 1, 2 und 3 Jahre seien wie folgt gegeben: $r_1 = 2\%$, $r_2 = 2,60\%$ und $r_3 = 3,10\%$.

Daraus lassen sich die Spot Rates gemäß Formel (11.8) so berechnen:

$$s_1 = r_1 = 2,00\%; \qquad d_1 = \frac{1}{1 + s_1} = 0,9804;$$

$$s_2 = \sqrt{\frac{1 + r_2}{1 - r_2 d_1}} - 1 = \sqrt{\frac{1,026}{1 - 0,026 \cdot 0,9804}} - 1 = 2,608\%; \; d_2$$

$$= \frac{1}{(1 + s_2)^2} = 0,9498;$$

$$s_3 = \sqrt[3]{\frac{1 + r_3}{1 - r_3(d_1 + d_2)}} - 1 = \sqrt[3]{\frac{1,031}{1 - 0,031(0,9804 + 0,9498)}} - 1$$

$$= 3,122\%.$$

Die Spot Rates sind also jeweils geringfügig höher als die Swap Rates.

11.1.3 Spot Rates als Bewertungskriterium

Die Kenntnis der Zinsstrukturkurve erlaubt eine genauere Bewertung von Finanzprodukten als nur mithilfe der Rendite. Dies soll am Beispiel von Anleihen demonstriert werden (vgl. Heidorn (2009)).

Gegeben seien die folgenden vier Anleihen, wobei A_1 ein Jahr läuft, A_2 zwei Jahre, während A_3 und B die gleiche (Rest-)Laufzeit von drei Jahren aufweisen. Ihre Zahlungen im Jahr i sollen mit Z_i, $i = 1, 2, 3$, bezeichnet werden:

Anleihe	Laufzeit	Preis	Z_1	Z_2	Z_3	Rendite
A_1	1	100,00	108	–	–	8,00 %
A_2	2	96,54	7	107	–	8,97 %
A_3	3	95,00	8	8	108	10,00 %
B	3	102,49	11	11	111	10,00 %

Berechnet man die Rendite der vier Anleihen (vgl. Abschn. 7.4; die Rechnung wird dem Leser überlassen), so stellt man fest, dass die Renditen 8,00 %, 8,97 %, 10,00 % und nochmals 10,00 % betragen. Die Anleihen A_3 und B weisen also die gleiche Rendite auf. Sind sie aber unter der zugrunde liegenden Zinsstruktur auch gleich gut? Und welche Zinsstruktur liegt überhaupt zugrunde?

Dem aufmerksamen Leser wird aufgefallen sein, dass die Anleihen A_1, A_2, A_3 bereits früher im Buch aufgetaucht sind und zwar in Abschn. 11.1.2. Dort wurden die Spot Rates s_1, s_2, s_3 aus einem gestaffelten linearen Gleichungssystem berechnet; sie lauten $s_1 = 8\,\%$, $s_2 = 9\,\%$, $s_3 = 10,13\,\%$.

Man könnte aber auch die Anleihen A_1, A_2 und B als Berechnungsgrundlage für die Spot Rates nehmen. Dann bleiben s_1 und s_2 unverändert, während sich nunmehr $s_3 = 10,15\,\%$ ergibt.

Gilt nun $s_3 = 10,13\,\%$ oder $s_3 = 10,15\,\%$? Oder anders gefragt: Ist die Anleihe A_3 oder die Anleihe B besser?

Wir stellen die Behauptung auf: „Anleihe B ist besser als Anleihe A_3". Wenn dies so ist, muss es möglich sein, aus A_1, A_2 und B ein Portfolio (*Arbitrageportfolio*)[3] zu konstruieren, das den Zahlungsstrom von A_3 dupliziert und billiger als A_3 ist. Das führt auf die folgende Aufgabenstellung (wieder ein gestaffeltes Gleichungssystem):

$$
\begin{array}{rcrcrcr}
108x_1 & + & 7x_2 & + & 11x_3 & = & 8 \\
 & & 107x_2 & + & 11x_3 & = & 8 \\
 & & & & 111x_3 & = & 108
\end{array}
$$

Dabei bezeichnen die Größen x_i die Menge an Anleihen, die von A_1, A_2 und B gekauft werden müssen.

---

[3] Arbitrage bezeichnet das Ausnutzen von Preisunterschieden für dasselbe Produkt zur Erzielung eines risikolosen Gewinns. Für die Finanzmärkte wird i. Allg. Arbitragefreiheit angenommen.

Als Lösung dieses linearen Gleichungssystems ergibt sich

$$x_1 = -0,023388, \quad x_2 = -0,025259, \quad x_3 = 0,972973,$$

wie man unschwer überprüft. Eine Beziehung der Art $x_i < 0$ bedeutet einen sog. „Leerverkauf" (man verkauft eine Anleihe, die man gar nicht besitzt, und kauft sie später möglichst billiger wieder zurück). So etwas ist in der Praxis nur eingeschränkt möglich.

Interpretiert man das erzielte Ergebnis, so lässt sich Folgendes sagen:

Verkaufe 0,023 Stück von A_1 sowie 0,025 Stück von A_2 und kaufe 0,973 Stück von B. (Wer einwendet, dies gehe nicht, da man keine Bruchteile von Anleihen handeln kann, der multipliziere alle Zahlen mit 1000. Dann hat man ganze Stückzahlen, die Idee bleibt dieselbe, ist aber jetzt, zumindest im Prinzip, realisierbar.)

Wie viel kostet dieses Portfolio?

Sein Preis beträgt

$$P_{\text{port}} = -0,023388 \cdot 100 - 0,025259 \cdot 96,54 + 0,972973 \cdot 102,49 = 94,94$$

und ist damit kleiner als der Preis von Anleihe A_3, der 95 lautet. Damit ist Anleihe A_3 teurer als das Portfolio und folglich schlechter als B. Daher bestimmt auch die Anleihe B die Spot Rate s_3, sodass dafür 10,15 % zu wählen ist. Berechnet man jetzt mithilfe von s_3 den Preis von Anleihe A_3, erhält man eine faire Bewertung von 94,95.[4] Mit einem Marktpreis von 95 ist A_3 demzufolge überbewertet.

Man überlege sich, wie man mithilfe des Portfolios risikolos Geld verdienen kann.

11.2   Forward Rate Agreement (FRA)

Das Finanzprodukt *Forward Rate Agreement* ist eine Vereinbarung zwischen zwei Partnern, bei der sich beide u. a. auf einen zukünftigen (Geldmarkt-)Referenzzinssatz i_{ref} festlegen. Hierbei handelt es sich um ein sog. *unbedingtes Termingeschäft*, bei dem beide Partner die Vereinbarung einhalten müssen. Die Vereinbarung betrifft nur die Zinsen, nicht aber das Nominalkapital selbst.

Vereinbart werden:[5]

N	der Vereinbarung zugrunde liegender Nominalbetrag
a	Starttermin des FRA
b	Endtermin des FRA
$\tau = b - a$	Laufzeit des FRA (Absicherungszeitraum)

---

[4] Die geringfügige Abweichung von $P_{\text{port}} = 94,94$ beruht lediglich auf Rundungsfehlern.
[5] London Interbank Offered Rate = täglich festgelegter Referenzzinssatz im Interbankengeschäft für kurze Laufzeiten bis hin zu einjährigen Notierungen; European Interbank Offered Rate = Zinssatz im Interbankengeschäft für Termingelder in Euro

i_{ref} Referenzzinssatz (z. B. LIBOR, EURIBOR)

$f_{a,b}$ Forward Rate für den Zeitraum $[a, b]$.

Zum Zeitpunkt des Vertragsabschlusses ($t = 0$) erfolgen keinerlei Zahlungen; die Partner müssen sich lediglich – außer den anderen oben genannten Größen – über ein und dieselbe Zinsstrukturkurve und damit über die Forward Rate $f_{a,b}$ einig sein. Dabei gilt (vgl. (11.5)):

$$f_{a,b} = \left(\frac{1 + s_b \cdot b}{1 + s_a \cdot a} - 1 \right) \cdot \frac{1}{\tau},$$

da es sich beim FRA um ein kurzfristiges Produkt handelt, für das lineare Verzinsung angewendet wird.

Natürlich ist bei Vertragsabschluss der variable Referenzzinssatz i_{ref} unbekannt. Diesen kennt man erst in $t = a$ bzw. einen Tag vorher.

Im Zeitpunkt $t = a$ erfolgt eine *Ausgleichszahlung* in Höhe von

$$A = \frac{N \cdot (i_{\text{ref}} - f_{a,b}) \cdot \tau}{1 + i_{\text{ref}} \cdot \tau}. \tag{11.12}$$

Ist $A > 0$, erhält der Käufer den Betrag A vom Verkäufer, ist $A < 0$, bezahlt der Käufer den Betrag $|A|$ an den Verkäufer.

Wie ist die Ausgleichszahlung zu interpretieren? Der Zähler von A, d. h. die Größe

$$Z = N \cdot \tau \cdot (i_{\text{ref}} - f_{a,b})$$

beschreibt die Zinsen, die auf das Nominalkapital N am Ende des Zeitraums $[a, b]$ der Länge τ zu zahlen sind, wobei als Zinssatz die Differenz $i_{\text{ref}} - f_{a,b}$ genommen wird. Da die Ausgleichszahlung aber nicht in $t = b$, sondern in $t = a$ erfolgt, ist dieser Betrag noch um die Zeit τ mit dem in $[a, b]$ geltenden variablen Zinssatz, nämlich i_{ref}, abzuzinsen. Dies führt auf Beziehung (11.12).

Was kann man mit dem Kauf eines FRA erreichen? Wir wollen das am Beispiel des Käufers eines FRA erläutern, der in der Zukunft einen Kredit aufnehmen will und sich gegen zu hohe variable Zinsen absichern will. Ein solches Vorgehen nennt man *Hedging*.[6]

Angenommen, unser FRA-Käufer weiß schon heute, dass er in $t = a$ einen Geldbedarf von N mit Rückzahlung in $t = b$ hat. Dann kann er sich durch den Kauf eines FRA dagegen absichern, keinen höheren Zinssatz zahlen zu müssen als die Forward Rate $f_{a,b}$. Dies erkauft er sich allerdings damit, dass er leider nicht auf einen niedrigeren Zinssatz als $f_{a,b}$ hoffen kann. Mit anderen Worten: Ganz egal, welcher Zinssatz im Absicherungszeitraum am Markt herrschen wird, er wird den Kredit auf jeden Fall mit der Forward Rate verzinsen müssen.

---

[6] Das entgegengesetzte Motiv des Agierens an den Finanzmärkten ist *Spekulation*.

Zum Beweis dieser Behauptung haben wir drei Fälle zu unterscheiden:

1. Fall: $\boxed{i_{\text{ref}} = f_{a,b}}$ Dann ist $A = 0$, d. h. es erfolgt keine Ausgleichszahlung und die Rückzahlung in $t = b$ lautet

$$R = N(1 + f_{a,b} \cdot \tau).$$

2. Fall: $\boxed{i_{\text{ref}} > f_{a,b}}$ (der variable Zinssatz ist höher als die Forward Rate)

Dann ist $A > 0$ und der Käufer erhält den Betrag A vom Verkäufer. Damit hat er weniger zu finanzieren und benötigt nur noch den Betrag $N - A < N$. Der in $t = b$ zurückzuzahlende Betrag lautet dann

$$
\begin{aligned}
R &= (N - A) \cdot (1 + i_{\text{ref}} \cdot \tau) \\
&= N \left(1 - \frac{i_{\text{ref}} \cdot \tau - f_{a,b} \cdot \tau}{1 + i_{\text{ref}} \cdot \tau} \right) \cdot (1 + i_{\text{ref}} \cdot \tau) \\
&= N \cdot \frac{1 + i_{\text{ref}} \cdot \tau - i_{\text{ref}} \cdot \tau + f_{a,b} \cdot \tau}{1 + i_{\text{ref}} \cdot \tau} \cdot (1 + i_{\text{ref}} \cdot \tau) \\
&= N \cdot \frac{1 + f_{a,b} \cdot \tau}{1 + i_{\text{ref}} \cdot \tau} \cdot (1 + i_{\text{ref}} \cdot \tau) = N (1 + f_{a,b} \cdot \tau).
\end{aligned}
$$

Damit ergibt sich dieselbe Summe wie im 1. Fall.

3. Fall: $\boxed{i_{\text{ref}} < f_{a,b}}$ (der variable Zinssatz ist niedriger als die Forward Rate)

Hier gilt $A < 0$ und der FRA-Käufer muss $|A|$ an den Verkäufer bezahlen. Er nimmt daher zusätzlich zu dem Kredit in Höhe N noch den zu zahlenden Ausgleichsbetrag A auf und hat am Ende des Absicherungszeitraums

$$R = (N - A) \cdot (1 + i_{\text{ref}} \cdot \tau)$$

zurückzuzahlen (beachte, dass $A < 0$ und folglich $N - A > N$ gilt). Die weitere Rechnung verläuft analog zu Fall 2.

Bemerkung: Hätte der FRA-Käufer im 3. Fall das Agreement nicht abgeschlossen, wäre er besser gekommen, denn dann hätte er nur den niedrigeren Zinssatz i_{ref} zahlen müssen. Aber er konnte ja nicht wissen, welcher Fall eintritt, und er wollte sich doch vor allem gegen zu *hohe* Zinsen absichern. Damit ergibt sich für einen Kreditmanager folgende Strategie: In Erwartung steigender Zinsen kauft er einen FRA, prognostiziert er jedoch fallende Zinsen, so verkauft er einen FRA.

11.3 Swaps

Ein *Swap*, auch *Zinsswap, Kuponswap* oder *IRS (= Interest Rate Swap)* genannt, ist eine Vereinbarung, bei der lediglich Zinszahlungen getauscht werden, nicht aber ein Kapital als solches.

Gegeben sei eine von beiden Partnern akzeptierte Zinsstrukturkurve mit den Spot Rates s_k, $k = 1, \ldots, n$, und den daraus gemäß Beziehung (11.4) resultierenden Forward Rates

$$f_{k,k+1} = \frac{d_k}{d_{k+1}} - 1 = \frac{d_k - d_{k+1}}{d_{k+1}}, \qquad f_{0,1} = s_1. \tag{11.13}$$

Um einen Swap zu kaufen oder zu verkaufen, sind zwischen den Partnern diese Größen zu vereinbaren:

n Laufzeit des Swaps

N Nominalkapital, auf das sich der Swap bezieht

r_n Swap Rate = zur Vertragslaufzeit n des Swaps gehöriger Festzinssatz

$i_{k,\text{ref}}$ variabler Zinssatz (z. B. 12-Monats-LIBOR) in der Periode $[k-1, k]$.

Die Größen n, N, s_k bzw. d_k (Diskontierungsfaktoren) sowie $f_{k,k+1}$ sind also im Weiteren gegeben. Der variable Zinssatz $i_{k,\text{ref}}$ ist nur für die erste Periode bekannt, nicht aber für die zukünftigen Perioden.

Welcher Festzinssatz r_n soll dann festgelegt werden, damit die Vereinbarung für beide Partner „fair" ist?

Der Schlüssel zur Lösung besteht wieder einmal im Vergleich der Barwerte beider Seiten, der „festen" und der „variablen " (der Einfachheit halber gelte $N = 1$):

$$\begin{array}{ccc} \text{Barwert aller Zahlungen} & & \text{Barwert aller Zahlungen} \\ \text{der Festzins-Seite} & = & \text{der variablen Seite} \end{array} \tag{11.14}$$

$$r_n \cdot \sum_{k=1}^{n} d_k \qquad = \qquad \sum_{k=1}^{n} i_{k,\text{ref}} \cdot d_k. \tag{11.15}$$

Da die (zukünftigen) variablen Zinssätze unbekannt sind, werden stattdessen die Forward Rates eingesetzt. Diese lassen sich heute schon durch geeignete Finanzprodukte sichern. Damit folgt aus (11.15) die Beziehung

$$r_n \sum_{k=1}^{n} d_k = \sum_{k=1}^{n} f_{k,k+1} \cdot d_k.$$

Unter Beachtung von (11.13) sowie $d_0 = 1$ ergibt sich schließlich

$$r_n \sum_{k=1}^{n} d_k = \sum_{k=1}^{n} \frac{d_{k-1} - d_k}{d_k} \cdot d_k$$

$$= \sum_{k=1}^{n} (d_{k-1} - d_k) = (d_0 - d_1) + (d_1 - d_2) + \ldots + (d_{n-1} - d_n)$$

$$= d_0 - d_n = 1 - d_n,$$

d. h.

$$r_n = \frac{1 - d_n}{\displaystyle\sum_{k=1}^{n} d_k}.$$ (11.16)

Die Beziehung (11.16) besagt: Der „faire" Festzinssatz eines Swaps hängt nur von den Diskontierungsfaktoren oder – mit anderen Worten – von den Spot Rates $s_1, s_2, \ldots, s_n$ ab, nicht aber von den (ohnehin unbekannten) zukünftigen variablen Referenzzinssätzen $i_{k,\text{ref}}$.

Beispiel:
Gegeben seien die Spot Rates $s_1 = 2\,\%$, $s_2 = 2{,}61\,\%$ und $s_3 = 3{,}12\,\%$. Wie lautet die Swap Rate eines 3-jährigen Swaps?

Zunächst gilt wegen (11.9)

$$d_1 = \frac{1}{1{,}02} = 0{,}980392; \quad d_2 = \frac{1}{1{,}0261^2} = 0{,}949775;$$

$$d_3 = \frac{1}{1{,}0312^3} = 0{,}911950.$$

Entsprechend Formel (11.16) gilt nun

$$r_3 = \frac{1 - d_3}{d_1 + d_2 + d_3} = \frac{1 - 0{,}911950}{0{,}980392 + 0{,}949775 + 0{,}911950}$$
$$= 0{,}03098 = 3{,}10\,\%.$$

Man vergleiche die obigen Werte mit denen aus dem Beispiel in Abschn. 11.1.2.

11.4   Risikokennzahlen festverzinslicher Wertpapiere

Es soll jetzt der Frage nachgegangen werden, auf welche Weise man möglichst einfach abschätzen kann, wie stark sich der Barwert eines Zahlungsstroms ändert, wenn sich der Marktzinssatz um einen bestimmten Betrag oder Prozentsatz ändert. Dazu nutzen wir die Differenzialrechnung, speziell die erste Ableitung. In diesem Abschnitt setzen wir eine flache Zinsstruktur, d. h. einen einheitlichen, laufzeitunabhängigen Zinssatz i voraus; eine Verallgemeinerung auf beliebige Zinsstrukturen ist möglich.

11.4.1 Barwert-Marktzins-Funktion

Es wird der in Abb. 11.5 dargestellte allgemeine Zahlungsstrom betrachtet.

Mit $P = f(i)$ wird die Funktion bezeichnet, die den Barwert des Zahlungsstroms in Abhängigkeit vom Marktzinssatz i beschreibt:

$$P = f(i) = \sum_{k=1}^{n} \frac{Z_k}{(1+i)^k} . \tag{11.17}$$

Um deren erste Ableitung berechnen zu können, konzentrieren wir uns zunächst auf den k-ten Summanden und formen ihn in eine Potenzfunktion um:

$$f_k(i) = \frac{Z_k}{(1+i)^k} = Z_k \cdot (q+i)^{-k}.$$

Dessen Ableitung lautet (unter Nutzung der Kettenregel, wobei die Ableitung der inneren Funktion $z = 1 + i$ gleich 1 ist):

$$f_k'(i) = Z_k \cdot (-k) \cdot (1+i)^{-k-1} \cdot 1 = \frac{-kZ_k}{(1+i)^{k+1}}.$$

Da die Ableitung einer Summe gleich der Summe der Ableitungen ist, ergibt sich endgültig

$$f'(i) = \sum_{k=1}^{n} \frac{-kZ_k}{(1+i)^{k+1}}.$$

Bekanntlich beschreibt der Wert der ersten Ableitung (in einem festen Punkt $i = i_0$) den Anstieg der Tangente an den Graphen der Funktion $f(i)$ im Punkt $(i_0, f(i_0))$. Damit kann man die nichtlineare Funktionskurve von f in der Nähe von i_0 vereinfachend durch eine lineare Funktion (geometrisch: Tangente) ersetzen; vgl. Abb. 11.6. In einer (kleinen) Umgebung des festen Punktes (Zinssatzes) i_0 ist dabei die Näherung im Allgemeinen recht gut.

Ändert sich nun der ursprüngliche Zinssatz i_0 um Δi, so ändert sich der Funktionswert absolut um

$$\Delta P = f(i_0 + \Delta i) - f(i). \tag{11.18}$$

Abb. 11.5 Allgemeiner Zahlungsstrom

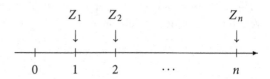

Abb. 11.6 Barwert-Marktzins-
Funktion

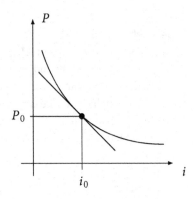

Muss man diese Differenz nun für viele Werte Δi berechnen oder ist Δi eine variable Größe, so ist es nützlich, die exakte Funktionswertdifferenz durch die näherungsweise Differenz

$$dP = f'(i_0) \cdot \Delta i \tag{11.19}$$

zu ersetzen (Höhenunterschied = Längenunterschied · Anstieg). Die Größe (11.19) wird *Differenzial* genannt (vgl. Luderer/Würker (2014)). Je kleiner Δi, desto besser ist die Approximation, d. h. desto besser ist die Näherung des Graphen von f durch die Tangente im Punkt $(i_0, f(i_0))$. Mit anderen Worten: In einer kleinen Umgebung von i_0, wenn Δi also „klein" ist, gilt

$$dP \approx \Delta P.$$

11.4.2   Basispunktwert

Auf den Finanzmärkten wird mit dem Begriff *Basispunkt* (engl. *Basis Point*; BP) die Absolutgröße $0{,}01\,\% = \frac{1}{10\,000}$ (ein Hundertstel Prozent) bezeichnet.[7]
Setzt man in Formel (11.19) $\Delta i = 1$ BP, so folgt

$$BPW = f'(i_0) \cdot BP = \sum_{k=1}^{n} \frac{-kZ_k}{(1+i)^{k+1}} \cdot \frac{1}{10\,000}. \tag{11.20}$$

Die Größe BPW wird *Basispunktwert* (engl. *Basis Point Value*) genannt. Sie beschreibt (näherungsweise) die absolute Änderung des Barwertes (11.17), wenn sich der (bisher feste) Zinssatz i_0 um einen Basispunkt, also absolut um $\Delta i = 0{,}01\,\%$ ändert.

---

[7] Oftmals liest man in der Presse: „Der Leitzins wurde um 25 Basispunkte erhöht."

Beispiel:

Gegeben sei eine über drei Jahre laufende Anleihe mit Nominalwert $N = 100$, Rückzahlung $R = 100$ und einem Kupon von 5 %.

Wie lautet der faire Preis dieser Anleihe bei einem Marktzinssatz von 3 % und wie wird sich dieser (näherungsweise) ändern, wenn sich der Zinssatz am Markt um 25 Basispunkte, d. h. um 0,25 %, erhöht?

Aus (11.17) ergibt sich ein fairer Preis von

$$P = \frac{5}{1,03} + \frac{5}{1,03^2} + \frac{105}{1,03^3} = 105,6572.$$

Der Basispunktwert wird gemäß (11.20) berechnet:

$$\text{BPW} = \frac{1}{10\,000} \cdot \left(\frac{-1 \cdot 5}{1,03^2} + \frac{-2 \cdot 5}{1,03^3} + \frac{-3 \cdot 105}{1,03^4} \right) = -0,02943.$$

Da sich der Zinssatz nicht nur um einen Basispunkt erhöht, sondern um 25 Basispunkte, ist der letzte Wert mit 25 zu multiplizieren, was

$$\mathrm{d}P = -0,7358$$

ergibt. Der Barwert der Anleihe verringert sich also auf $P_{\text{näh}} = 104,9214$.

Zum Vergleich: Der exakte Wert lautet $P_{\text{exakt}} = f(0,0325) = 104,9264$.

Der Näherungswert liegt damit unter dem exakten Wert, was auch nicht verwundert, da die Tangente unterhalb des Graphen der Barwert-Marktzins-Funktion liegt (vgl. Abb. 11.6).

Die Abweichung zwischen $P_{\text{näh}}$ und P_{exakt} ist ziemlich groß, was daran liegt, dass 25 Basispunkte schon eine relativ große Änderung darstellen.

11.4.3 Modified Duration

Die *Modified Duration* D_{mod} gibt die **prozentuale** Kursänderung an, wenn sich der Marktzinssatz (absolut) um 100 BP = 1 % ändert.

Die exakte relative Änderung des Barwertes (eine Angabe in Prozent) beträgt $\frac{\Delta P}{P}$. Sie wird approximiert durch den Ausdruck $\frac{\mathrm{d}P}{P}$, wobei $\mathrm{d}P$ das Differenzial von $P = f(i)$ im Punkt i_0 darstellt (s. Formel (11.19) und $\Delta i = 1\% = \frac{1}{100}$ beträgt. Damit ergibt sich für die Modified Duration

$$D_{\text{mod}} = \frac{f'(i_0) \cdot \Delta i}{P} = \frac{1}{100 \cdot P} \cdot \sum_{k=1}^{n} \frac{-k Z_k}{(1+i)^{k+1}}. \tag{11.21}$$

Sie gibt an, um wie viel Prozent sich P (relativ) ändert, wenn sich der Marktzinssatz absolut um 1 % oder, wie man auch sagt, um einen Prozentpunkt vergrößert.

Beispiel:
Wie lautet der faire Preis eines Zerobonds mit einer Laufzeit von fünf Jahren und einer Rückzahlung von $R = 100$, wenn der Marktzinssatz für die Laufzeit 4,25 % beträgt? Um wie viel Prozent wird sich der Preis (relativ) ändern, wenn der Marktzinssatz kurz darauf um 0,25 % = 25 Basispunkte auf 4,00 % sinkt?

Der Preis ergibt sich aus Formel (11.17), wobei nur eine einzige Zahlung, die Schlussrückzahlung der Höhe 100 zum Zeitpunkt $t = n$ erfolgt:

$$P = \frac{100}{1{,}0425^5} = 81{,}2119. \tag{11.22}$$

Für die Modified Duration ergibt sich gemäß der Formeln (11.21) und (11.22)

$$D_{\mathrm{mod}} = \frac{1}{100} \cdot \frac{1{,}0425^5}{100} \cdot \frac{(-5) \cdot 100}{1{,}0425^6} = \frac{-5}{100 \cdot 1{,}0425} = -0{,}04796.$$

Wenn sich der Marktzinssatz (absolut) um 1 % erhöht, so verringert sich der Preis des Zerobonds (näherungsweise) um 4,80 %. Da sich aber $i_0 = 4{,}25$ % absolut um 0,25 % verringert, erhöht sich P prozentual um 1,20 %.

Zum Vergleich: Der exakte Preis des Zerobonds für $i = 4{,}00$ % beträgt $P = \frac{100}{1{,}04^5} = 82{,}1927$, was einer Erhöhung um 1,21 % entspricht. Der Näherungswert liegt damit wiederum unterhalb des exakten Wertes (vgl. das Beispiel aus Abschn. 11.4.2).

Bemerkung: Will man die Risikokennzahlen solcher Finanzprodukte wie FRA oder Swap bestimmen, so trifft man auf die Schwierigkeit, dass nicht nur **ein** Zinssatz eine Rolle spielt, dessen Einfluss abgeschätzt werden soll, sondern gleich mehrere; beim FRA z. B. zwei Spot Rates und eine Forward Rate.

Man behilft sich in diesem Fall damit, dass man das Produkt in einzelne Bestandteile zerlegt, die jeweils nur von **einem** Zinssatz abhängen. Deren Risikokennzahlen werden anschließend addiert bzw. subtrahiert.

So gilt für einen FRA:

$$\text{Geldaufnahme}_{\text{kurz}} + \text{gekaufter FRA} = \text{Geldaufnahme}_{\text{lang}}$$

d. h.

$$\text{gekaufter FRA} = \text{Geldaufnahme}_{\text{lang}} - \text{Geldaufnahme}_{\text{kurz}}$$

bzw.

$$\text{gekaufter FRA} = \text{Geldaufnahme}_{\text{lang}} + \text{Geldanlage}_{\text{kurz}}.$$

Analog kann man einen Swap als gekaufte Anleihe (mit der vereinbarten Swap Rate als Kupon) und einen verkauften *Floater*[8] auffassen. Dann kann man wiederum aus den Risikokennzahlen der Einzelprodukte durch deren Addition/Subtraktion die Kennzahlen des Swaps ermitteln.

Diese Vorgehensweise ist generell auf sog. *strukturierte Produkte* anwendbar.

11.5 Ausblick

Gegenstand des vorliegenden Buches ist im Wesentlichen die klassische Finanzmathematik, wobei durchgehend versucht wurde, die Probleme so praxisnah wie möglich darzustellen. Das in den letzten Jahren rasant gewachsene Gesamtgebiet der Finanzmathematik umfasst jedoch viele weitere Teilgebiete und Fragestellungen, von denen einige nachstehend angedeutet werden sollen.

Neben den betrachteten Zeitrenten gibt es solche mit aufgeschobenen, unterbrochenen und abgebrochenen Zahlungen. Bei dynamischen Renten gibt es zahlreiche Modelle: arithmetisch wachsende (fallende), geometrisch wachsende (fallende), periodisch arithmetisch oder geometrisch wachsende, asymptotische und weitere.

In der Tilgungsrechnung sind eine Vielzahl von Modellen anzutreffen, die zusätzliche (mitunter eingeschlossene) Gebühren enthalten, und/oder bei denen die Anrechnung von Zahlungen sowie die Berechnung von Zinsen auf die unterschiedlichste Weise geschieht.

Ein großes Gebiet, in dem neben den finanzmathematischen Grundlagen vor allem stochastische Aspekte eine wichtige Rolle spielen, stellt die Versicherungsmathematik mit ihren Teilgebieten der Lebensversicherung und der Schadenversicherung dar (siehe z. B. Ortmann (2009)).

Außer den im Buch behandelten unbedingten Termingeschäften gibt es ferner *Futures* und *Forwards* sowie vielfältige *strukturierte Produkte*. Daneben spielen vor allem auch die *bedingten Termingeschäfte*[9] eine bedeutende Rolle.

Bedingte Termingeschäfte sind vor allem *Optionen* (auf Aktien, Indizes, Zinssätze, Swapsätze etc.) und daraus abgeleitete *Derivate*, zu deren mathematischer Behandlung tiefliegende Kenntnisse der Stochastik notwendig sind. Um Zinssätze abzusichern, gibt es beispielsweise *Caps* (Zinsobergrenze), *Floors* (Zinsuntergrenze) oder *Collars* (Unter- und Obergrenze). Optionen auf Swaps nennt man *Swaptions*. Mit dieser Aufzählung ist die Vielfalt an Finanzprodukten bei Weitem nicht erschöpft.

---

[8] Variabel verzinsliches Wertpapier kurz- bis mittelfristiger Laufzeit mit periodischer Zinsanpassung auf der Basis eines Referenzzinssatzes wie z. B. LIBOR oder EURIBOR.

[9] Beim bedingten Termingeschäft hat einer der Partner das Wahlrecht (die Option), erst in der Zukunft zu entscheiden, ob er das Geschäft zu den vereinbarten Konditionen tatsächlich durchführen möchte; der andere muss sich jedoch unbedingt an die getroffene Vereinbarung halten.

Bei der Analyse von Risikokennzahlen für diese Produkte sind die sog. *Griechen* wichtig. Das sind partielle Ableitungen. Daher stellt in der Finanzmathematik neben der Stochastik auch die Differenzialrechnung ein unverzichtbares Hilfsmittel dar.

Schließlich gibt es vielfältige Anwendungen der klassischen Finanzmathematik im *Portfoliomanagement*, der möglichst risikoarmen und gleichzeitig renditeorientierten Verwaltung von Wertpapieren.

11.6 Lösung der einführenden Probleme

1. Basispunktwert, modifizierte Duration und weitere;
2. Spot Rates; diese lassen sich z. B. aus Zerobonds oder aus gestaffelten Anleihen ermitteln

Weiterführende Literatur

1. Adelmeyer, M., Warmuth, E.: Finanzmathematik für Einsteiger. Von Anleihen über Aktien zu Optionen (2. Auflage), Vieweg + Teubner, Wiesbaden (2005)

2. Bühlmann, N., Berliner, B.: Einführung in die Finanzmathematik, Bd. 1, Haupt, Bern (1997)

3. Grundmann, W., Luderer, B.: Finanzmathematik, Versicherungsmathematik, Wertpapieranalyse. Formeln und Begriffe (3. Auflage), Vieweg + Teubner, Wiesbaden (2009)

4. Heidorn, T.: Finanzmathematik in der Bankpraxis: Vom Zins zur Option (6. Auflage), Gabler, Wiesbaden

5. Hettich, G., Jüttler H., Luderer, B.: Mathematik für Wirtschaftswissenschaftler und Finanzmathematik (11. Auflage), Oldenbourg Wissenschaftsverlag, München (2012) Oldenbourg, München (2008)

6. Kruschwitz, L.: Finanzmathematik: Lehrbuch der Zins-, Renten-, Tilgungs-, Kurs- und Renditerechnung (5. Auflage), Oldenbourg, München (2010)

7. Luderer, B.: Mathe, Märkte und Millionen: Plaudereien über Finanzmathematik zum Mitdenken und Mitrechnen, Springer Spektrum, Wiesbaden (2013)

8. Luderer, B., Nollau, V., Vetters, K.: Mathematische Formeln für Wirtschaftswissenschaftler (8. Auflage), Springer Gabler, Wiesbaden (2015)

9. Luderer, B., Paape, C., Würker, U.: Arbeits- und Übungsbuch Wirtschaftsmathematik. Beispiele, Aufgaben, Formeln (6. Auflage), Vieweg + Teubner, Wiesbaden (2011)

10. Luderer, B., Würker, U.: Einstieg in die Wirtschaftsmathematik (9. Auflage), Springer Gabler, Wiesbaden (2014)

11. Ortmann, K. M.: Praktische Lebensversicherungsmathematik. Mit zahlreichen Beispielen, Abbildungen und Anwendungen, Vieweg + Teubner, Wiesbaden (2009)

12. Pfeifer, A.: Praktische Finanzmathematik: Mit Futures, Optionen, Swaps und anderen Derivaten (5. Auflage), Harri Deutsch, Frankfurt am Main (2009)

13. Reitz, S.: Mathematik in der modernen Finanzwelt: Derivate, Portfoliomodelle und Ratingverfahren, Vieweg + Teubner, Wiesbaden (2011)

14. Tietze J.: Einführung in die Finanzmathematik. Klassische Verfahren und neuere Entwicklungen: Effektivzins- und Renditeberechnung, Investitionsrechnung, derivative Finanzinstrumente (12. Auflage), Springer Spektrum, Wiesbaden (2015)

15. Wessler, M.: Grundzüge der Finanzmathematik, Pearson Studium, München (2013)

Lösungen der Aufgaben

12.1 Zu Kapitel 2

1. a) $a_n = 2 \cdot 5^{n-1}$;

   b) geometrische, monoton wachsende Zahlenfolge

   c) $2 \cdot 5^{n-1} > 1\,000\,000 \implies 5^{n-1} > 500\,000 \implies (n-1)\ln 5 > \ln 500\,000 \implies$
   $n > \frac{\ln 500\,000}{\ln 5} + 1 \implies n > 9{,}153$
   Ab dem 10. Glied sind die Glieder der Zahlenfolge größer als 1 Million.

   d) $s_n = 2 \cdot \frac{5^n - 1}{5 - 1} = \frac{1}{2}(5^n - 1) \implies n > \frac{\ln 2\,000\,000\,000}{\ln 5} = 13{,}307$
   Ab dem 14. Glied ist die Summe der ersten n Glieder größer als 1 Milliarde. Speziell: $s_{14} = 3{,}0518 \cdot 10^9 \approx 3$ Milliarden, $s_{13} = 6{,}1035 \cdot 10^8$.

2. Veränderung auf $\frac{1{,}19}{1{,}16} = 1{,}0259$; dies entspricht einer Erhöhung um 2,59 %.

3. $f(x) = x^5 - 2x^4 + 1$, $f'(x) = 5x^4 - 8x^3$

   Das Polynom weist zwei Vorzeichenwechsel in den Koeffizienten auf. Gemäß der Descartes'schen Vorzeichenregel gibt es daher zwei oder keine positive Nullstelle(n). Wegen $f(1) = 0$ wurde bereits eine Nullstelle entdeckt, also muss es zwei geben. Ferner gilt $f(0) = 1$, $f'(1) = -3 < 0$, $\lim\limits_{x \to \infty} f(x) = \lim\limits_{x \to \infty} x^5 \left(1 - \frac{2}{x} + \frac{1}{x^5}\right) = +\infty$
   und $f(2) = 1$. Daher muss die zweite Nullstelle im Intervall $(1, 2)$ liegen.

   Wertetabelle:

x	1,5	1,9	2
$f(x)$	$-1{,}531$	$-0{,}303$	1

   Lineare Interpolation zwischen 1,9 und 2 ergibt: $\bar{x} = 1{,}9233$.

   Newton-Verfahren:

k	x_k	$f(x_k)$	$f'(x_k)$
0	1,9233	$-0{,}049503$	11,5005
1	1,9276	0,000443	11,7318
2	1,9276	/	/

   $\implies \quad x^* \approx 1{,}928$

4. $1 + 5\mathrm{e}^{-2t} = 2 \implies \mathrm{e}^{-2t} = \frac{1}{5} \implies -2t = \ln\frac{1}{5} = -\ln 5 \implies t = \frac{1}{2}\ln 5 = 0{,}8047$

© Springer Fachmedien Wiesbaden 2015
B. Luderer, *Starthilfe Finanzmathematik*, Studienbücher Wirtschaftsmathematik,
DOI 10.1007/978-3-658-08425-7_12

5. a) $x_{1,2} = 1 \pm \sqrt{2}$, also $x_1 = 2{,}414$, $x_2 = -0{,}414$;

    b) $x_{1,2} = 2$ (eine Doppellösung);

    c) keine reelle Lösung

6. a) $a = 8b - 8$,

    b) $a = \frac{-b(1+c)}{1-c}$,

    c) $a = \frac{c}{bd-1}$,

    d) $a = \ln(b + c)$,

    e) $a = \sqrt[d]{\frac{b}{c}}$,

    f) nicht möglich.

12.2   Zu Kapitel 3

1. $\left(1 - \frac{10}{100}\right) \cdot (1 + i) = 1 \Longrightarrow i = \frac{1}{0{,}9} - 1 = 0{,}1111 = 11{,}11\,\%$

    Allgemein: Aus dem Ansatz $K(1 - d)(1 + i) = K$ folgt $i = \frac{d}{1-d}$.

2. $S = \frac{1}{12} \cdot 10\,000 \cdot 0{,}05 = 41{,}67\,€$

3. Ansatz (Endwertvergleich) bei nachschüssigen Raten: $Z(1 + i) = \frac{1{,}05Z}{4}\left(4 + \frac{3}{2}i\right)$.
    Nach Kürzen durch $4Z$ ergibt sich $1 + i = 1{,}05 + \frac{3{,}15}{8}i$, woraus $i = 8{,}25\,\%$ folgt.
    Vorschüssige Raten: $i = 14{,}55\,\%$.

4. a) $K_{3/4} = 7262{,}50\,[€]$.

    b) Hier ist nach dem Barwert gefragt: $K_0 = \frac{10\,000}{1+0{,}05} = 9523{,}81\,[€]$.

    c) $t = \frac{Z_t}{K_0 \cdot i} = \frac{723}{20\,000 \cdot 0{,}05} = 0{,}723$ (Jahre), was 260 (Zins-)Tagen bzw. 8 Monaten und
        20 Tagen entspricht.

5. Um die Angebote vergleichen zu können, deren Gesamtbeträge unterschiedlich hoch
    sind und deren Zahlungen zu verschiedenen Zeitpunkten erfolgen, hat man einen Zeit-
    wertvergleich zu einem beliebigen (aber fest gewählten) Zeitpunkt vorzunehmen. Da-
    für soll der Zeitpunkt $t = 0$ ausgewählt werden (Barwertvergleich).

    a) Bei $i = 5\,\%$ (bzw. $q = 1{,}05$) ergeben sich durch mehrfache Anwendung der Bar-
        wertformel bei linearer Verzinsung folgende Vergleichsgrößen, wobei der Barwert
        einer Sofortzahlung natürlich gleich dem Wert dieser Zahlung ist:

$$B_1 = 9000 + \frac{3000}{1{,}05^5} = 9000 + 2350{,}58 = 11\,350{,}58,$$

$$B_2 = 6500 + \frac{5500}{1{,}05^3} = 6500 + 4751{,}11 = 11\,251{,}11,$$

$$B_3 = \frac{6000}{1{,}05^3} + \frac{9000}{1{,}05^8} = 5183{,}03 + 6091{,}55 = 11\,274{,}58.$$

Damit ist Angebot 1 für den Verkäufer am günstigsten, obwohl die Gesamtzahlung
bei Angebot 3 wesentlich höher ist. Bei gleicher Gesamtzahlung schneidet das erste
Angebot besser ab als das zweite, da sofort eine höhere Summe bezahlt wird.

b) Bei $i = 2\%$ (d. h. $q = 1,02$) ergibt sich entsprechend:

$$B_1 = 9000 + \frac{3000}{1,02^5} = 11\,717,19,$$

$$B_2 = 11\,682,77,$$

$$B_3 = 13\,335,35.$$

Hier ist das 3. Angebot das deutlich beste, während die anderen beiden fast gleichwertig sind.

Bemerkung: Mit kleiner werdendem Zinssatz i wird der Barwert einer zukünftigen Zahlung immer größer und der Faktor Zeit spielt eine immer geringere Rolle. Bei kleinem Zinssatz besitzt deshalb auch die Gesamtsumme aller Zahlungen wieder eine größere Bedeutung, während im allgemeinen Fall Gesamtzahlungen aus finanzmathematischer Sicht sehr wenig besagen.

6. a) Aus $K_n = K_0(1+i)^n$ folgt $i = \sqrt[n]{\frac{K_n}{K_0}} - 1$, speziell $i = \sqrt[5]{\frac{2838}{2000}} - 1 = 7,25\%$.

   b) Aus derselben Gleichung resultiert $n = \frac{\ln K_n/K_0}{\ln(1+i)}$, speziell $n = \frac{\ln 1,4}{\ln 1,05} = 6,90$, also knapp 7 Jahre.

   c) Der zusätzliche Betrag laute R. Dann muss gelten $(10000 \cdot 1,05^2 + R) \cdot 1,05 = 14\,000$, woraus man $R = 2308,33\,[\text{€}]$ berechnet.

12.3 Zu Kapitel 4

1. Aus $K_n = K_0 \cdot (1+i)^n$ ergibt sich $i = \sqrt[n]{\frac{K_n}{K_0}} - 1$, sodass man für die Werte $K_0 = 686,25$, $K_8 = 1000$ und $n = 8$ einen Zinssatz von $4,82\%$ erhält.

2. a) Aus $K_n = K_0 \cdot q^n \overset{!}{=} 3 \cdot K_0$ mit $q = 1,07$ folgt $n = \frac{\ln 3}{\ln 1,07} = 16,24$ (Jahre).

   b) $n = \frac{\ln 3}{\ln(1+i)} \approx \frac{1,099}{i} \approx \frac{110}{p}$

   c) Man wende ein numerisches Näherungsverfahren an.

3. Der ursprüngliche Betrag von $K_0 = 2\,\text{GE}$ muss, um nach 13 Jahren den neuen Preis zu ergeben, auf $K_{13} = 4000\,\text{GE}$ anwachsen. Gemäß der Endwertformel bei geometrischer Verzinsung gilt dann $K_n = K_0 \cdot q^n$, d. h. $K_{13} = K_0 \cdot q^{13}$, woraus $q = 1,7944$ folgt. Dies entspricht einer durchschnittlichen jährlichen Inflationsrate von $79,44\%$.

4. Der Kaufpreis sei P. Aus dem Ansatz (Barwertvergleich) $0,9P = 0,5P + \frac{0,5P}{(1+i)^3}$ folgt zunächst $0,4P = \frac{0,5P}{(1+i)^3}$ und hieraus $(1+i)^3 = 12,5$ bzw. $i = \sqrt[3]{1,25} - 1 = 0,0772 = 7,72\%$. Die 0%-Finanzierung ist also in Wahrheit keine, da man bei Finanzierung keinen Rabatt erhält.

5. 1. Angebot: Jährliche Verzinsung mit i ergibt nach einem Monat gemäß der Endwertformel bei linearer Verzinsung Zinsen von $Z = K_0 \cdot i \cdot \frac{1}{12}$, was einer monatlichen Verzinsung mit $\frac{i}{12}$ entspricht (= relative unterjährige Verzinsung). Nach zwölfmaliger Geldanlage erhält man speziell für $i = 4,5\%$: $E = K_0 \left(1 + \frac{4,5}{12 \cdot 100}\right)^{12} = 1,0459 K_0$. Die Effektivverzinsung beträgt demnach $4,59\%$.

2. Angebot: Analoge Überlegungen führen auf $E = K_0 \left(1 + \frac{i}{4}\right)^4 = K_0 \left(1 + \frac{4,6}{400}\right)^4 =$ $1{,}0468 K_0$. Mit einer Effektivverzinsung von 4,68 % ist das zweite Angebot etwas besser als das erste.

6. Barwertvergleich: $B = 5000 + \frac{1000}{1{,}04} + \frac{10\,000}{1{,}04^2} = 23\,860{,}95 = 0{,}9544 \cdot 25\,000$. Der Rabatt auf den Listenpreis beträgt demnach 4,56 %.

7. $K_n = K_0 \cdot (1 + i)^n = 10 \cdot (1 + 0{,}025)^{730} = 673\,630\,500$ GE, also über 673 Mill. GE.

8. a) $K_{10} = 15\,000 \cdot 1{,}03^5 \cdot 1{,}035^3 \cdot 1{,}0375^2 = 20\,752{,}70$

    b) Der durchschnittliche jährliche Zinssatz (d. h. der Effektivzinssatz) beträgt $i = \sqrt[10]{1{,}03^5 \cdot 1{,}035^3 \cdot 1{,}0375^2} - 1 = 3{,}30\,\%$, was etwas höher ist als die Inflationsrate. Somit ist das Geld nach zehn Jahren geringfügig mehr wert.

9. Aus dem Ansatz $K_1^{(m)} = K_0(1 + j)^m \stackrel{!}{=} K_0(1 + i) = K_1$, der aus dem Vergleich der Endwerte bei einmaliger jährlicher und bei m-maliger unterjähriger Verzinsung resultiert, erhält man $j = \sqrt[m]{1 + i} - 1$ als äquivalente unterjährige Zinsrate.
Vierteljährliche Gutschrift ($m = 4$): $j = \sqrt[4]{1{,}04} - 1 = 0{,}00985$.
Monatliche Gutschrift ($m = 12$): $j = \sqrt[12]{1{,}04} - 1 = 0{,}00327$.

12.4   Zu Kapitel 5

1. a) $B_{30}^{nach} = r \cdot \frac{q^n - 1}{q^n(q-1)} = 10\,000 \cdot \dfrac{1{,}06^{30} - 1}{1{,}06^{30} \cdot 0{,}06} = 137\,648\,€$

    b) $r = \frac{R}{12 + 6{,}5 \cdot 0{,}06} = \frac{10\,000}{12{,}39} = 807{,}10\,€$

2. $B = r \cdot \left(\displaystyle\sum_{k=1}^{12} \frac{1}{q^{k/12}}\right) \cdot \frac{q^n - 1}{q^{n-1}(q-1)} = r \cdot \frac{1}{q} \cdot \frac{q - 1}{q^{1/12} - 1} \cdot \frac{q^n - 1}{q^{n-1}(q-1)} = r \cdot \frac{q^n - 1}{q^n(q^{1/12} - 1)}$

3. a) $K_n = R \cdot q \cdot \dfrac{q^n - 1}{q - 1} = 500 \cdot 1{,}06 \cdot \dfrac{1{,}06^7 - 1}{0{,}06} = 4448{,}73$

    b) $K_n = R \cdot q \cdot \dfrac{q^n - b^n}{q - b} = 500 \cdot 1{,}06 \cdot \dfrac{1{,}06^7 - 1{,}03^7}{0{,}06 - 0{,}03} = 4836{,}36$

    Alternativ könnte man die dynamisierten Einzahlungen 500; 515; 530,45; 546,36; 562,75; 579,64; 597,03 berechnen und jeweils entsprechend aufzinsen: 751,82 + 730,54 + 709,86 + 689,77 + 670,24 + 651,28 + 632,85 = 4836,36.

    c) $\overline{K}_n = 4448{,}73 + 0{,}1 \cdot 7 \cdot 500 = 4798{,}73 \stackrel{!}{=} 500 \cdot q \cdot \dfrac{q^7 - 1}{q - 1}$

    Mithilfe eines numerischen Verfahrens (z. B. Sekantenverfahren) ermittelt man z. B.:

q	rechte Seite
1,07	4629,90
1,08	4818,31
1,079	4799,14

Damit beträgt der Effektivzinssatz ca. 7,9 %.

4. a) $B = S \cdot \frac{1{,}06^{20}-1}{1{,}06^{19} \cdot 0{,}06} = 12{,}158 S$

   b) $G = 20 S$; $B = \frac{G}{1{,}06^t}$ $\implies$ $12{,}158 S = \frac{20 S}{1{,}06^t}$ $\implies$ $\ldots$ $\implies$ $t = \frac{\ln 1{,}645}{\ln 1{,}06} = 8{,}54$

   Nach etwa $8\frac{1}{2}$ Jahren ist die Gesamtsumme von $20 S$ zu zahlen.

5. Endwertformel der dynamischen Rente: $E = R \cdot \frac{q^n - b^n}{q - b}$

   Jahresersatzrate: $R = 100 \cdot (12 + 6{,}5 \cdot 0{,}05) = 1232{,}50$

   Zusammengefasst ergibt dies: $E = 1232{,}50 \cdot 14{,}24895 = 17\,561{,}83\,[\text{€}]$.

6. a) Setzt man den Endwert der Sparphase gleich dem Barwert der Auszahlphase und formt diese Gleichung nach R um, so erhält man

$$R = 100(12 + 6{,}5 \cdot 0{,}05) \cdot \frac{1{,}05^{20}-1}{0{,}05} \cdot \frac{1{,}05^9 \cdot 0{,}05}{1{,}05^{10}-1} = 5026{,}48.$$

7. $E_n = K_0(1+i)^n - R \cdot \frac{(1+i)^n - 1}{i} = 60\,000 \cdot 1{,}03^{15} - 3000 \cdot \frac{1{,}03^{15}-1}{0{,}03} = 37\,681{,}32$

8. a) Kapital zum Zeitpunkt $t = 0$: K_0;

   Kapital in $t = 1$: $K_1 = K_0 q - R$.

   Die Forderung $K_1 < K_0$ liefert die Bedingung $R > K_0(q-1) = K_0 i$ (die gleiche Schlussfolgerung lässt sich auch in den Folgejahren ziehen).

   Interpretation: Die ausgezahlte Rate muss größer als die anfallenden Zinsen sein.

   b) Aus dem Ansatz $K_n = K_0 q^n - R \cdot \frac{q^n - 1}{q-1} \overset{!}{=} 0$ folgt nach (etwas längeren) Umformungen $n = \frac{1}{\ln q} \cdot \ln \frac{R}{R - K_0 i}$. Anschließend aufrunden.

9. $E_{15} = K_0 q^n + R \cdot \frac{q^n - 1}{q-1} = 10\,000 \cdot 1{,}05^{15} + 1000 \cdot \frac{1{,}05^{15}-1}{0{,}05} = 20\,789{,}28 + 21\,578{,}56 = 42\,367{,}84\,[\text{€}]$.

10. a) Jahresersatzrate: $R = 230 \cdot (12 + 5{,}5 \cdot 0{,}0725) = 2851{,}71$.

    Barwert: $B_3^{\text{nach}} = R \cdot \frac{q^3 - 1}{q^3(q-1)} = 7449{,}75$.

    Zusammen mit der Anfangsrate von $2500\,\text{€}$ ergibt das $9949{,}75\,\text{€}$, was etwas geringer als die Sofortzahlung von $10\,000\,\text{€}$ ist. Herr D. sollte sich für die Finanzierung entscheiden.

    b) Ansatz: $10\,000 = 2500 + 230 \cdot [12 + 5{,}5(q-1)] \cdot \frac{q^3 - 1}{q^3(q-1)}$

    Hierbei gilt $q = 1 + i_{\text{eff}}$, i_{eff} ist gesucht. Mittels eines beliebigen numerischen Verfahrens (vorzugsweise des Sekantenverfahrens oder, nach Multiplikation mit dem Nenner, der Newton-Methode, wobei als Anfangswert z. B. $q = 1{,}0725$ gewählt werden kann) ergibt sich $q = 1{,}0676$ bzw. $i_{\text{eff}} = 6{,}76\,\%$.

12.5   Zu Kapitel 6

1. a) Ohne Tilgung: Endwertvergleich nach einem Jahr: $Z = 1 \cdot (12 + 5{,}5 \cdot i) = 50 i$.

   Hieraus ergibt sich nach kurzer Umformung $i = 0{,}26966 = 26{,}97\,\%$.

   b) Tilgung innerhalb von sieben Jahren: Die Annuität lautet $A = 1 \cdot (12 + 5{,}5 \cdot i)$.

   Aus der Beziehung $S_0 = 50 = A \cdot \frac{q^n - 1}{q^n \cdot (q-1)} = (12 + 5{,}5 i) \cdot \frac{(1+i)^7 - 1}{(1+i)^7 \cdot i}$ ergeben sich mit Hilfe eines numerischen Probierverfahrens z. B. diese Werte:

i	rechte Seite
0,10	61,10
0,20	47,22
0,18	49,51
0,17	50,74

Man erkennt, dass der Effektivzinssatz zwischen 17 und 18 % liegt:

c) Tilgung innerhalb von 10 Jahren: Analog zu b) ergibt sich $i = 23\,\%$.

d) Endwertvergleich: $50i = 1 \cdot \left(q^{11/12} + q^{10/12} + \ldots + q^{1/12} + 1 \right)$

Setzt man $Q = q^{1/12}$ bzw. $q = Q^{12}$, erhält man: $50i = 50(q-1) = 5 - (Q^{12} - 1) = Q^{11} + Q^{10} + \ldots + Q^{1} + 1 = \frac{Q^{12}-1}{Q-1} \implies 50 = \frac{1}{Q-1}$.

Hieraus folgt $Q - 1 = \frac{1}{50}$, d. h. $Q = 1{,}02$ bzw. $q = 1{,}02^{12} = 1{,}2682$. Die jährliche Verzinsung beträgt also 26,82 %.

Andere, einfachere Herangehensweise: Monatliche Verzinsung von 2 % ergibt eine jährliche Verzinsung von 26,82 %, denn $1{,}02^{12} = 1{,}2682$.

2. a) Laut PAngV hat ein Barwertvergleich bei geometrischer Abzinsung (auch unterjährig) zu erfolgen.

b) Wir setzen $i = i_{\text{eff}}$, $q = 1 + i$, $Q = q^{1/12}$. Barwert für ein Jahr:

$$\overline{B} = r \cdot \left(\frac{1}{Q} + \ldots + \frac{1}{Q^{12}} \right) = \frac{r}{Q^{12}} \left(Q^{11} + \ldots + Q + 1 \right)$$

$$= \frac{r}{Q^{12}} \cdot \frac{Q^{12} - 1}{Q - 1} = \frac{r}{q} \cdot \frac{q - 1}{q^{1/12} - 1}.$$

Daraus ergibt sich ein (Gesamt-)Barwert für 60 Ratenzahlungen von

$$B = \overline{B} \cdot \left(1 + \frac{1}{q} + \ldots + \frac{1}{q^4} \right) = \overline{B} \cdot \frac{q^5 - 1}{q^4(q-1)} = r \cdot \frac{q^5 - 1}{q^5(q^{1/12} - 1)}.$$

Für die speziellen Werte erhält man: $98{,}48 \cdot \frac{1{,}0699^5 - 1}{1{,}0699^5 [1{,}0699^{1/12} - 1]} = 5000{,}40 \approx 5000$.

Ja, der angegebene Effektivzinssatz ist korrekt.

3. Annuität: $A = S_0 \cdot \frac{q^n(q-1)}{q^n - 1} = 100\,000 \cdot \frac{1{,}07^{15} \cdot 0{,}07}{1{,}07^{15} - 1} = 10\,979{,}46$

a) $S_7 = S_0 \cdot q^7 - A \cdot \frac{q^7 - 1}{q - 1} = 100\,000 \cdot 1{,}07^7 - 10\,979{,}46 \cdot \frac{1{,}07^7 - 1}{0{,}07} = 65\,561{,}70\,[\text{€}]$

b) $T_k = T_1 \cdot q^{k-1}$, $Z_k = A - T_1 \cdot q^{k-1}$. Aus dem Ansatz $Z_k = T_k$ folgt:

$$A = 2T_1 q^{k-1} \implies q^{k-1} = \frac{A}{2T_1} = 1{,}379516 \implies k - 1 = \frac{\ln 1{,}379516}{\ln 1{,}07}$$

$$= 4{,}75 \implies k = 5{,}75.$$

Im 6. Jahr ist der Tilgungsbetrag erstmals höher als der Zinsbetrag.

4. a) $A = 7000$, $n = \frac{1}{\ln q} \cdot \ln \frac{A}{A - S_0 i} = \frac{1}{\ln 1,05} \cdot \ln \frac{7000}{7000 - 5000} = 25,7$ (Jahre)

   b) $G \approx 25,7 \cdot 7000 = 179\,900\,€$

5. a) $S_5 = 100\,000 \cdot 1,06^5 - 7000 \cdot \frac{1,06^5 - 1}{0,06} = 94\,362,90\,€$

   b) $G = 5 \cdot 7000 = 35\,000\,€$

   c) $96\,000 \cdot q^5 - 7000 \cdot \frac{q^5 - 1}{q - 1} \overset{!}{=} 94\,362,90$

   Mit einem beliebigen numerischen Verfahren erhält man $i = 7,0\,\%$.

6. $q = 1,06$, $S_0 = 80\,000$, $n = 8$; $A = S_0 q^n \frac{q - 1}{q^n - 1} = 12\,882,87$. Nein, sie kann das Darlehen nicht in 8 Jahren tilgen.

   Alternativ könnte man die Restschuld S_8 berechnen: $S_k = S_0 q^k - A \cdot \frac{q^k - 1}{q - 1}$, also

   $S_8 = 80\,000 \cdot 1,06^8 - 12\,000 \cdot \frac{1,06^8 - 1}{0,06} = 8738,23 > 0$.

   Oder man berechnet die Zeit bis zur vollständigen Tilgung des Darlehens bei einer Annuität von 12 000:

   $$n = \frac{1}{\ln(1 + i)} \cdot \frac{A}{A + S_0 i} = \frac{1}{1,06} \cdot \frac{12\,000}{12\,000 - 80\,000 \cdot 0,06} = 8,077 > 8.$$

   Oder man berechnet die maximale Darlehenshöhe, die aufgenommen werden kann:

   $$S_0 = A \cdot \frac{q^n - 1}{q^n \cdot (q - 1)} = 12\,000 \cdot \frac{1,06^8 - 1}{1,06^8 \cdot 0,06} = 74\,517,52 < 80\,000.$$

7. $S_0 = 600\,000$, $i = 5\,\%$, $n = 6$

   a) $A = S_0 \cdot q^n \cdot \frac{q - 1}{q^n - 1} = 118\,210,39\,[€]$

   b) $T_k = T_1 \cdot q^{k-1}$, speziell $T_4 = T_1 q^3$; $T_1 = A - Z_1 = 88\,210,39$, $T_4 = 102\,114,55\,[€]$

   c) $S_k = S_0 - T_1 \cdot \frac{q^k - 1}{q - 1} = S_0 q^k - A \cdot \frac{q^k - 1}{q - 1}$; $S_4 = 219\,802,63\,[€]$

12.6   Zu Kapitel 7

1. a) $P = \frac{15\,000}{100} \cdot \frac{1}{1,0375^6} \left(3,5 \cdot \frac{1,0375^6 - 1}{0,0375} + 100 \right) = 14\,802\,€$. Dies ist der Kurswert. Der Kurs selbst beträgt 98,68.

   b) Ansatz: $101 = \frac{1}{q^6} \left(3,5 \cdot \frac{q^6 - 1}{q - 1} + 100 \right)$

q	rechte Seite
1,034	100,53
1,033	101

   Die Rendite beträgt ca. 3,3 %.

2. a) $C = f(i) = \frac{1}{(1 + i)^5} \cdot \left(4 \cdot \frac{(1 + i)^5 - 1}{i} + 100 \right)$

   b) $C_0 = f(0,0428) = 98,7632$

   c) Berechne die Ableitung der obigen Funktion an der Stelle $i_{markt} = 0,0428$ und multipliziere diese mit der Änderung Δi_{markt} (Differenzial). Diese Größe stellt eine gute Näherung für die Änderung ΔC dar. Es gilt $dC = f'(i_m) \cdot \Delta i_{markt} =$

$-438{,}24 \cdot \Delta i_{\text{markt}}$, denn:

$$f'(i) = \frac{-5}{(1+i)^6} \left[4 \cdot \frac{(1+i)^5 - 1}{i} + 100 \right]$$

$$+ \frac{1}{(1+i)^5} \left[4 \cdot \frac{5i(1+i)^4 - (1+i)^5 + 1}{i^2} \right]$$

Für $i = i_{\text{markt}} = 0{,}0428$ ergibt sich $f'(i) = -438{,}24$. Für den konkreten Wert $\Delta i_{\text{markt}} = 0{,}0007$ resultiert $dC = -0{,}3068$. Der Kurs verringert sich um etwa 0,3068 auf 98,4564.

d) Der exakte neue Kurs lautet $C_{\text{neu}} = f(0{,}0435) = 98{,}4571$. Die Näherung ist damit sehr gut, denn beide Werte weichen nur wenig voneinander ab.

3. Im Zeitpunkt des Kaufs ($t = 0$) gilt: $P = 100/(1 + i_{\text{eff}})^n$. In einem (beliebigen) Zeitpunkt t (mit Restlaufzeit $n - t$) gilt für $n - t \to 0$:

$$C = 100 \cdot \frac{P_{\text{real}}}{P} = 100 \cdot \frac{100}{(1 + i_{\text{markt}})^{n-t}} \cdot \frac{(1 + i_{\text{eff}})^{n-t}}{100}$$

$$= 100 \cdot \left(\frac{1 + i_{\text{eff}}}{1 + i_{\text{markt}}} \right)^{n-t} \to 100.$$

4. a) $P_1 = \frac{6}{1{,}1} + \frac{6}{1{,}11^2} + \frac{106}{1{,}12^3} = 85{,}772986$; $P_2 = \frac{12}{1{,}1} + \frac{12}{1{,}11^2} + \frac{112}{1{,}12^3} = 100{,}367948$

   b) Aus $\frac{6}{1+i} + \frac{6}{(1+i)^2} + \frac{106}{(1+i)^3} = 85{,}772986$ folgt $i = i_{\text{eff}} = 11{,}915\,\%$ (Berechnung mittels numerischer Näherungsverfahren oder entsprechender Software).
   Aus $\frac{12}{1+i} + \frac{12}{(1+i)^2} + \frac{112}{(1+i)^3} = 100{,}367948$ erhält man $i = i_{\text{eff}} = 11{,}847\,\%$.
   Obwohl also beide Anleihen bezüglich der vorliegenden Zinsstrukturkurve korrekt bewertet wurden, weisen sie eine unterschiedliche Rendite auf. Das liegt daran, dass die Rendite ein einheitlicher, jährlicher, durchschnittlicher Zinssatz ist, der auf die konkret vorliegende Zinskurve keine Rücksicht nimmt. Die Kenngröße Rendite setzt eine flache Zinsstruktur voraus.

5. Man verwende das Differenzial $di = f'(P_0) \cdot \Delta P$ und nutze zur Berechnung der Ableitung f' der (implizit gegebenen) Funktion f den Satz über die implizite Funktion bzw. den Satz über die Ableitung der Umkehrfunktion (siehe z. B. Luderer/Würker (2014)).

12.7   Zu Kapitel 8

1. Abschreibungsbetrag: $w = \frac{1}{8} \cdot (48\,000 - 1400) = 5825\,[\text{€}]$; $d = -5825$ (konstante Differenz); Folge der Buchwerte: 48 000, 42 175, 36 350, 30 525, 24 700, 18 875, 13 050, 7225, 1400

2. $w = \frac{1}{8}(275\,000 - 5000) = 33\,750\,[\text{€}]$, $R_6 = 275\,000 - 6 \cdot 33\,750 = 72\,500\,[\text{€}]$

3. a) Linear: $w = \frac{1}{6}(26\,500 - 1300) = 4200$, $w_5 = w = 4200$, $R_5 = 26\,500 - 5 \cdot 4200 = 5500\,[\text{€}]$

   b) Arithmetisch-degressiv: $d = \frac{2}{6 \cdot 5} \cdot [6 \cdot 8200 - (26\,500 - 1300)] = 1600$, $w_5 = 8200 - (5 - 1) \cdot 1600 = 1800$, $R_5 = 26\,500 - \frac{5}{2} \cdot (8200 + 1800) = 1500\,[\text{€}]$

   c) Digital: $d = \frac{2}{6 \cdot 7} \cdot (26\,500 - 1300) = 1200$, $w_5 = (6 - 5 + 1) \cdot 1200 = 2400$, $R_5 = 26\,500 - \frac{5 \cdot (26\,500 - 1300)}{6 \cdot 7} \cdot (2 \cdot 6 + 1 - 5) = 2500\,[\text{€}]$

   d) Geometrisch-degressiv: $s = 100 \cdot \left(1 - \sqrt[6]{\frac{1300}{26\,500}}\right) = 39{,}4962\,\% \approx 39{,}5\,\%$, $w_5 = 26\,500 \cdot 0{,}395 \cdot 0{,}605^{5-1} = 1402{,}38$, $R_5 = 26\,500 \cdot 0{,}605^5 = 2147{,}94\,[\text{€}]$

4.

$$
\begin{aligned}
s &= 100 \cdot \left(1 - \sqrt[8]{\frac{18\,000}{450\,000}}\right) \\
  &= 33{,}126\,\%, \\
w_6 &= 450\,000 \cdot 0{,}33126 \cdot 0{,}668\,74^5 \\
    &= 19\,937{,}38, \\
R_6 &= 450\,000 \cdot 0{,}66874^6 \\
    &= 40\,249{,}11
\end{aligned}
$$

(Werte gerundet)

Jahr	Abschreibung	Buchwert
k	w_k	R_k
1	149 067	300 933
2	99 687	201 246
3	66 665	134 581
4	44 581	90 000
5	29 813	60 186
6	19 937	40 249
7	13 333	26 916
8	8916	18 000

12.8 Zu Kapitel 9

1. Bei einem Kalkulationszinssatz von 9 % ergibt sich nachstehender Kapitalwert (alle Werte in Euro):

Zeitpunkt	Einnahmen-überschüsse	Abzinsungs-faktor	Barwert der Einnahmenüberschüsse
0	−850 000	1,00000	−850 000,00
1	+200 000	0,91743	183 486,00
2	+240 000	0,84168	202 003,20
3	+250 000	0,77218	193 045,00
4	+230 000	0,70843	162 938,90
5	+190 000	0,64993	123 486,70
Kapitalwert der Investition:			14 959,80

Da der Kapitalwert positiv ist, sollte das Unternehmen die Erweiterungsinvestition vornehmen.

2. a) Bei einem Kalkulationszinssatz von 8,5 % ergibt sich (in Euro):

Zeitpunkt	Einnahmen	Ausgaben	Einnahmen-überschüsse	Barwerte der Einnahmen-überschüsse
k	E_k	A_k	D_k	
0	0	30 000	−30 000	−30 000,00
1	14 000	5000	9000	8294,93
2	8000	3000	5000	4247,28
3	17 000	7000	10 000	7829,08
4	21 000	4000	17 000	12 266,76
Kapitalwert der Investition:				2638,05

Die Investition ist vorteilhaft, da sie wegen des positiven Kapitalwertes eine Rendite von mehr als 8,5 % verspricht.

b) Für die Kalkulationszinssätze von 11 % bzw. 12 % erhält man:

Zeitpunkt k	Einnahmenüberschüsse D_k	Barwerte bei $i = 11\%$	Barwerte bei $i = 12\%$
0	−30 000	−30 000,00	−30 000,00
1	9000	8108,11	8035,71
2	5000	4058,11	3985,97
3	10 000	7311,91	7117,80
4	17 000	11 198,43	10 803,81
Kapitalwert der Investition:		676,56	−56,71

Der interne Zinssatz liegt zwischen 11 % und 12 %, dabei deutlich näher bei 12 % als bei 11 %. Zu seiner genauen Bestimmung ist die Polynomgleichung $f(q) = 30\,000q^4 - 9000q^3 - 5000q^2 - 10\,000q - 17\,000 = 0$ mithilfe eines numerischen Verfahrens zu lösen. Ihre Lösung lautet (auf zwei Nachkommastellen genau) $q* = 1,1192$, sodass der interne Zinsfuß bei $i_{\text{int}} = 11,92\%$ liegt.

3. Die Anleihe besitze einen Kupon p, eine (Rest-)Laufzeit n und einen Nominalwert von $N = 100$.

a) Berechne für den gegebenen Marktzinssatz $i = i_{\text{markt}}$ den fairen Preis:

$$P = \frac{1}{(1+i)^n} \cdot \left(p \cdot \frac{(1+i)^n - 1}{i} + 100 \right).$$

Diese Formel drückt nichts anderes aus als die Summe der Barwerte aller Kuponzahlungen plus die abgezinste Schlussrückzahlung. Sie ist gleichbedeutend mit

$$0 = -P + \frac{p}{1+i} + \frac{p}{(1+i)^2} + \ldots + \frac{p}{(1+i)^{n-1}} + \frac{100+p}{(1+i)^n},$$

sodass der Kapitalwert der Finanzinvestition „Kauf der Anleihe" gerade null beträgt.

Ist dann der tatsächliche Preis (Kurs) $P_{\text{real}} > P$ (und folglich $-P_{\text{real}} < -P$), so gilt

$$K = -P_{\text{real}} + \frac{p}{1+i} + \ldots + \frac{p}{(1+i)^{n-1}} + \frac{100+p}{(1+i)^n} < 0,$$

d. h., der Kapitalwert der Investition ist negativ. Die Anleihe sollte besser nicht gekauft werden, da sie am Markt überbewertet ist. Für $P_{\text{real}} < P$ verhält es sich gerade umgekehrt: Die Anleihe ist unterbewertet und der Kapitalwert ist positiv. Folglich ist die Investition lohnenswert und sollte getätigt werden.

b) Ist der Kurs P_{real} gegeben (beispielsweise aus Marktbeobachtungen), so entspricht der interne Zinsfuß gerade der Rendite, die die Anleihe abwirft, denn es gilt ja

$$P_{\text{real}} = \frac{1}{(1+i_{\text{eff}})^n} \cdot \left(p \cdot \frac{(1+i_{\text{eff}})^n - 1}{i_{\text{eff}}} + 100 \right),$$

sodass der Kapitalwert

$$K = -P_{\text{real}} + \frac{p}{1+i_{\text{eff}}} + \ldots + \frac{p}{(1+i_{\text{eff}})^{n-1}} + \frac{100+p}{(1+i_{\text{eff}})^n} = 0$$

beträgt. Damit stellt i_{eff} den internen Zinsfuß dar.

4. Eine Investition lohnt sich genau dann, wenn ihr Kapitalwert (= Barwert) größer oder gleich null ist. Um letzteren zu berechnen, werden zunächst die Differenzen aus Einnahmen und Ausgaben gebildet (= Einnahmenüberschüsse):

Jahr	0	1	2	3	4	5
Einnahmen	0	3000	5000	4000	x	2000
Ausgaben	8000	2000	1000	2000	1000	500
Einnahmenüberschüsse	−8000	1000	4000	2000	$x-1000$	1500

Nun lässt sich der Kapitalwert berechnen:

$$K = \sum_{k=0}^{5} \frac{D_k}{q^k} = -8000 + \frac{1000}{1{,}08} + \frac{4000}{1{,}08^2} + \frac{2000}{1{,}08^3} + \frac{x-1000}{1{,}08^4} + \frac{1500}{1{,}08^5}.$$

Aus der Forderung $K \geq 0$ ergibt sich nach einigen Zwischenrechnungen $x \geq 2409{,}71$. Die Einnahmen im 4. Jahr müssen also mindestens 2409,71 € betragen.

12.9   Zu Kapitel 10

1. Es seien r der Rabattsatz (in Prozent), m der Prozentsatz der Mehrwertsteuer und P der Preis des Produkts. Dann gilt:

$$\frac{P}{1 + \frac{m}{100}} = P \cdot \left(1 - \frac{r}{100}\right) \implies \frac{r}{100} = 1 - \frac{1}{1 + \frac{m}{100}} = \frac{\frac{m}{100}}{1 + \frac{m}{100}} \implies r = \frac{m}{1 + \frac{m}{100}}.$$

Für $m = 19$ ergibt sich speziell $r = \frac{19}{1,19} = 15,97$. Das Unternehmen gewährt den Kunden einen Rabatt von 15,97 %.

2. Führe einen Barwertvergleich oder einen Endwertvergleich durch. Der Barwertvergleich lässt sich hier besser darstellen.

   1. Form der Geldanlage:

   $$1000 = \frac{1000 \cdot 1,043^4}{(1 + i_{\mathrm{eff}})^4} \implies i_{\mathrm{eff}} = 4,30\,\%\quad\text{(Effektiv- gleich Nominalzinssatz).}$$

   2. Form der Geldanlage:

   $$43 \cdot \frac{q^4 - 1}{q^4(q - 1)} + \frac{1000}{q^4} = 1000$$
   $$\implies 43(q^4 - 1) + 1000(q - 1) - 1000q^4(q - 1) = 0$$
   $$\implies (43 - 1000i) \cdot (q^4 - 1) = 0.$$

   Da der zweite Faktor (unter sinnvollen Annahmen) größer als null ist, kann man durch diesen dividieren und erhält $i_{\mathrm{eff}} = \frac{43}{1000} = 4,30\,\%$.

   Beide Anlageformen weisen also die gleiche Rendite auf. Diese ist im vorliegenden Beispiel gleich dem Nominalzinssatz.

   Bemerkung: Bei einem Endwertvergleich tritt das Problem auf, dass die zwischenzeitlich ausgezahlten Zinsen wieder anzulegen sind. Aber zu welchem Zinssatz? Die allgemein anerkannte *Wiederanlageprämisse* sieht vor, dass gerade der zu ermittelnde, unbekannte Effektivzinssatz bzw. die Rendite zu verwenden ist.

3. Zinsusance $\frac{30}{360}$: Der Barwertvergleich liefert die Beziehung $P = \frac{1,0225P}{(1+i)^{100/360}}$, woraus $q^{\frac{100}{360}} = 1,0225$ bzw. $q = 1,0225^{\frac{360}{100}} = 1,0834$ folgt. Dies entspricht einer Verzinsung von 8,34 %, was nicht den Angaben entspricht.

   Zinsusance $\frac{30}{365}$: Analog berechnet man $q^{\frac{100}{365}} = 1,0225$ d. h. $q = 1,025^{\frac{365}{100}} = 1,0846$. Die Verzinsung beträgt folglich 8,46 %, sodass der Effektivzinssatz korrekt angegeben wurde. Als Zinsusance wurde $\frac{30}{365}$ verwendet (gemäß PAngV; vgl. Abschn. 10.7).

4. a) Wir setzen $Q = q^{1/12}$. Die Rate beträgt $R = \frac{P}{3} \cdot 1{,}0207$.

$$\text{Barwertvergleich:} \quad P = \frac{P}{3} \cdot 1{,}0207 \cdot \left(\frac{1}{q^{1/12}} + \frac{1}{q^{2/12}} + \frac{1}{q^{3/12}} \right)$$

$$\implies \frac{3}{1{,}0207} = 2{,}93916 = \frac{1}{Q^3} \left(Q^2 + Q + 1 \right) = \frac{Q^3 - 1}{Q^3 (Q - 1)}$$

Mittels eines beliebigen numerischen Lösungsverfahrens erhält man den Wert $Q = 1{,}01032$ und daraus $q = Q^{12} = 1{,}1311$, was einer Verzinsung von 13,11 % entspricht.

5. Aus dem Ansatz

$$100 = \frac{34{,}04}{q^{30/365}} + \frac{34}{q^{60/365}} + \frac{34}{q^{90/365}},$$

der aus einem Barwertvergleich laut Preisangabenverordnung folgt, ergibt sich mit Hilfe eines numerischen Lösungsverfahrens der Wert $q = 1{,}130978$, was einem Effektivzinssatz von 13,10 % entspricht (man muss hier extrem genau rechnen!). Der etwas abweichende Ansatz

$$100 = \frac{34{,}04}{q^{30/360}} + \frac{34}{q^{60/360}} + \frac{34}{q^{90/360}}$$

liefert $q = 1{,}129073$, also 12,91 %. Das Unternehmen selbst gibt den geringfügig abweichenden Wert 12,94 % an, der zwischen den beiden ermittelten Werten liegt.

6. Wir setzen $i = i_{\text{nom}}$. Dann gilt

$$\frac{S(1 + i)}{12} \cdot (12 + 5{,}5 i_{\text{eff}}) = S(1 + i_{\text{eff}}) \implies (1 + i)(12 + 5{,}5 i_{\text{eff}}) = 12(1 + i_{\text{eff}}),$$

d. h.

$$12 + 12i + 5{,}5 i_{\text{eff}} + 5{,}5 \cdot i \cdot i_{\text{eff}} = 12 + 12 i_{\text{eff}} \implies i_{\text{eff}} = \frac{12i}{6{,}5 - 5{,}5i}.$$

Für $i = 6\,\%$ ergibt sich $i_{\text{eff}} = 11{,}67\,\%$.

7. Bezeichnen a den Rabatt und S die Kaufsumme, so besagt der Barwertvergleich:

$$(1 - a)S = \frac{S}{4} \cdot \frac{q^4 - 1}{q^4 \cdot (q - 1)}.$$

Daraus resultiert $a = 1 - \frac{1}{4} \cdot \frac{1{,}06^4 - 1}{1{.}06^4 \cdot 0{,}06} = 0{,}1337 = 13{,}37\,\%$.

Weiterführende Literatur

1. Grundmann, W., Luderer, B.: Finanzmathematik, Versicherungsmathematik, Wertpapieranalyse. Formeln und Begriffe (3. Auflage), Vieweg + Teubner, Wiesbaden (2009)

2. Luderer, B., Nollau, V., Vetters, K.: Mathematische Formeln für Wirtschaftswissenschaftler (8. Auflage), Springer Gabler, Wiesbaden (2015)

3. Luderer, B., Paape, C., Würker, U.: Arbeits- und Übungsbuch Wirtschaftsmathematik. Beispiele, Aufgaben, Formeln (6. Auflage), Vieweg + Teubner, Wiesbaden (2011)

4. Luderer, B., Würker, U.: Einstieg in die Wirtschaftsmathematik (9. Auflage), Springer Gabler, Wiesbaden (2014)

Sachverzeichnis

© Springer Fachmedien Wiesbaden 2015
B. Luderer, *Starthilfe Finanzmathematik*, Studienbücher Wirtschaftsmathematik,
DOI 10.1007/978-3-658-08425-7

Printed in the United States
By Bookmasters